科学出版社"十四五"普通高等教育本科规划教材

航空宇航科学与技术教材出版工程

U0386911

无人集群系统智能规划与协同控制技术

Intelligent Mission Planning and Collaborative Control
Technology for Unmanned Swarm System

张　栋　王孟阳　闫晓东　吕　石　编著

科学出版社

北　京

内 容 简 介

本书主要介绍了无人集群系统智能规划与协同控制技术所涉及的基本概念、体系架构和关键技术，包括 8 章内容：第 1~3 章主要介绍了无人集群系统智能相关的基本概念、关键技术体系以及典型的集群体系架构；第 4 章主要介绍了集群系统一致性相关的理论基础和控制协议设计方法；第 5~6 章主要介绍了集群任务规划的两大关键技术即集群任务分配以及协同航迹规划；第 7 章主要介绍了集群的编队控制以及典型的编队控制应用场景；第 8 章主要介绍了群体智能典型算法以及应用场景。

本书可用于本科生或研究生专业课教学，也可以作为从事无人系统集群规划与控制相关工作的工程技术人员的参考书。

图书在版编目（CIP）数据

无人集群系统智能规划与协同控制技术／张栋等编著. —北京：科学出版社，2022.8
科学出版社"十四五"普通高等教育本科规划教材
航空宇航科学与技术教材出版工程
ISBN 978-7-03-072795-4

Ⅰ.①无… Ⅱ.①张… Ⅲ.①无人驾驶飞机—集群—自动飞行控制—高等学校—教材 Ⅳ.①V279

中国版本图书馆 CIP 数据核字（2022）第 136165 号

责任编辑：胡文治／责任校对：谭宏宇
责任印制：黄晓鸣／封面设计：殷 靓

科学出版社 出版
北京东黄城根北街 16 号
邮政编码：100717
http://www.sciencep.com

南京展望文化发展有限公司排版
广东虎彩云印刷有限公司印刷
科学出版社发行 各地新华书店经销

*

2022 年 8 月第 一 版 开本：787×1092 1/16
2024 年 12 月第十一次印刷 印张：16
字数：369 000

定价：80.00 元
（如有印装质量问题，我社负责调换）

航空宇航科学与技术教材出版工程
专家委员会

航空宇航科学与技术教材出版工程
编写委员会

丛 书 序

　　我在清华园中出生,旧航空馆对面北坡静置的一架旧飞机是我童年时流连忘返之处。1973 年,我作为一名陕北延安老区的北京知青,怀揣着一张印有西北工业大学航空类专业的入学通知书来到古城西安,开始了延绵 46 年矢志航宇的研修生涯。1984 年底,我在美国布朗大学工学部固体与结构力学学门通过 Ph. D 的论文答辩,旋即带着在 24 门力学、材料科学和应用数学方面的修课笔记回到清华大学,开始了一名力学学者的登攀之路。1994 年我担任该校工程力学系的系主任。随之不久,清华大学委托我组织一个航天研究中心,并在 2004 年成为该校航天航空学院的首任执行院长。2006 年,我受命到杭州担任浙江大学校长,第二年便在该校组建了航空航天学院。力学学科与航宇学科就像一个交互传递信息的双螺旋,记录下我的学业成长。

　　以我对这两个学科所用教科书的观察:力学教科书有一个推陈出新的问题,航宇教科书有一个宽窄适度的问题。从上世纪 80~90 年代,是我国力学类教科书发展的鼎盛时期,之后便只有局部的推进,未出现整体的推陈出新。力学教科书的现状也确实令人扼腕叹息:近现代的力学新应用还未能有效地融入力学学科的基本教材;在物理、生物、化学中所形成的新认识还没能以学科交叉的形式折射到力学学科;以数据科学、人工智能、深度学习为代表的数据驱动研究方法还没有在力学的知识体系中引起足够的共鸣。

　　如果说力学学科面临着知识固结的危险,航宇学科却孕育着重新洗牌的机遇。在军民融合发展的教育背景下,随着知识体系的涌动向前,航宇学科出现了重塑架构的可能性。一是知识配置方式的融合。在传统的航宇强校(如哈尔滨工业大学、北京航空航天大学、西北工业大学、国防科技大学等),实行的是航宇学科的密集配置。每门课程专业性强,但知识覆盖面窄,于是必然缺少融会贯通的教科书之作。而 2000 年后在综合型大学(如清华大学、浙江大学、同济大学等)新成立的航空航天学院,其课程体系与教科书知识面较宽,但不够健全,即宽失于泛、窄不概全,缺乏军民融合、深入浅出的上乘之作。若能够将这两类大学的教育名家聚集于一堂,互相切磋,是有可能纲举目张,塑造出一套横跨航空和宇航领域,体系完备、粒度适中的经典教科书。于是在郑耀教授的热心倡导和推动下,我们聚得 22 所高校和 5 个工业部门(航天科技、航天科工、中航、商飞、中航发)的数十位航宇专家为一堂,开启"航空宇航科学与技术教材出版工程"。在科学出版社的大力促进下,为航空与宇航一级学科编纂这套教科书。

考虑到多所高校的航宇学科,或以力学作为理论基础,或由其原有的工程力学系改造而成,所以有必要在教学体系上实行航宇与力学这两个一级学科的共融。美国航宇学科之父冯·卡门先生曾经有一句名言:"科学家发现现存的世界,工程师创造未来的世界……而力学则处在最激动人心的地位,即我们可以两者并举!"因此,我们既希望能够表达航宇学科的无垠、神奇与壮美,也得以表达力学学科的严谨和博大。感谢包为民先生、杜善义先生两位学贯中西的航宇大家的加盟,我们这个由18位专家(多为两院院士)组成的教材建设专家委员会开始使出十八般武艺,推动这一出版工程。

因此,为满足航宇课程建设和不同类型高校之需,在科学出版社盛情邀请下,我们决心编好这套丛书。本套丛书力争实现三个目标:一是全景式地反映航宇学科在当代的知识全貌;二是为不同类型教研机构的航宇学科提供可剪裁组配的教科书体系;三是为若干传统的基础性课程提供其新貌。我们旨在为移动互联网时代,有志于航空和宇航的初学者提供一个全视野和启发性的学科知识平台。

这里要感谢科学出版社上海分社的潘志坚编审和徐杨峰编辑,他们的大胆提议、不断鼓励、精心编辑和精品意识使得本套丛书的出版成为可能。

是为总序。

2019 年于杭州西湖区求是村、北京海淀区紫竹公寓

前　言

　　集群智能(swarm intelligence)作为一种颠覆性技术,近年来被军事强国作为军用人工智能的核心。集群智能协同作战系统作为一种新质非对称武器装备,已成为研究热点。集群智能技术是无人系统技术、网络信息技术和人工智能技术相结合的高新技术,已被美军作为"改变游戏规则"(Game-Changing)的核心技术纳入其"第三次抵消战略"。在2017年7月8日由国务院印发的《新一代人工智能发展规划》中列出的8项基础理论中有3项与集群智能直接相关,即:自主协同控制与优化决策理论、群体智能理论以及混合增强智能理论。因此开展群智决策与规划的基础理论研究是提升我国新一代人工智能技术的关键。

　　根据美国空军研究实验室2000年的定义,无人系统技术发展的最高等级是实现集群的自主控制,其内涵是:集群战略环境感知及识别,集群战略态势感知,集群信息共享,集群战略/战术目标及任务/航路重规划,集群战略/战术计划实施。因此在美国国防部的统一部署下,美国战略能力办公室(Office of Strategic Capabilities,SCO)、美国国防部高级研究计划局(Defense Advanced Research Projects Agency,DARPA)、美国空军研究实验室(Air Force Research Laboratory,AFRL)、美国海军研究办公室(Office of Naval Research,ONR)等单位针对集群协同作战关键技术的研究开展了大量研究,启动了"小精灵"(Gremlins)、"低成本无人机蜂群作战"(LOCUST)、"山鹑"(Perdix)、"拒止环境中协同作战"(CODE)、"对敌防空压制/摧毁协同作战"(SEAD/DEAD)等集群关键技术演示验证项目,并稳步向着实战化方向发展。因此开展无人系统集群关键技术的研究、实现集群自主是提升我国国防实力的重要途径。

　　智能规划与协同控制是无人集群系统的关键技术。本书围绕无人集群系统智能规划与协同控制技术所涉及的基本概念、基本框架、基本模型、基本方法,较为系统和全面地进行了介绍,并且在编写过程中融入了作者多年来在此方向的研究成果和教学体会,提供了较为丰富的实践案例,使读者可以由浅及深地学习,通过概念、方法的学习,能够达到实际应用的效果。

　　全书共8章。第1章介绍了典型的集群行为的概念、内涵以及研究现状;第2章介绍了无人集群系统智能的关键技术及解决途径;第3章介绍了多智能体系统以及集群系统的体系架构;第4章介绍了多智能体一致性理论与方法,作为协同控制的理论基础;第

5章、第6章分别为智能规划的两大关键技术的概念与方法,即集群的任务分配技术与协同航迹规划技术;第7章介绍了集群的编队控制技术;第8章介绍了群体智能相关的优化算法,为求解智能规划以及队形优化等问题提供了算法工具。本书章节的安排是根据作者所承担课程"多无人系统智能规划与自主控制"多年来的教学实践。本书可作为本科生的专业课教材,总教学学时为32~40学时。

本书的编写离不开多无人系统智能规划与自主控制团队成员的支持,特此感谢团队中马苏慧、秦伯羽、任智、索文博、刘亮亮、王庭晖、傅晋博、王洪涛、蒋子玥、郑柯等硕博生。同时还特别感谢本书编写过程中所引用文献的作者们,正是由这些专家学者的著作,才能让本书得以顺利完成。

限于水平和认识,书中难免有不足之处,恳请各位读者批评指正!

作 者
2022 年 2 月 20 日于西安

目　　录

第1章
集群行为及其概述

集群行为是一种常见于自然界中鸟群、蚁群、狼群、雁群等生物群体的集体行为,生物群体中的个体通过局部感知作用、简单的通信规则和简单的行为动作可以涌现出群体智能的行为,即所谓的集群智能现象。本章介绍了生物群体的典型行为和群体智能的特点,进而给出了集群的概念和内涵,通过一致性问题将生物界群体现象与实际应用问题结合,给出了集群技术相关的应用现状。1.1 节介绍了集群的觅食行为、种群的交流机制以及分工协作机制,进而给出了生物群体的统一优化框架;1.2 节介绍了集群的概念和内涵;1.3 节介绍了集群智能涌现的一致性问题描述及典型应用;1.4 节介绍了无人系统集群国内外研究的现状以及典型的集群项目。

【学习要点】

- 掌握:① 群体智能的概念;② 集群智能的概念;③ 一致性问题的内涵。
- 熟悉:① 集群智能的仿真模型;② 一致性问题的应用场景;③ 种群的交流机制以及分工协作机制。
- 了解:① 典型的集群项目;② 生物群体的统一优化框架。

1.1 集群的行为

自然是人类创新灵感的不竭源泉,生物智能是智能科学研究的出发点和归宿。在生物群体系统中,简单部分的结合能产生复杂的整体效应,即整体大于部分之和,这样的现象称为复杂系统的涌现现象。其本质是由简单到复杂,由部分到整体。蚁群系统、人体免疫系统等表明:少数规则和规律相互作用可以生成复杂的系统,涌现是其产生整体复杂性的基本方式。另外,涌现也是群体智能、进化计算等生物启发计算方法研究的关键问题。由许多个体相互作用,在群体层面涌现出复杂智能特性,这是生物智能产生的基本方式。

本节重点介绍了典型生物种群的觅食行为、交流机制、分工与协作机制,进而给出了基于生物群体的统一优化框架。如果读者想要深入研究本节内容,可参考文献[1]。

1.1.1 觅食行为

1.1.1.1 蚂蚁觅食

蚂蚁种类繁多，是生活在地球上数量最多的社会性昆虫。蚂蚁觅食，是多个个体参与组织有序的集体过程。蚂蚁个体的行为模式相对简单，行为规则容易建立。因此，蚂蚁觅食行为模型不仅是昆虫学家、生态学家的研究对象，也是人工智能专家的研究课题。

蚂蚁一般采用个体和群体相结合的觅食方式。研究发现大多数蚂蚁种类都是少量个体分散寻觅食物，当发现超过自身所能搬运的、较为丰富的食物时，会立刻召唤同伴共同搬运。如我们在马路边常可以看到一群蚂蚁捕食大型昆虫的现象。这种方式不仅使蚂蚁能够共同搬运较大的食物，而且使蚂蚁总是趋向食物最为丰富的区域。

1.1.1.2 蜜蜂觅食

蜜蜂具有非常特殊的觅食行为，对其觅食行为的研究可以追溯到达尔文本人，他曾对这种社会性昆虫进行过大量的研究。蜜蜂在蜂巢外进行觅食时必须具有飞行定向的能力，关键是能从环境中获取必要的信息并加以利用。蜜蜂为了觅食往往要飞行几千米的距离，通常年幼的工蜂会留在巢内工作（称内勤蜂），主要负责包括喂养照料幼虫和清洁蜂巢等。待发育到一定年龄后才会离开蜂巢进行觅食或寻找新蜜源地（称外勤蜂），此时他们的活动靠的是视觉和嗅觉。当他们第一次离开蜂巢并不是马上就开始觅食活动，而是多次返回蜂巢并在蜂巢上方上下飞翔几分钟，这种行为称为“定向飞行”，它显然可以使觅食者辨明并记住蜂巢在环境中的相对位置。当蜜蜂发育到一周龄时便开始这种“定向飞行”，而直至发育到3周龄时才会开始真正的觅食活动。

1.1.2 群体智能

种群（population）是指在一定时间内占据一定空间的同种生物的所有个体。表面看来，种群是由多个个体组成，这些个体在一定的时间及空间内进行觅食、筑巢和繁殖等工作。但实际上，群内的各个个体并不是孤立的，而是通过种内关系组成的一个有机的统一体来共同完成上述工作。

实际上，自然界中的许多生物都是以种群的形式存在。例如蚂蚁及蜜蜂等昆虫都是共同筑巢、共同保卫自己的巢穴，并且通过集体的配合来更加有效地寻找食物。一群狼能够共同打败一头雄性美洲野牛，使每个个体都能够得到食物，而单独一只狼很可能会因为饥饿而死亡。这种由简单主体无法单独实现某一个功能或完成某一项任务，但众多简单主体组成群体后，通过相互作用即可表现出复杂智能行为即为群体智能。大多数具有群居生活习性的生物系统一般都具有比较相似的群智能行为。现已提炼形成的人工系统模型主要反映的是蚁群、鸟群、蜂群、鱼群和菌群等群智能行为特征，如表1.1所示。

虽然，上述这些群体智能的各种生物学原型和行为目的有所差别，但它们的内部结构和运行机理却有共同之处，即在一定的地域范围之内存在多个能力简单的个体，大部分个体在结构和功能上都是同构的；种群内没有中心控制，个体间的相互合作是分布式的；个体间遵循简单的规则进行交互和协作。简单地说，种群的宏观智能都是由微观存在的一些地理上分散的简单个体间协同进化所涌现出来的。

表 1.1　群体行为及其算法

算　法	群 体 行 为
蚂蚁优化算法	蚁群觅食
LS 算法、KLS 算法	蚂蚁公墓形成、幼虫分类
任务分配算法	蚂蚁分工
粒子群优化算法	群鸟觅食或飞行
菌群优化算法	菌群觅食
狼群优化算法	狼群觅食
蜂群优化算法	蜂群觅食
鱼群优化算法	鱼群觅食或游动

1.1.3　种群的交流机制

1.1.3.1　信息传递种类

信息交流是指信息随其载体在时间与空间中的流动,交流双方随之产生各自后续行为的过程。在生物种群中,适应性个体要想生存离不开彼此信息交流。人类通过语言等来交流,生物则通过某种行为,声音或者分泌"信息素"来实现信息交流。动物传递信息所用信号有三种:物理信息、化学信息和行为信息。物理信息是指生态系统中的光、声、温度、湿度和磁力等通过物理过程传递的信息;化学信息是指生物产生一些可以传递信息的化学物质,如植物的生物碱、有机酸、性外激素等;行为信息是指动物的特殊行为,向同种或异种生物传递特定的信息。

生物个体间通过信息的交流,能了解和感知目前的环境状况,继而产生一系列适应性行为以求继续生存。它在保证生命活动的正常进行、种群的繁衍、调节生物种间关系及维持生态系统稳定等方面都具有重要作用。如蚂蚁群体为了在个体间交流信息,会释放信息素。先行的蚂蚁在路上留下一种信息素,后面的蚂蚁选择信息素浓度更高的路径,由此形成一种信息正反馈机制,通过不断重复,最终绝大多数蚂蚁走的都是最短的路线。利用化学物质进行传递信息是蜜蜂的交流方式之一。蜜蜂在从新发现的蜜源地飞回巢穴的途中,每飞行几米便从大颚腺中分泌出一种信息素,这种分泌物迅速挥发,弥散在空中,这样就在新蜜源地和蜂巢之间架起一条空中的气味走廊,其他蜜蜂便会沿着这条无形的空中走廊直飞目的地。在无风的天气,这条空中走廊可以维持很长时间。如表 1.2 所示的是现有群体智能算法中个体信息传递载体及其作用。

表 1.2　信息传递种类及作用

算　法	信息传递载体	作　用	类　型
蝙蝠算法	声	回声定位	物理信息
萤火虫算法	光	在区域内寻找伙伴,实现位置进化	物理信息
蚁群算法	蚂蚁分泌的信息素	寻找最优觅食路线	化学信息

算　法	信息传递载体	作　　用	类　型
菌群觅食算法	细菌分泌的自诱导剂	群体觅食	化学信息
蜂群算法	蜜蜂分泌的信息素	群体觅食	化学信息
布谷鸟算法	布谷鸟寻窝随机走	寻找最佳鸟窝产卵	行为信息
粒子群算法	鸟的社会行为	飞行或觅食	行为信息
细菌趋化算法	趋化行为	个体觅食	行为信息

有些动物的信息传递载体不止一种,而是根据不同的交流目的来使用其相应的传递载体。化学信息是蚂蚁的主要交流载体,此外,还包括物理信息,如视觉、听觉和触觉等。如蚂蚁的声音有摩擦和敲打两种发声方式,发出的声音有报警、召集等多种信息。另外,蚂蚁也可以通过个体间触角接触、抚摸、抓紧、快速前进或后退等身体活动进行信息交流。

1.1.3.2　信息交流方式

简单地讲,信息交流是指信息的所有者和需求者彼此互通有无、以达共享信息资源目的的传递交换活动。信息从所有者传递到需求者的方式可分为不同类型,按照信息是否从信息发出者直接传递给信息接收者可分为直接交流和间接交流,如图1.1所示。

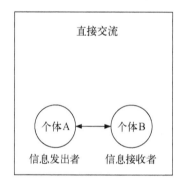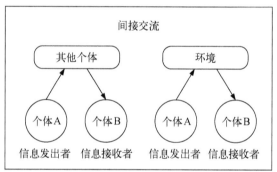

图 1.1　直接交流和间接交流

1.　直接交流

直接交流是指信息交流信号的产生和发出都有明确的意图和目的指向性,无须经过第三者处理,可以直接为对方所接收。简单地说,个体明确地知道自己所要传递的是什么信息,想达到什么目的,想要传递给谁。例如:蚂蚁通过触角碰撞传递信息,蜜蜂通过舞蹈传递信息等。

2.　间接交流

间接交流是指个体通过中介进行交流,该中介可以是其他个体,也可以是环境。如个体可以先改变局部环境,或者在环境上留下标记,其他个体在一定时间后通过感知环境变化,以获得相应的信息。间接交流不一定有明确的意图,更多的是一种进化得来的本能行为。例如蚂蚁和蜜蜂在寻食的路径上释放信息素,不管这条路径上还有没有食物,它们都会采取这样的行为。而且这种交流方式也没有针对性,并不面向特定个体。虽然单个个体的这种行为似乎并没有太大意义,但是映射到群体层面的行为却从客观上增加了群体对环境的适应性。

3. 区别及联系

跟直接交流相比,间接交流具有一定的优势,主要体现在调动资源少,通信范围大,避免了个体信息发送能力的不足;其缺点是不具有灵活性,且信息延迟比较大。在间接交流中,个体一般在环境中做标记,其他个体通过感知环境的变化来采取相应的行为。相比之下,间接交流方式非常经济,不仅在自然生物中如此,在人工系统中也同样如此。极小的一个信号导致的环境变化,能够引起整个种群的极大变化。但是,这种交流方式只能用来表示非常简单的、不带有强烈倾向性的启发式信息,不具有灵活性,也无法包含更复杂的含义,即信息的粒度非常小。

1.1.4　分工协作与分布式合作

在自然界中,一方面,社会性群居动物的个体通常是分布在种群空间内不同的地理位置,且有着不同的劳动能力;另一方面,群内的任务是各种各样的,如狩猎、防御及觅食等,单个个体是无法完成的。因此,群居动物为实现群体对复杂环境的适应,联合了地理上分散及功能上异同的所有个体来共同完成复杂的、智能的任务,由此便出现了分工协作及分布式合作。通过分工,个体各司其职,每个个体只需完成其熟悉的简单任务,而通过它们之间的相互协作,整体目标得以达成,如图 1.2 所示。

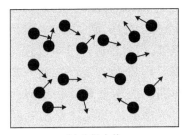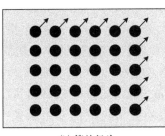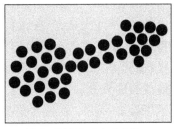

(a) 分散个体　　　　　　　(b) 简单行为　　　　　　　(c) 分工协作与分布式合作,
　　　　　　　　　　　　　　　　　　　　　　　　　　　共同完成复杂任务

图 1.2　分工协作与分布式合作

1.1.4.1　蚁群的分工与协作

在一些筑巢、寻食、清理巢穴等日常行为中,蚂蚁能很好地相互进行协作,共同完成任务。一个完整的蚂蚁群落一般包括四种不同类型的蚂蚁:蚁后、雄蚁、工蚁和兵蚁。其中,蚁后是群落中唯一有生殖能力的雌性,主要负责繁殖后代;雄蚁主要负责和蚁后进行交配;工蚁数量最多,是群落中的主体,负责建造巢穴、采集食物、喂养幼虫和蚁后等;兵蚁则进行警戒和保卫工作。四种蚂蚁各司其职,密切配合,相互协作,共同构成了一个完整的群落社会系统。

蚂蚁的一些行为机制,已经被引入人工智能领域,用来设计启发式算法。但是,迄今有许多的蚂蚁行为,生物学家还未能探索出其协作的机制和原理。例如,切草蚁在收获食物时,一部分工蚁负责切割食物,另一部分负责搬运食物。在这个过程中,切割者能根据路径的距离、通道的大小和搬运者的数量来决定将草叶切割成适当的大小。

1.1.4.2 蜂群的分工与协作

蜜蜂也是分布式分工协作性最强的社会性昆虫之一。在蜜蜂群落中,通常包括一个有产卵能力的蜂王,一些有繁殖能力的雄蜂和生理机能未发展进化的工蜂。其中,蜂王和雄蜂专门负责生育后代,而工蜂是群落中的主体,它们负责收集花粉和花蜜,并将其送到特定的地点。在一个群落中,如果一只蜜蜂受到攻击,这只蜜蜂就会召唤群体,一同对敌人展开反击;蜂巢中如果有异类入侵,蜜蜂就会动员其中的所有个体,同心协力地把入侵的异类赶出巢穴。

蜜蜂的协作性从其抵抗低温的行为方式中也可见一斑:当巢内温度低于 13℃ 时,它们在蜂巢内互相靠拢,结成球形团在一起,温度越低结团越紧,使蜂团的表面积缩小,密度增加,防止降温过多。同时,由于蜂球外表温度比球心低,在蜂球表面的蜜蜂会向球心钻,而球心的蜂则向外转移。它们就这样互相照顾,不断地反复交换位置,度过寒冬。据测量,在最冷的时候,蜂球内的温度仍维持在 24℃ 左右。在此期间,它们也不需要解散球体,各自爬出取食,而是通过互相传递的方法得到食料。

1.1.4.3 其他生物群体的分工与协作

鸟群于食物存在的空间中进行觅食,每个个体一开始并不知道最佳的觅食地点在哪个位置,但会凭借自己的直觉或经验,了解目前离最佳觅食地点最近的个体,前往较佳的地点搜索食物。

群居性动物还包括狼群和狮群等。如狼群,头狼号令之前,群狼各就其位,欲动而先静,欲行而先止,且各司其职,嚎声起伏而互为呼应,默契配合,有序而不乱。头狼昂首一呼,则主攻者奋勇向前,佯攻者避实就虚,助攻者跃跃欲试,后备者厉声号叫以壮其威;如狮群,成年雌狮负责捕食,亚成年的雌狮负责照顾幼狮,而雄狮负责保护整个群体成员的安全,它们是天生的战斗者,防止外来者侵入,如遇到大型食草动物雄狮会给予致命一击。在这些猎兽成功捕猎过程的众多因素中,严密有序的集体组织和高效的团队协作是其中最明显和最重要的因素,这种特征使得它们在捕杀猎物时总能无往不胜。

基于生物个体的简单行为,已经展现出一些初级的智能。进一步,自然界中有一些以群体为单位生存和行动的物种,如蚂蚁、蜜蜂等,它们在觅食、筑巢等方面表现出来的合作能力和精巧性,令人惊奇。通过只具有简单行为个体的相互合作,这些生物在群体层次上具有极高的涌现性,展现出更为复杂的智能行为。

1.1.5 基于生物群体的统一优化框架

基于生物群落的优化框架是在生物群体行为优化框架的基础上加上群体之间协作与竞争等交互而组成的,如图 1.3 所示,给出了基于生物群体行为优化层次模型。在群体层面上,一个群体表现出了分工、协作和通信交流等智能行为,而在群落层面上,种群之间存在着信息交流与种间协同进化等现象,同时每个种群还独自表现出了增长、壮大、衰老和消亡等现象。

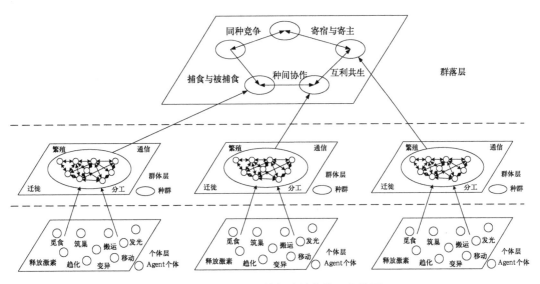

图 1.3 基于生物群体行为的优化层次模型

1.2 集群的概念和内涵

1.2.1 集群智能的概念

1.2.1.1 基本概念

群智能是在无智能的生物群体所表现出的智能现象的启发下提出的智能模式。群智能的概念最早由 Hackwood 等[2]在分子自动机系统中提出。Bonabeau 等[3]在 1999 年对群智能进行了详细的论述和分析,并在 *Swarm Intelligence: From Natural to Artificial Systems* 中首次给群智能下了一个不严格定义:群智能是在动物群体(如昆虫、脊椎动物等)社会行为机制的激发下而设计的算法或分布式问题的解决策略[4]。文献中的 Swarm 被描述为一些相互作用统一种群的个体的集合体,蜂群、蚁群、鱼群都是 Swarm 的典型例子[4]。单一个体的能力非常有限,Swarm 则具有非常强的生存能力,群体的这种能力不能简单地理解为 1+1=2,而是远远大于 2。因此群智能的定义被 Bonabeau 等进一步推广为:无智能或简单智能的生物个体通过某种形式的信息共享和相互协调而体现出的智能行为。群智能的这个定义强调群体间的协同作用。

1.2.1.2 典型特点

不同生物群体有不同的行为特征,例如,蚂蚁会共同搬动食物并集中食物进行储藏、蜜蜂一直在巢和食物源之间往返并酿造出甜美的蜂蜜、鱼群则是共同朝有食物的地方游动等。它们的群体行为在特性中也体现着一些共性[5],也就是群智能的特点。

(1)分布式。群体中的每个个体都是分布式的,没有中心控制。每一个个体都不是必不可少、无法取代的,因此群体不会因为缺少某一个或某几个个体而影响群体行为,即群智能具有较强的鲁棒性。

（2）感知并利用局部信息。每个个体都能感知局部信息，并能充分利用局部信息，但无法直接感知全局信息。每个个体的行为规则都很简单，所以群智能方法是比较简单、方便实现的。

（3）可扩展性强。集群中，个体间的合作是通过非直接的通信方式。因此，当个体的数目增加时，通信开销没有大幅度增加，这样就大大提高了集群的可扩展性。

（4）自组织性。简单个体的交互使集群突显出复杂的智能行为。

1.2.2　集群智能仿真模型

1.2.2.1　Vicsek 模型

在 1995 年，Vicsek 等[6]提出了著名的多智能体复杂系统集群模型，这个模型刻画了多个粒子构成的自治系统的同步运动。在这个模型中粒子遵循如下规则：

（1）系统中运动的粒子具有常速率 v；

（2）存在一个影响半径 r，即系统中的任意一对粒子，只有这对粒子之间的直线距离小于 r 时，它们才存在相互的影响；

（3）粒子每一时刻的运动方向跟上一时刻它的影响半径范围内的其他所有粒子的平均运动方向相同。

Vicsek 模型中粒子"i"具有常速率 v，位移为 $x_i(t)$，粒子"i"的速度方向为 $\theta_i(t)$，满足：

$$\theta_i(t+1) = \frac{1}{n_i(t)} \sum_{j \in N_i(t)} \theta_j(t) \tag{1.1}$$

式中，$N_i(t) = \{j \mid \|x_i(t) - x_j(t)\| \leqslant r\}$，且 $n_i(t) = \#N_i(t)$（这里#表示集合中元素的个数），常数 $r > 0$。

Vicsek 在研究模型中认为当系统中的个体满足规则（2）和（3）时，则系统具有集群性。Vicsek 所建立的非线性复杂系统在数学的分析上具有非常大的难度，他在文献[6]中给出了该模型的仿真结果如图 1.4 所示。通过仿真实验，从图 1.4（d）展示的结果，可以看出当系统受外界干预很小时，所有粒子最终达到了同步。

1.2.2.2　Jadbabaie 模型

由于复杂系统的集群行为在自然界普遍存在并且在各个领域有着广泛的应用，从数学上对这一机理进行描述并进行严格的证明是十分必要的[7]。同时由于系统具有复杂的非线性，对于系统的集群性研究变得非常的复杂。因此一些学者在数学领域对它开始进行严格的分析和研究。例如，文献[8-10]从动力学角度（连续极限角度）对复杂系统的集群行为进行了研究，并且建立了时空微分方程来研究全局蜂群行为。同时从复杂系统中粒子的相互作用构成的微分动力系统的离散-连续解的极限角度来研究多智能复杂系统集群问题。

2003 年，Jadbabaie 等[11]简化了 Vicsek 的模型，忽略了外界因素（噪声）的影响，在理论上严格地证明了他们的模型在一定的条件下速度最终会出现同步性。Jadbabaie 等[11]将 Vicsek 模型的非线性算法进行线性化得到如下算法：

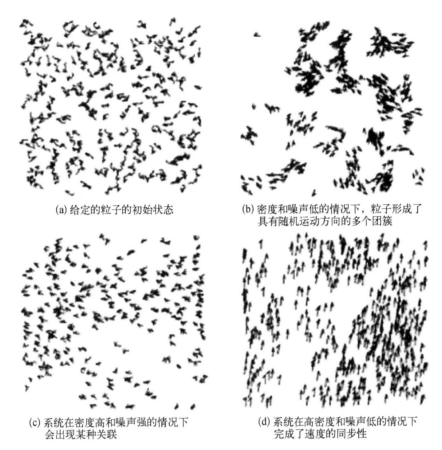

(a) 给定的粒子的初始状态

(b) 密度和噪声低的情况下，粒子形成了具有随机运动方向的多个团簇

(c) 系统在密度高和噪声强的情况下会出现某种关联

(d) 系统在高密度和噪声低的情况下完成了速度的同步性

图 1.4　粒子运动速度随粒子密度和噪声变化而变化的运动过程

$$\langle \theta_i(t) \rangle_r = \frac{1}{1 + n_i(t)} \left[\theta_i(t) + \sum_{j \in N_i(t)} \theta_j(t) \right] \tag{1.2}$$

其中，$\langle \theta(t) \rangle_r = \arctan[\langle \sin(\theta(t)) \rangle_r / \langle \cos(\theta(t)) \rangle_r]$ 表示 t 时刻所有智能体速度的平均方向；$n_i(t)$ 表示 t 时刻多智能体系统中个体的总数。由于线性化以后，可以用经典的线性系统理论处理多智能体系统的相关问题，促进了多智能体系统的发展。Jadbabaie 等[11] 利用图论、矩阵理论和动态系统理论，给出一致性问题的理论分析，指出了在有界区域内网络拓扑保持联合联通的条件下，各智能体位置和速度的运动方向趋于一致。

1.2.2.3　连续 CS 模型

Vicsek 的模型中，粒子具有常速率的性质，粒子只是在速度方向上会受到其他粒子的影响作出调整，这个模型非常理想化，或者说它是一个运动学模型。因此 Cucker 等[12] 在 Vicsek 和 Jadbabaie 工作的基础上提出了一个非常有意义的集群模型（CS 模型），在模型中所有个体具有惯性，且整个系统完全驱动。在 CS 模型中，每个个体会对其速度进行自我调节，即通过自己在时刻"t"的速度跟其他个体在时刻"t"的速度差的加权平均值来调节自己下一时刻的速度。区别于之前的模型需要在无限时间序列上的一个假设，CS 模型的收敛结果只依赖于初始状态条件和影响参数。在 CS 模型中，也做了一些理想化处理：

（1）所有个体之间都有相互影响；

（2）个体受其他个体影响的强弱跟它们之间绝对距离和速度差有关。

连续 CS 模型：考虑一个具有 N 个个体的多智能复杂系统，对于个体"i"，它在 t 时刻的位移记为 $x_i(t)$，速度记为 $v_i(t)$，则 $[x_i(t), v_i(t)]$ 满足：

$$
\frac{\mathrm{d}x_i(t)}{\mathrm{d}t} = v_i(t),
$$
$$
\frac{\mathrm{d}v_i(t)}{\mathrm{d}t} = \alpha \sum_{j \in N_i, j \neq i} a_{ij}(t)(\parallel x_j(t) - x_i(t) \parallel)[v_j(t) - v_i(t)]
$$

(1.3)

式中，影响函数 $a_{ij}(t) = \dfrac{1}{N}\phi(\parallel x_j(t) - x_i(t) \parallel)$，且 $\phi(r) = \dfrac{1}{(1 + \parallel r \parallel^2)^\beta}$，参数 $\alpha > 0$，$\beta > 0$。

CS 模型是建立在生物理论的研究基础上的，例如，距离函数定义为欧氏空间的通常距离时，当两个个体之间的距离足够远时它们之间的相互影响几乎可以忽略不计。若距离函数理解为可视距离，当个体之间的距离趋向于无穷时，个体之间基本上就互相看不到了，通过视觉交流的作用力趋于零。

1.2.2.4　连续 MT 模型

生物学家的研究表明，某些生物组成的复杂系统在完成集群行为过程中，它们之间的相互影响跟个体之间绝对距离无关，而是跟它们的相对距离有关。在这个机理的基础上，在文献[13]中，美国马里兰大学终身杰出教授 Tadmor 和他的团队改进了 CS 模型，在 CS 模型基础上建立一个新的多智能复杂系统的集群模型（MT）。在这个模型中不仅考虑了个体的数量还考虑了个体在空间中的几何关系。由于相对距离的引进使原 CS 模型中的对称性质遭到破坏（这个是原模型中进行集群分析的关键），Tadmor 通过引进一个全新的分析方法对复杂系统的集群性质进行了开创性的研究。

连续 MT 模型：考虑一个具有 N 个个体的复杂系统，对于个体"i"，它在 t 时刻的位移记为 $x_i(t)$，速度记为 $v_i(t)$，则 $[x_i(t), v_i(t)]$ 满足：

$$
\frac{\mathrm{d}x_i(t)}{\mathrm{d}t} = v_i(t),
$$
$$
\frac{\mathrm{d}v_i(t)}{\mathrm{d}t} = \alpha \sum_{j \in N_i, j \neq i} b_{ij}(t)(\parallel x_j(t) - x_i(t) \parallel)[v_j(t) - v_i(t)]
$$

(1.4)

式中，影响函数 $b_{ij}(t) = \dfrac{\phi(\parallel x_j(t) - x_i(t) \parallel)}{\sum\limits_{k \in N} \phi(\parallel x_k(t) - x_i(t) \parallel)}$，且 $\phi(r) = \dfrac{1}{(1 + \mid r \mid^2)^\beta}$，参数 $\alpha > 0$，$\beta > 0$。

1.2.2.5　具有多领导者的多智能复杂系统集群控制模型

以 CS 模型中个体之间的影响机制为基础，在文献[14]中，美国的 Shen 教授提出了一个特殊的具有领导机制和分等级机制的集群模型（HL 模型）。在 HL 模型中每个成员都属于和它对应的一个等级,对它们从高到低依次排序。成员们遵循这样一个影响机制——低等级的成员只能够被高等级的成员影响和领导。

HL 模型: 考虑由 $(k+1)$ 个个体组成的具有等级制度的复杂系统,对个体进行标记 $[0, 1, 2, \cdots, k]$,每个等级对应相应的个体,满足:

(1) 当 $j < i$ 时,$a_{ij} \neq 0$;

(2) 若个体 i 的领导组成的集合是 $L(i) = \{j \mid a_{ij} > 0\}$,那么对于任意的 $i > 0$ 都有 $L \neq \varnothing$。

$a_{ij}(t)$ 表示个体"i"被个体"j"领导。这样的模型称为 HL 模型,如图 1.5 所示。

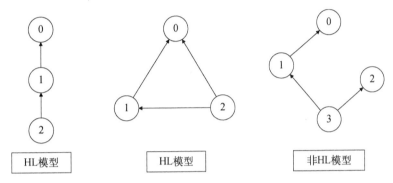

HL 模型   HL 模型   非HL模型

图 1.5 箭头 $i \to j$ 表示个体 i 受个体 j 领导,或者说 $a_{ij} > 0$

HL 模型有着广泛的应用和实际背景。在自然界中某种特定的环境下,复杂系统会出现瞬时动态的领导,等级关系会存在。例如,树上休息的鸟群,第一只发现行人经过(或者发现捕食者)会首先起飞以警告其他鸟,并带领它们一起飞走逃离危险,在这过程中它扮演着领导的角色。在各种社会群体和组织中这样的等级制度内在地存在着,并且能够带来更高的管理效率。例如,在军队指挥系统中,命令从首长到士兵的传达大致遵循这个原理。

文献[15]改进了 HL 模型,建立了一个更为一般的具有单领导机制的多智能复杂系统集群模型(RL)。在这个模型中存在一个全局领导者,它不受其他个体的影响,但是直接或间接地影响着其他所有个体,这个模型更好地揭示了全体的合作信息交换的优点。

1.3 群智涌现的一致性问题

1.3.1 集群行为与一致性

智能群体中的每个独立自主又相互作用的自治智能体都有自己的行为规则,能根据自己获得的信息来决定自己的行为策略。于是,采用类似群居性生物群体的智能方式可扩展智能群体系统的功能,通过智能体之间的群体行为,可以利用相对简单微小的智能体来获得对大型复杂问题的求解计算。因此,智能群体的群体行为是复杂系统研究所必须解决的问题[16]。在智能群体的群体行为中,智能体之间进行协调,最后往往会获得共识的策略,此时智能群体便可认为是达到了趋同[17,18]。所谓趋同的基本含义是指智能群体系统的群体行为具有一致性和共同性。

因此,以生物集群行为为研究对象,通过对蜂拥、迁移、涡旋等生物集群现象的数学分析、建模仿真等手段抽取其中的运动模型,获取其中的运动(控制)机理,作为智能群体的协同控制机制,延伸到避障、编队、目标跟踪、覆盖搜索等一致性问题中进行研究,提出群机器人等人工群体系统运动控制中的分布式协调合作等控制策略,可保证系统以此策略为引导执行实际的大规模复杂工程任务时能兼顾良好的系统性能和应用的有效性,使智能群体系统在协同中达到运动速度、方位等行为策略值的一致[17,19]。

考虑到一致性问题是智能体之间协调合作的理论研究基础[20];而智能体之间协调合作的一个首要目标是智能群体达到一致,即趋同[17,19-24]。于是,就赋予了集群行为与一致性问题之间映射关系研究的理论和工程应用意义,其映射关系如图1.6所示。

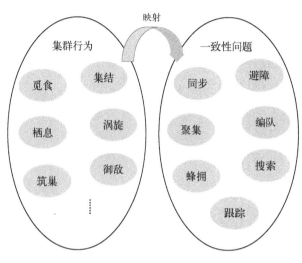

图1.6 集群行为与一致性问题之间映射关系

1.3.2 一致性的典型应用

1.3.2.1 会合(rendezvous)控制

概括而言,会合指系统中的所有个体速度逐渐趋于零,且静止于某一位置,其控制目标可描述为

$$
\begin{aligned}
&\lim_{t \to \infty} \| x_j(t) - x_i(t) \| = 0, \quad \forall i, j \in \Gamma \\
&\lim_{t \to \infty} \| \dot{x}_i(t) \| = 0, \qquad\qquad \forall i \in \Gamma
\end{aligned}
\tag{1.5}
$$

式中,Γ 为所有智能体组成的集合。由式(1.5)可以看出,该问题在本质上是一致性问题的一个特例,可简单理解为终态为静止的一致性。会合控制最早由 Ando 等在文献[25]中提出。

1.3.2.2 聚结(flocking)控制

聚结问题在自然界中十分常见,如鸟群的迁徙,鱼群的捕食等。早期 Reynolds[19] 的工作即是针对聚结现象展开的。此后,针对聚结现象理论研究的研究小组包括:Toner 等[26]、Shimoyama 等[27] 和 Levine 等[28],但这些研究小组都没有给出聚结行为严格的理论分析。2001 年,Leonard 等[29]首次将人工势场(artificial potential,AP)方法引入聚结行为的理论分析中,之后该方法成为研究聚结现象的一种重要数学工具。Olfati-Saber[30]首先基于 AP 建立了一个完整的理论分析框架。其基本思想是:通过建立子系统之间的局部势能函数,使得全局势能函数(所有局部函数相加值)的最小值对应于期望的聚结状态。此外,通过引入分别代表"自由聚合""障碍"和"共同目标"的 α - agent、β - agent 和

γ – agent，使得聚结可考虑外部障碍和给定的期望轨迹。利用类似的思路，Tanner 等[31]针对固定和切换通信拓扑下的二阶积分器线性系统，设计了聚结控制律。该控制律展示了通信拓扑连通性与系统稳定性的关系，并从理论上证明该系统的稳定性对通信网络拓扑的切换具有鲁棒性。

1.3.2.3　编队(formation)控制

编队控制是多个体协调控制中的一个研究热点，其本质是一种几何构型严格的聚结控制[32,33]。编队控制的目标在于通过调整个体的行为使系统实现特定几何构型的整体性位移，其数学描述为

$$\lim_{t \to \infty}[x_j(t) - x_i(t)] = x_{dij}, \quad \forall i, j \in \Gamma$$
$$\lim_{t \to \infty}[\dot{x}_i(t) - c(t)] = 0, \quad \forall i \in \Gamma \tag{1.6}$$

其中，x_{dij} 为第 i 个与第 j 个个体的期望相对位置；$c(t)$ 为期望的整体位移速度。编队控制在诸如多机器人协调[34-36]、无人机(unmanned aerial vehicle, UAV)编队[37]及航天器编队[38]中得到广泛研究。尽管诸多应用各具特点，但编队控制亦有其共同点。例如，在绝大多数应用中，系统中的个体具有相同的动力学和相似的局部控制器构架；同时，每个个体的通信和计算能力都是受限的，且通信拓扑在编队控制中都起关键性作用。

1.3.2.4　分布式滤波(distributed filtering)

传感器网络的分布式滤波是多智能体系统平均一致性的一个重要应用。分布式滤波要求设计分布式协议使得传感器网络的每个节点跟踪测量信号的平均值。考虑一个由 n 个传感器组成的传感器网络。每个传感器测量受到噪声 $v_i(t)$ 破坏的信号 $r(t)$，即[39]

$$u_i = r(t) + v_i(t), \quad i = 1, 2, \cdots, n \tag{1.7}$$

下面的分布式滤波器[40]：

$$\dot{x}_i = \sum_{j \in N_i} a_{ij}[x_j(t) - x_i(t)] + \sum_{j \in N_i \cup \{i\}} a_{ij}[u_j(t) - x_i(t)] \tag{1.8}$$

能够使每个滤波器的状态 x_i 收敛到被跟踪信号 $r(t)$ 的一个小邻域内。分布式滤波器(1.8)称为一致性滤波器(consensus filter)，它实际上是一个低通滤波器(low-pass filter)。文献[41]进一步提出了分布式高通和带通一致性滤波器。文献[41–44]研究了基于一致性的分布式 Kalman 滤波和信息融合问题。

1.4　无人系统集群研究与应用现状

1.4.1　国内外研究现状

1.4.1.1　美国

美国最先开展无人系统相关技术研究，在无人系统军事应用领域处于绝对领先的位置。早在 20 世纪 90 年代末，美军率先提出了无人机蜂群作战概念，并开展了一系列概念完善和

技术积累工作。经过多年的研究与论证,美军已经将无人机/无人系统蜂群作战作为一个重要研究方向,正通过顶层设计、项目规划、理论研究、关键技术攻关和演示验证等促进这一方向的快速发展。在国防部的统一领导下,美国国防部高级研究计划局(DARPA)、美国战略能力办公室(SCO),以及空军、海军等都开展了大量的研究和论证工作,启动了多个项目,如表1.3所示,这些项目在功能上相互独立、各有侧重,在体系上又互为补充,融合发展。

表 1.3　美国智能无人机蜂群项目及特点

项 目 名 称	主 管 机 构	主 要 特 点
"小精灵"(Gremlins)	DARPA	低成本、高效快速、空中发射与回收、可重复使用
"低成本无人机蜂群作战"(LOCUST)	美国海军研究办公室(ONR)	低成本、体积小、数量多、快速发射
"山鹑"(Perdix)	SCO	空中快速释放、信息共享、集体决策、编队飞行、系统架构开放、3-D打印
"近战隐蔽自主无人一次性飞机"(CICADA)	美国海军研究办公室(ONR)	高堆积度、3-D打印、无动力滑行释放、超低成本、体积小
"进攻性蜂群使能战术"(OFFSET)	DARPA	蜂群战术交互、蜂群战术创新、蜂群战术集成
"体系集成技术和试验"(SoSITE)	DARPA	开放式系统架构、综合集成技术
"拒止环境中协同作战"(CODE)	DARPA	抗干扰、适应能力强、多机协调、智能自主

1.4.1.2　俄罗斯

近年来,俄罗斯开始加大无人机研究应用,特别是无人蜂群作战方面的研究应用。2015年底,俄军出动无人机蜂群进入叙利亚参加地面反恐作战,世界上首次无人机机群作战由此展开。俄军10架战斗机器人与3架无人机组成无人作战群,用20分钟的时间消灭了70名叙利亚武装分子。

2016年7月,一名俄罗斯官员称,尽管离问世可能还需要十多年,但俄罗斯第六代战斗机有可能与装备有电磁炮的无人机蜂群协同作战。俄罗斯无线电电子技术集团在2017年透露:俄未来战斗机可采用1架或2架有人机与20~30架蜂群无人机协同作战样式,执行空空作战、对地打击等任务。俄罗斯下一代战斗机方案将于2025年公布,其飞行速度可达4~5马赫,可在临近空间飞行。

俄罗斯还研制出了"反无人机蜂群武器",并且号称其能够瘫痪所有蜂群无人机上的电子元件,并且切断无人机与控制系统的通信。不同于上一代的简易无线电干扰系统,俄罗斯的这种新式武器可以瘫痪所有无人机的车载电子设备,使所有蜂群无人机上的电子器件瘫痪,从而中断无人机与控制中心的通信。

2018年1月5日,俄罗斯赫梅明空军基地和塔尔图斯海军补给基地遭受到叙利亚反对派发射13架携带"简易爆炸装置"的小型无人机"蜂群"攻击。俄军探测到13架小型"蜂群"无人机飞向俄军事基地,其中,10架飞向了俄罗斯驻叙利亚的赫梅明空军基地,3架飞向了俄罗斯在叙利亚的塔尔图斯海军补给基地。随后,俄罗斯无线电部队利用电子战系统控制了其中6架,3架降落过程中撞向地面坠毁,3架安全降落,俄罗斯防空部队利用"铠甲-S1"弹炮结合系统的高炮摧毁了另外7架。

此次武装分子发射13架小型无人机对俄军基地进行袭击,俄军表示通过电子对抗手段"俘虏"及迫降了6架无人机,另外7架被"铠甲-S1"系统火炮击落。分析看出,俄罗斯的电子战系统发挥了一定的效能,对付蜂群无人机攻击最终还要靠火力拦截来对付。俄"铠甲-S1"弹炮结合系统是应对突然出现的小型低空目标的有效防御武器,但该系统只能同时跟踪20个目标,并对其中4个目标实施打击,对于蜂群式攻击的空中目标防御能力有限,在面对未来大规模"蜂群"攻击战术时将捉襟见肘。俄罗斯表示将加大电子战压制手段,加强对无人机"蜂群"的监测控制分析手段等。

1.4.1.3 中国

我国在无人机蜂群方面的研究起步较晚,但经过多年不懈的努力,国内相关研究单位也取得了一些显著的成果。

在理论研究方面,国防科技大学、西北工业大学、哈尔滨工业大学、北京航空航天大学、华中科技大学和空军工程大学等高校的学者围绕任务分配、航迹规划和编队控制等无人机蜂群的关键技术进行了多年的钻研探讨和学术积累,取得了大量的成果。

在无人机蜂群研发方面,中国电子科技集团有限公司(China Electronics Technology Group Corporation, CETC)、清华大学、泊松技术等单位也是成绩斐然。2016年珠海航展上,由CETC电科院、清华大学及泊松技术共同完成的中国首个固定翼无人机蜂群飞行试验以67架飞机的数量,改写此前由美国保持的世界纪录。试验中,中国近70架无人机进行了蜂群编队连续起飞、降落实验,并首次采用自主蜂群控制和动态无中心自主网络。

2017年6月10日,中国电子科技集团有限公司成功完成了119架固定翼无人机蜂群飞行试验,演示了密集弹射起飞、空中集结、多目标分组、编队合围、蜂群行动等动作。刷新了此前的67架固定翼无人机蜂群试验记录以及美国的103架无人机记录。

2018年5月15日,中国电子科技集团有限公司成功完成了200架固定翼无人机蜂群飞行,再次刷新此前119架固定翼无人机蜂群飞行的纪录。同时,还成功实现了国内首次小型折叠翼无人机双机低空投放和模态转换试验。

1.4.1.4 其他国家

2016年11月,欧洲启动了"欧洲蜂群"项目,发展无人机蜂群的任务自主决策、协同导航等关键技术;英国国防部于同年9月发起奖金达300万英镑的无人机蜂群竞赛,参赛的蜂群完成了信息中继、通信干扰、跟踪瞄准人员或车辆、区域绘图等任务。2019年,英国又宣布计划在2022年拥有无人机蜂群。

在亚洲,韩国也在研发无人机蜂群技术。2017年3月,韩陆军表示正研发搭载爆炸物的无人机蜂群。韩国将组建一支武装无人机部队,一旦朝鲜半岛出现冲突,无人机群将蜂拥飞向朝鲜。

1.4.2 典型蜂群项目简介

1.4.2.1 "小精灵"(Gremlins)无人机蜂群作战项目

1. 基本信息

DARPA于2015年9月公布了"小精灵"项目,该项目计划研制一种部分可回收的侦察和电子战无人机蜂群。这种无人机蜂群可由 C-130 多用途飞机或者其他军用飞机进行投放,能够迅速不被察觉地进入敌人上方,并且可以通过压制导弹防御系统、切断通信、利用电脑病毒袭击敌人数据网络等多种手段击溃敌人。按照设想,"小精灵"项目的无人机价格相当低廉,单架无人机的成本将在 100 万美元以内,单架无人机的损毁不会造成严重的损失,也不会危及整体任务,其他无人机可以继续执行监视、电子干扰、通信窃听、网络战等任务。在完成任务后,剩余的无人机在预定地点集合,再由 C-130 飞机利用机械臂等手段重新回收,每架无人机可重复使用 20 次左右。2017 年 3 月,项目第二阶段的合同由美国通用原子航空系统公司(GA-ASI)和 Dynetics 公司分别获得。2018 年 4 月,DARPA 授予 Dynetics "小精灵"项目三阶段合同,为期 21 个月,价值 3 860 万美元。该团队的其他成员包括 Kratos 无人航空系统、穆格、机载系统、Systima、应用系统工程公司、军用电源公司和国际航空响应公司。

2. 关键技术

1)空中发射回收技术

空中发射技术已有前期技术储备,但无人机空中回收涉及平台的飞行安全性和可改装性,目前尚无经验可循。美军也退而求其次,在"伊卡洛斯"(ICARUS)项目、"自毁可编程资源"(VAPR)项目中研发可自毁型空投无人机,但研发的可自毁型无人机属于小型/微型无人机,性能有限,不能在远距离强对抗环境下应用。"小精灵"项目中发展的无人机高空回收技术处于技术空白,有着巨大的科学及现实意义。

在 Dynetics 公司设计方案中,采样尾舱门或者机翼回收。通过无人机、回收装置、回收吊机共同合作实现回收:首先无人机背后吊钩升起,之后回收吊机放出回收设备,然后"小精灵"无人机准备与回收装置对接,回收钩会利用激光或其他传感器与回收装置对接。对接成功后旋转收起机翼、关闭发动机,"小精灵"就将被升举到 C-130 机体部分,并在那里机械固定和收起。"小精灵"蜂群可位于载机后上方或后下方,采用"人"字形等回收编队,依次进入尾舱门完成回收,图 1.7 和图 1.8 分别给出了"小精灵"无人机空中部署与回收的过程示意。

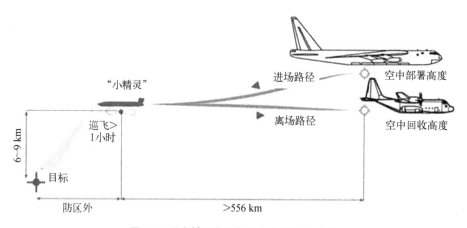

图 1.7 "小精灵"无人机空中部署示意图

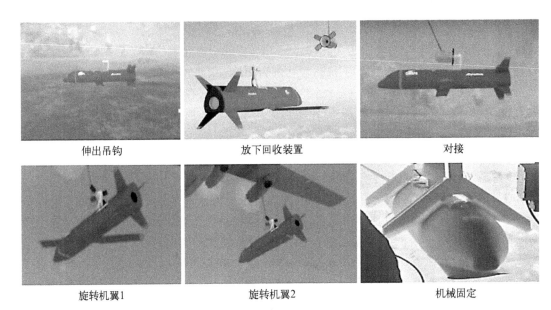

| 伸出吊钩 | 放下回收装置 | 对接 |
| 旋转机翼1 | 旋转机翼2 | 机械固定 |

图 1.8　"小精灵"无人机回收流程图

Dynetics 团队所设计的发射和回收系统最引人注目的特征是类似空中加油锥形管的回收系统,其使用栅格型控制尾翼。根据 2011 年西密歇根大学的无人驾驶飞行器实验室实验结果,4 个网格栅格型控制尾翼能有效增强飞行器稳定性,如图 1.9 所示。

图 1.9　带有 4 个栅格尾翼的回收装置

2）分布式作战技术

按照"小精灵"项目设想,有人或无人固定翼飞机将在敌防区外投放携带各种模块化载荷(光电红外、信号情报或干扰机)的低成本无人机蜂群,并以分布式协同方式遂行作战任务。"小精灵"无人机设计最大作战半径 926 千米,接近 F－35 战斗机,在编队作战时,可通过组网实现通信中继,支持远距离外的战斗机进行超视距打击;采用运输机/轰炸机作为无人机的空中发射回收平台,这些大型飞机尤其是轰炸机的作战半径是战斗机的数倍,可携带"小精灵"无人机深入对方防区内执行任务;"小精灵"无人机设计最大载重 54.5 千克,除常规的光电/红外载荷外,可以搭载电子战、探潜设备等,替代高价值有人机执行多种任务。运输机/轰炸机、无人机、有人战斗机的结合运用将全面提升空中装备作战范围、部署运用灵活性和安全性,形成全新的制空能力和作战模式。

3）低成本、可损耗的无人机机体设计

不同于大多数军用无人机,"小精灵"无人机不是一次性的,"小精灵"的设计目标是能重复回收使用 20 次,通过延长使用时间和次数,降低了全寿命周期成本,并且还进行一系列处理,如配装了低成本涡喷发动机,寿命为飞行 20 次左右,采用新材料制作等。

1.4.2.2 "低成本无人机蜂群作战"(LOCUST)无人机项目

1. 基本信息

该项目旨在从舰船、飞机等平台的管状发射器内,快速发射众多的低成本无人机,通过自适应组网及自主协同技术,携带各类侦查与攻击载荷,在数量上以绝对压倒性的优势赢得战争,可为美军提供空中监视支持,也可为美军战术车辆、飞机、船舶及其他无人航行器提供护航。

2. 关键技术

1)多平台快速发射技术

"低成本无人机蜂群作战"(LOCUST)无人机项目要求从舰船、飞机等平台的管状发射器内,快速发射众多的低成本无人机,在数量上以绝对压倒性的优势赢得战争。基于要求,项目选择了可折叠的郊狼无人机,该无人机原本装于圆筒内,通过飞机抛射。投放之后数秒内便抛掉外筒,15 秒内抛掉减速伞,机翼展开,发动机开机,5~30 秒内飞行界面开始正常工作,GPS 和自动驾驶设备于 10 秒内启动。

为提高发射速度,美国海军研究办公室对原来的发射方式进行了修改,改用 6 联装气体弹射发射装置弹射,目前发射速度是 30 秒发射 30 架,未来目标是 6 秒内发射 30 架。其气体弹射发射装置目前还没有披露,不过它与 SEA CORP 公司为 CUTLASS 折叠式无人机开发的气体弹射发射器比较类似,有一定参考价值。

SEA CORP 公司的 Hellshot UAV 发射器使用四个汽车安全气囊充气机将 UAV 从其发射管中排出,并提供足够的出口速度,使无人机能够过渡到飞行,同时最大限度地减少无人机上的重力。Hellshot 发射器是根据与 L3 通信公司-日内瓦航空航天公司签订的合同专门为陆军开发的,并部署了他们的 CUTLASS 折叠式无人机,用于从飞机上的 A 型大小的声呐浮标罐中发射。这个尺寸与 120 毫米陆军迫击炮非常接近。将多个商业现货充气机用于脉冲能量有助于操作灵活性、减小质量和有效载荷可变性。发射器可适用于类似尺寸的 UAV,只需对推动点进行微小改动。另外 SEA CORP 公司还改编 TOW 导弹管从现有的车辆上发射无人机。

2)自主蜂群飞行技术

LOCUST 项目的自动蜂群飞行程度前所未有,郊狼无人机发射之后,将使用低功率无线电频率网络建立彼此之间的通信关系,共享位置信息和其他信息。所有无人机将形成"母子"关系,其中 1 架起领导作用,其余无人机则为下属无人机。作为彼此通信的一部分,每架无人机都会知晓其他无人机的位置并共享自身位置。由于阵位的变化,领机的角色也随时可以进行交班。

1.4.2.3 微型无人机蜂群作战项目

1. 基本概念

"山鹑"(Perdix)微型无人机项目旨在利用现有军事、商业技术开发微型无人机蜂群,尽快形成战斗力,投入实战。此外项目还将验证利用军机设备进行大规模无人机战区发射情况,搭载设备执行侦察、干扰能力以及微型无人机蜂群技术并解决由军机对蜂群进行指挥、进一步提高蜂群的自主性、平衡航程有限与作战需求(或者将相关技术移植到其他具备更大航程的无人机上)等问题。在解决这些问题后,美军或将在世界上率先获得基于空射微型无人机的蜂群作战能力。

2．关键技术

1）微型无人机快速发射技术

"山鹑"无人机体型非常小,质量不到 300 克,发射非常方便可以陆地发射,可以装到一个特制的投射筒内进行投送,由于体积小,质量小,战斗机和直升机可以轻松大量携带。投射筒上装有一个降落伞,可以由战斗机在数千米高空抛投,高度降到 600 米左右无人机就可以从投射筒内脱离,甚至可以用手进行助跑放飞,如图 1.10 所示。

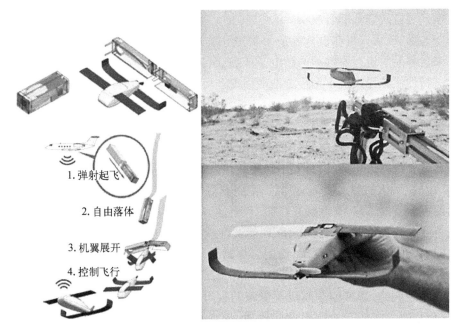

1．弹射起飞

2．自由落体

3．机翼展开

4．控制飞行

图 1.10　多种发射方式

考虑到战场环境,"山鹑"无人机最常见的还是由高速飞行的 F - 16 或 F/A - 18 等战机在临近战区释放。每架 F/A - 18 战斗机携带有 2 具圆柱形容器,当战机以接近声速通过任务点时,圆柱形容器开始抛洒微小的黑色包装箱。当包装箱下落到一定高度后通过减速伞稳定姿态,然后包装箱打开,预先折叠的蜂群无人机"破筒而出"。无人机的尾推发动机自启动,前后机翼自动张开并锁定,进入稳定飞行状态。F - 16 使用标准 ALE -47 曳光弹投放器投放(图 1.10),一次可以部署多达 30 架"山鹑"无人机。

2）微型无人机自主蜂群飞行技术

"山鹑"无人机有着先进的自主蜂群飞行技术,从 2016 年的试验演示来看,投放的"山鹑"无人机未进行预编程,但机间可以互通,且"共享一个分布式大脑";同时蜂群还与多个地面站通信。从网上公开的资料显示,该群展现了集体决策、自修正和自适应编队飞行能力,自组织地完成了地面站设定的 4 项任务;在整个任务过程中,新投放的"山鹑"无人机可以不断加入蜂群并参与协同。这表明该大规模蜂群已依托云处理等技术实现了"云协同"。当被战斗机释放出来后,"山鹑"无人机能找到伙伴,组成类似"蜂群"的队伍,根据任务要求一起协作控制、导航、聚集、解散。整个蜂群里的每一个体都非常自由,像鸟群一样忽聚忽散,上下翻飞,而且相互之间能有效避撞。

综上,可看出美军的"山鹑"项目完美地诠释了无人机蜂群的三大特点:无中心化、自主化、自治化。具有先进的自主蜂群飞行技术。

3)3D打印、开放式系统架构

"山鹑"无人机部件采用3D打印而成,一次性设计,采用大量简易设备,价格低廉,制造方便。能够在现有战机上大规模装备,能拥有更多数量的无人机,在执行任务时凸显饱和度策略优势。"山鹑"无人机未来将采用大量、不可回收的部署方式,这种快速、低成本的制造模式可有效降低部署成本。

另一方面,该无人机在设计制造上采用开放式系统架构,大量集成现有商业组件,许多产品来自智能手机行业推动的微电子产品,而且还在不断改进。

这一特性使该无人机不是传统地使用现在可能在一两年内过时的"终端区"技术,而是可以融入商业部门的持续创新,可以不断集成未来将会出现的各种载荷。另外当最新技术出现时,SCO可以拿过来直接升级"山鹑"无人机。这种开放式系统架构使"山鹑"的任务十分丰富。"山鹑"无人机每一代的升级历时6~7个月,而这对于国防部十分有利。这类似智能手机的进化模式,可以不断升级软件和硬件。

当"山鹑"无人机投入实际应用后,使用方将使用与传统项目管理方法不同的方式管理。可能不会直接采购10万架并存储10年,而是小批量购买不断升级的产品。

该特点符合SCO的整体理念,SCO能够以最低的成本在每次运行测试后快速升级原型。目前无人机测试超过500次,使用300架无人机,"山鹑"无人机已经升级为第七代。

1.4.2.4 "进攻性蜂群使能战术"(OFFSET)项目

高耸的建筑物、狭窄的空间以及受限的视野形成了"城市峡谷",极大地限制了军事通信、移动和战术实施。为克服这些挑战,提高小规模部队在城市环境中的作战效力,DARPA启动了"进攻性蜂群使能战术"(OFFSET)项目,研发并验证100+规模的蜂群战术,以备无人系统数量超过100时使用。这些战术可提升部队的防御、火力、精确打击效果及"情报、监视与侦察"(ISR)能力。DARPA在2016年12月公布OFFSET项目时披露,OFFSET寻求发展一个积极的蜂群战术开发生态系统及支撑性的开放系统架构,包含:先进的人与蜂群界面,让用户实时且同时监控与指挥数百单位的蜂群无人平台;实时、联网的虚拟环境,能支持一种基于物理的蜂群战术游戏;社区驱动的蜂群战术交流,这种有人管理、访问受限的项目门户将提供应用程序帮助参与者设计蜂群战术、蜂群行为及蜂群算法。

OFFSET项目的目标是设计、开发并演示验证一个蜂群系统架构,在真实的基于游戏的环境中进行编码,并在物理蜂群自主平台上展示,以促进新颖蜂群战术的创新、交互和集成。设想的未来场景是:小型地面部队使用由250个小型无人机和无人车组成的机器人蜂群完成在复杂城区中的多种任务。OFFSET"蜂群冲刺"的目标是重点突破集成到OFFSET蜂群系统架构中的蜂群技术,包括:蜂群战术、蜂群自主、人-蜂群组队、虚拟环境以及物理测试平台。

2018年2月13日,作为OFFSET项目第一阶段领衔单位,诺格公司推出第一个开放架构式蜂群战术试验台,来设计、开发和部署一种基于游戏环境和物理试验台的开放式架构的蜂群系统,以满足 OFFSET 项目的目标:开发小型空中无人机和地面机器人,能够以 250 个或更多数量进行蜂群行动。

2018 年 3 月 26 日,DARPA 开始征求第二个"蜂群冲刺"的项目建议书。第二个"蜂群冲刺"活动聚焦于自主性的提高:在两个街区范围内,使用由 50 个无人机和无人车组成的异构蜂群在 15~30 分钟内隔离一个城市目标。"蜂群冲刺者"将使用现有或者发展全新的硬件(传感器、作动器和受动器)、算法和创新的能力,开展有针对性的验证,展示在复杂城市环境中蜂群系统的作战优势。

1.4.2.5 "体系集成技术和试验"(SoSITE)项目

2014 年 DARPA 确立了 SoSITE 项目,通过采用体系的方法解决高成本多用途平台的上述固有问题。该项目将利用现有航空系统的能力,使用开放系统架构方法在各种有人和无人平台上分散关键的任务功能,如电子战、传感器、武器、战争管理、定位导航和授时以及数据/通信数据链等,并为这些可互换的任务模块和平台提供统一标准和工具,如有需要可以进行快速的升级和替换,从而降低全新航空系统的研发成本和周期,并使得美军运用新技术的能力远快于竞争对手。

SoSITE 项目的研究目的是通过开展分布式航空作战体系架构研究,保持美国在竞争环境下的空中优势,发展能够快速集成任务系统/模块到体系的技术,研究验证体系对抗的有效性以及体系架构的稳定性。具体包括:

(1)将杀伤链中的各项功能分布在有人和无人平台组成的网络中,降低研制成本;

(2)使用开放系统架构,将先进的任务系统快速集成到有人和无人平台;

(3)应用战争管理控制系统协调体系中分布式作战的各武器平台;

(4)使系统具有多样性,从而避免因相同原因导致的系统易损性,并提高系统的适应能力。

从图 1.11 所示的现有作战模式和 SoSITE 作战模式对比图中可以更好地理解分布式航空作战的概念。

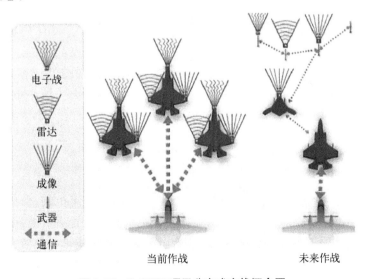

图 1.11 SoSITE 项目分布式空战概念图

在现有作战模式下,共派出3架有人机执行任务,每架飞机都具有电子攻击、雷达探测和成像能力,并同时挂载相应的杀伤性武器,它们均与空中指控系统通信,并受控于空中指控系统。

然而在SoSITE作战模式中,仅需派出一架有人机和一架无人机执行任务,空中指控系统控制有人机,有人机控制无人机,具有电子干扰、雷达探测和成像能力以及有杀伤力的武器装备则分别从无人机平台发射,而非将这些能力全部集中在一个作战平台上,这将大大降低体系作战成本,同时达到远远超出成本的作战效果。

1.4.2.6 "拒止环境中协同作战"(CODE)项目

DARPA启动了"拒止环境中协同作战"(CODE)项目,通过改进现有无人机的软件和算法,实现对无人机的平台技术状况和战况的实时监控,将无人机作战从多种操作员操控一架无人机,向一名操作员操控多架无人机转变。CODE项目当前的验证目标是一名操作员指挥6架以上的无人机群协同作战,蜂群中无人机具备不同的独立任务能力,比如情报侦察监视(ISR)或对地面(水面)目标打击任务,指挥官将这些必需的作战能力整合,就能执行更复杂的协同任务。

CODE项目特别注重协同自主领域技术的提升,使得无人机组可以在一个操作人员的管理下协同工作。无人机将不断判断其自身和周边环境,并为任务操作者反馈无人机组行动建议。操作者可以允许、不允许或让无人机组收集更多数据。采用CODE技术的无人机将可发现目标,并根据建立的交战法则与目标交战。并在最少人员参与情况下,调用临近的采用CODE技术的无人机;适应与友军之间的摩擦或意想不到的敌方威胁等突发情况。

CODE提高协同自主性的设想将使得无人机操作从目前的需要多个人员操作一架无人机,变为一个人员同时操纵6架以上无人机。指挥官可以根据任务,使用多架具备不同能力的无人机,而不用将众多能力集成到一架无人机上(该架无人机损失掉将是灾难性的)。这种灵活性将显著提升无人机的任务效率和成本效率,降低未来无人机系统的开发时间和成本。

据DARPA项目经理介绍,就像狼群协同狩猎一样,多架装有CODE技术的无人机将在一个任务人员操作下,协同完成发现、跟踪、识别和攻击目标。未来,CODE将减少对高带宽通信和长操作台系统的依赖。通过组合不同的低成本无人机,扩展潜在的任务领域。这些能力将极大增强现有空中平台在拒止环境中的生存率和作战效率。

1.5 本章小结

本章主要介绍生物群体的典型集群行为、群体之间的交流机制、群体的分工协作机制,在此基础上给出了集群智能的概念和内涵,介绍了集群智能几种常用的仿真模型,以及集群智能涌现过程中的一致性问题,最后给出了无人系统集群的研究现状以及集群技术在网络化作战中的典型应用状况。

1.6　课后练习

思考题

（1）蚂蚁是通过何种通信机制实现信息交流？此种通信机制能否应用于无人机集群系统？给出具体应用的场景。

（2）蜂群是如何分工与协作的？这种分工协作机制能否应用于无人机集群系统，通过哪种方式能够实现？

（3）通过程序仿真分别给出 Vicsek 模型、Jadbabaie 模型的实现效果。

（4）国内有哪些典型的蜂群项目？突破了哪些关键技术？

参考文献

［1］朱云龙,陈瀚宁,申海.生物启发计算:个体、群体、群落演化模型与方法［M］.北京:清华大学出版社,2013.

［2］HACKWOOD S, BENI G. Self-organization of sensors for swarm intelligence［C］. Nice:Proceedings 1992 IEEE International Conference on Robotics and Automation, 1992.

［3］BONABEAU E, DOILGO M, THERAULAZ G. Swarm intelligence:from natural to artificial systems［M］. New York:Oxford University Press, 1999.

［4］位士燕.基于群智能和人工生命的蜂群行为的研究［D］.上海:华东理工大学,2013.

［5］康琦,汪镭,吴启迪.群体智能与人工生命［J］.模式识别与人工智能,2005,18(6):689-697.

［6］VICSEK T, CZIROK A, BEN-JACOB E, et al. Novel type of phase transition in a system of self-driven particles［J］. Physical Review Letters, 1995, 75(6):1226-1229.

［7］李乐.多智能体复杂系统集群控制研究［D］.长沙:湖南大学,2016.

［8］D'ORSOGNA M R, CHUANG Y L, BERTOZZI A L, et al. Self-propelled particles with soft-core interactions:patterns, stability, and collapse［J］. Physical Review Letters, 2006, 96(10):104302.

［9］HA S Y, LIU J G. A simple proof of the Cucker-Smale flocking dynamics and mean-field limit［J］. Communications in Mathematical Sciences, 2009, 7(2):297-325.

［10］CARRILLO J A, FORNASICR M, ROSADO J, et al. Asymptotic flocking dynamics for the kinetic Cucker-Smale model［J］. SIAM Journal on Mathematical Analysis, 2010, 42(1):218-236.

［11］JADBABAIE A, LIN J, MORSE A. Coordination of groups of mobile autonomous agents using nearest neighbor rules［J］. IEEE Transactions on Automatic Control, 2003, 48(6):988-1001.

［12］CUCKER F, SMALE S. Emergent behavior in flocks［J］. IEEE Transactions on Automatic Control, 2007, 52(5):852-862.

［13］MOTSCH S, TADMOR E. A new model for self-organized dynamics and its flocking behavior［J］. Journal of Statistical Physics, 2011, 144(5):923-947.

［14］SHEN J. Cucker-Smale flocking under hierarchical leadership［J］. SIAM Journal on Applied Mathematics, 2008, 68(3):694-719.

［15］LI Z, XUE X. Cucher-Smale flocking under rooted leadership with fixed switching topologies［J］. SIAM Journal on Applied Mathematics, 2010, 70(8):3156-3174.

［16］薛志斌.智能群体系统集群行为的动力学建模及分析及其仿真研究［D］.兰州:兰州理工大

学,2012.

[17] 蒋嶷川. 多 Agent 群体行为中的扩散趋同综述[J]. 模式识别与人工智能,2009(6)：877 - 883.

[18] LIU J, JIN X, TSUI K C. Autonomy oriented computing（AOC）：from problem solving to complex systems modeling[M]. Boston：Kluwer Academic Publisher, 2005.

[19] REYNOLDS C W. Flocks, herds, and schools：a distributed behavioral model[J]. Computer Graphics, 1987, 21(4)：25 - 34.

[20] 谢光强,章云. 多智能体系统协调控制一致性问题研究综述[J]. 计算机应用研究,2011,28(6)：2035 - 2039.

[21] 杨文,汪晓帆,李翔. 一致性问题综述[C]. 哈尔滨：第 25 届中国控制会议,2006.

[22] 冯元珍. 多智能体系统一致性问题综述[J]. 长江大学学报（自然科学版）,2011,8(3)：84 - 87.

[23] 刘成林,田玉平. 具有时延的多个体系统的一致性问题综述[J]. 控制与决策,2009,24(11)：1601 - 1614.

[24] 乔琳,邓彦松,田晓亮. 基于一致性理论的多机器鱼编队控制[J]. 兵工自动化,2011,30(12)：70 - 74.

[25] ANDO H, OASA Y, SUZUKI I, et al. Distributed memoryless point convergence algorithm for mobile robots with limited visibility[J]. IEEE Transactions on Robotics and Automation, 1999, 15(5)：818 - 828.

[26] TONER J, TU Y H. Flocks, herds, and schools：a quantitative theory of flocking[J]. Physical Review E, 1998, 58(4)：4828.

[27] SHIMOYAMA N, SUGAWARA K, MIZUGUCHI T, et al. Collective motion in a system of motile elements[J]. Physical Review Letters, 1996, 76(20)：3870.

[28] LEVINE H, RAPPEL W J, COHEN I. Self-organization in systems of self-propelled particles[J]. Physical Review E, 2000, 63(1)：017101.

[29] LEONARD N E, FIORELLI E. Virtual leaders, artificial potentials and coordinated control of groups[C]. Orlando：Proceedings of the 40th Conference on Decision and Control, 2001.

[30] OLFATI-SABER R. Flocking for multi-agent dynamic systems：algorithms and theory[J]. IEEE Transactions on Automatic Control, 2006, 51(3)：401 - 420.

[31] TANNER H, JADBABAIE A, PAPPAS G J. Flocking in fixed and switching networks[J]. IEEE Transactions on Automatic Control, 2007, 52(5)：863 - 868.

[32] BEARD R W, LAWTON J, HADAEGH F Y. A coordination architecture for spacecraft formation control[J]. IEEE Transactions on Control Systems Technology, 2001, 9(6)：777 - 790.

[33] REN W, BEARD R W, ATKINS E M. A survey of consensus problems in multi-agent coordination[C]. Portland：Proceedings of the 2005 American Control Conference, 2005.

[34] BALCH T, ARKIN R C. Behavior-based formation control for multirobot teams[J]. IEEE Transactions on Robotics and Automation, 1998, 14(6)：926 - 939.

[35] DESAI J P, OSTROWSKI J P, KUMAR V. Modeling and control of formations of nonholonomic mobile robots[J]. IEEE Transactions on Robotics and Automation, 2001, 17(6)：905 - 908.

[36] FEDDEMA J T, LEWIS C, SCHOENWALD D A. Decentralized control of cooperative robotic vehicles：theory and application[J]. IEEE Transactions on Robotics and Automation, 2002, 18(5)：852 - 864.

[37] WANG X H, YADAV V, BALAKRISHNAN S N. Cooperative UAV formation flying with obstacle/collision avoidance[J]. IEEE Transactions on Control Systems Technology, 2007, 15(4)：672 - 679.

［38］CHUNG S J，AHSUN U，SLOTINE J J E. Application of synchronization to formation flying spacecraft：lagrangian approach［J］. Journal of Guidance, Control, and Dynamics, 2009, 32(2)：512－526.

［39］李忠奎.多智能体系统的一致性区域与一致性控制［D］.北京：北京大学,2010.

［40］OLFATI-SABER R, SHAMMA J S. Consensus filters for sensor networks and distributed sensor fusion［C］. Seville：Proceedings of the 44th IEEE Conference on Decision and Control, 2005.

［41］OLFATI-SABER R. Distributed Kalman filter with embedded consensus filters［C］. Seville：Proceedings of the 44th IEEE Conference on Decision and Control, 2005.

［42］OLFATI-SABER R. Distributed Kalman filtering for sensor networks［C］. New Orleans：Proceedings of the 46th IEEE Conference on Decision and Control, 2007.

［43］XIAO L, BOYD S, LALL S. A scheme for robust distributed sensor fusion based on average consensus［C］. Boise：Proceedings of the 4th International Symposium on Information Processing in Sensor Networks, 2005.

［44］CARLI R, CHIUSO A, SCHENATO L, et al. Distributed Kalman filtering based on consensus strategies［J］. IEEE Journal on Selected Areas in Communications, 2008, 26(4)：622－633.

第 2 章
无人系统集群智能的关键技术

2020 年 1 月,中国科学院发布的《2019 年人工智能发展白皮书》中将"群体智能技术"列为人工智能关键技术之一,随着群体智能系统与复杂网络、感知与决策、分布式协同、人工智能技术等理论与方法的发展,未来的无人系统将呈现出网络化、集群化、自主化和智能化等特征。本章重点介绍了无人系统集群智能的自主控制系统、集群协同作战的典型体系结构以及典型作战样式,进而给出了实现集群智能所涉及的一些关键技术。2.1 节介绍了集群的自主控制技术,给出了自主控制系统的等级划分,介绍了两种典型的自主控制系统;2.2 节介绍了集群协同作战的体系结构以及典型的协同作战样式;2.3 节按照"OODA"作战环理论从感知与认知、决策与规划、控制与仿真验证介绍了无人系统集群智能的相关关键技术以及解决途径;2.4 节是本章的小结。

【学习要点】

- 熟悉:① 两种典型的自主控制系统;② 协同作战体系结构以及典型的样式。
- 了解:① 态势感知与认知技术研究内容及技术途径;② 智能决策技术途径;③ 自主控制技术途径。

2.1 集群的自主控制技术

2.1.1 自主控制系统等级划分

根据美国空军研究实验室 2000 年的定义,无人机自主控制能力分为 10 个等级:1 级—遥控引导;2 级—实时故障诊断;3 级—故障自修复和飞行环境自适应;4 级—机载航路重规划;5 级—多机协调;6 级—多机战术重规划;7 级—多机战术目标;8 级—分布式控制;9 级—机群战略目标;10 级—全自主集群。美国无人机自主控制等级发展路线如图 2.1 所示[1]。

分析美国空军研究实验室定义的无人机自主控制能力的 10 个等级,可根据单机自

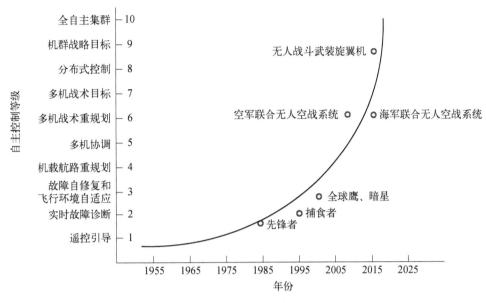

图 2.1　美国无人机自主控制等级划分

主、多机自主、集群自主将其分为 3 类。

单机自主：单机自主 1 级(遥控引导)、2 级(实时故障诊断)、3 级(故障自修复和飞行环境自适应)和 4 级(机载航路重规划)。

多机自主：多机自主 5 级(多机协调)、6 级(多机战术重规划)和 7 级(多机战术目标)。

机群自主：机群自主 8 级(分布式控制)、9 级(机群战略目标)和 10 级(全自主集群)。

随着自主等级类型的提高,无人机的适应性提高,智能性提高,任务复杂性提高,规模、作用范围扩大,从战术层次到战略层次,自主性逐级提高。

基于对美国无人机自主控制等级划分的深入分析,学习和引用美国空军研究实验室的无人机自主控制 10 级划分中科学与合理的内容,提出适于中国无人机技术发展的、更为合理的无人机自主控制等级建议,见表 2.1。

各等级自主功能是由对应的自主决策与控制技术和信息共享技术来支撑的,无人机自主控制等级中各等级的技术内涵分析如下。

1 级(遥控与结构性程序控制):采用高宽带、可靠遥控与遥测链路,实现结构化控制方案和策略,余度电传控制,飞控模态评估,组合导航、精确制导,航路精确跟踪,半自主起降。

2 级(实时故障诊断):机内自测试(BIT)检测,实时故障诊断与隔离,故障信息的报警。

3 级(故障自修复和飞行环境自适应):外部态势(外部资源和威胁)通信告知/部分自感知,自身态势(平台健康和能力)感知,机载健康管理系统,故障自修复,控制律重构,面向飞行状态的适应性控制,面向任务的可变模态控制,自主起降,大飞行包线、大过载、大机动、恶劣环境下的适应性控制。

表 2.1　中国无人机自主控制等级建议

自主控制等级	自主功能	自主类型	智能属性	通信等级
1 级	遥控与结构性程序控制	单机	反射性行为	1 级
2 级	实时故障诊断	单机	反射性行为	1 级
3 级	故障自修复和飞行环境自适应	单机	程序性行为	1 级
4 级	机载航路重规划	单机	程序性行为	2 级
5 级	多机编队与任务协同	多机	决策性行为	3 级
6 级	多机战术重规划	多机	决策性行为	3 级
7 级	多机战术目标重规划	多机	决策性行为	3 级
8 级	机群战略目标重规划	机群	决策性行为	4 级
9 级	全自主集群	机群	决策性行为	5 级

4 级(机载航路重规划):外部态势感知(多目标探测、识别、跟踪、目标优先级和威胁级评估),突发威胁/防撞避障,机载航路重规划。

5 级(多机编队与任务协同):多机信息共享、编队相对导航、多机协同(资源分配、编队组织、任务分配、时间协同),多机编队控制(编队形成、保持与重构、碰撞/障碍规避)。

6 级(多机战术重规划):战场环境感知及多机信息共享,战术态势感知,多机协同任务/航路重规划。

7 级(多机战术目标重规划):多机协同(战术目标划分、资源分配、编队组织、任务分配、时间协同),多机编队控制(编队形成、保持与重构、碰撞/障碍规避),多机协同任务/航路重规划,指挥、执行重规划战术。

8 级(机群战略目标重规划):分布式战略环境感知及识别,分布式战略态势感知,分布式机群信息共享,分布式机群编队导航,分布式机群协同(战略目标划分、资源分配、机群组织、任务分配、时间协同),分布式机群编队控制(机群编队形成、保持与重构、碰撞/障碍规避),分布式机群任务/航路重规划,机群战略计划实施。

9 级(全自主集群):集群战略环境感知及识别,集群战略态势感知,集群信息共享,集群战略/战术目标及任务/航路重规划,集群战略/战术计划实施。

2.1.2　基于认知行为的自主控制系统

对人类认知行为的探讨可以引申出无人机自主飞行控制系统的框架结构,如图 2.2 所示。该框架不仅包含经典的导航、制导与控制功能,更重要的是包含了与人类认知行为类似的决策、规划、预测与学习等相关的高级智能化新功能。

基于认知行为的无人机自主控制系统各部分的特点或功能如下。

决策性行为层:决策性行为在无人机的自主控制系统中主要体现为态势的感知、智能决策、任务规划与管理等功能。

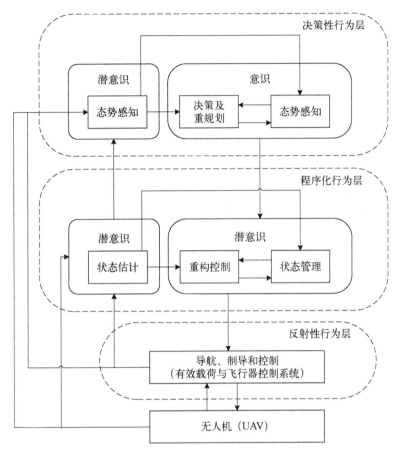

图 2.2　基于认知行为的无人机自主控制系统结构

程序化行为层：程序化行为在无人机的自主控制系统中主要体现为平台故障自修复和飞行环境自适应等功能。

反射性行为层：反射性行为在无人机的自主控制系统中主要体现为传统自动飞行控制系统的导航、制导与控制等功能。

完全的无人机自主性是一项革命性的技术，是一个渐进的发展过程。为此，美国军方在无人机路线图中将无人机自主性从遥控引导到单机自主，直至集群完全自主共划分为 10 个等级，旨在评估目前取得的成果和制定将来的研究计划。为了逐步达到未来理想化的自主能力，有必要对不同的自主等级进行理解和细分，并洞察每个自主等级所需要的关键技术以及信息与通信在这些不同自主等级中可能起到的关键作用，并最终实现网络中心环境下无人机的完全自主性。

2.1.3　基于人工智能的智能控制系统

近年来，发端于 20 世纪信息论、系统论、控制论的自动控制和人工智能技术逐渐融合，为无人机自主控制技术的发展注入了活力。人工智能技术总体呈现从程序驱动，到搜索驱动，到知识驱动，再到数据驱动的发展趋势，未来很可能出现知识驱动与数据驱动方法相结合的新发展阶段。与人工智能技术各个发展阶段相反,无人机自主控制技术呈现出数据驱动到信息驱动,再到知识驱动的发展趋势(图2.3)[2]。数据驱动方法的代表性成果包括无人机遥控系统和飞机自动驾驶仪;数据与信息驱动方法相结合的代表性成果包括无人机自主起降与航路重规划技术;信息驱动方法的代表性成果有察打一体无人机动态任务规划和逃避机动控制技术;知识驱动方法则主要用于信息融合、态势感知、空战决策等领域。

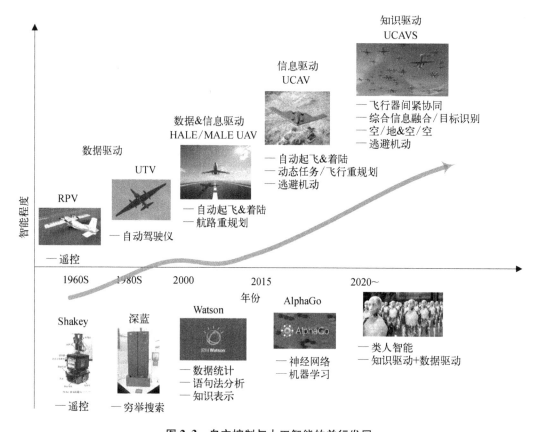

图 2.3　自主控制与人工智能的并行发展

　　智能性和自主性是无人机系统区别于有人机系统需要实现的最重要的技术特征,而无人机系统的智能自主控制理论和技术是提高其智能化程度、满足复杂任务需求和适应未来作业环境的核心技术支持。智能控制技术是在控制论、信息论、人工智能、仿生学、神经生理学及计算机科学发展的基础上逐渐形成的一类高级信息与控制技术。吴宏鑫院士在 2017 年中国智能自动化会议上指出:人工智能是人类认识、理解和学习事物的能力,而不是本能行为能力;智能控制就是把人的智能引入控制中,使其具有人智能特征的能力,目的是解决传统控制难以解决的挑战性问题。

2.1.4　发展趋势

　　无人机系统的智能自主控制理论和技术是支撑无人系统未来发展的核心领域之

一,是实现多架无人机编队、成规模地有效协作的重要基础,是提升其团体工作能力、降低消耗和研制成本等综合效能的必要途径。智能自主控制系统在具有上述诸多优势的同时,也给无人机系统的控制系统的设计带来了新的挑战。智能自主无人机应具备以下 7 种能力:感知、适应、规划、决策、沟通、合作和学习。前 4 种能力是基础,以此可以实现自主;随着沟通和协调的联合,可以实现协作;最后,通过引入学习能力来实现智能。

无人机智能自主控制初期目的是在复杂的军事行动环境中改善无人机的安全运作,同时减少普通与非关键过程的人工操作负担;最终的目的是通过增强无人系统性能和扩大其在战斗空间中实现结果的能力来提高作战人员的效率。表 2.2 给出了无人机智能自主控制技术发展展望[3]。

表 2.2 无人机智能自主控制技术发展展望

年份	2011	2012	2013	2014	2015	2016	2017	2018	2019	2020	2025+
技术	机器推理 多传感器数据融合		神经和认知科学 协同控制			V&V 过程改进 机器学习			认证设计 智能控制		
性能	鲁棒决策 不同信息的集成		自主 PDE 评估 环境感知和适应			自主合作			→ →		

为了强调无人机智能控制的自主特性,减少人为干预的影响,并加强对意外事件处理的能力,对无人系统的智能自主控制技术应开展智能目标检测与跟踪、集成自主系统的智能计算、单无人机智能自主控制、多无人机系统自主控制、自主故障诊断和自主控制重构等方面的研究。

2.2 集群协同作战系统结构和典型样式

2.2.1 协同作战体系结构

体系是指若干有关事务或思想意识相互联系而构成的有特定功能的有机整体。作战体系是指相互依存、相互作用的各种作战要事、作战单元、作战系统在一定战场环境中组成的实现特定作战功能的整体。协同作战体系结构根据作战场景可分为海上协同、空中协同、空海一体化协同、空地一体化协同、防空反导协同[4]。这些协同体系既有相同点,也有各自的特点,本节对协同作战体系结构展开分析。

2.2.1.1 海上协同作战体系结构

以海军信息系统的大规模使用为物质基础,出现了海上协同作战体系,其中包括海上预警监视系统、情报侦察系统、通信系统、导航定位系统、电子战系统、指挥控制系统、作战保障系统等。海上协同作战体系结构,是指担负海上协同作战使命任务的系统集合。它由各平台的传感器系统、指挥控制系统和武器系统通过联合计划网、联合数据网和复合跟踪网络组成为一个整体框架,从而使体系中的传感器网络化、指挥控制网络化和交战系统网络化,如图2.4所示。

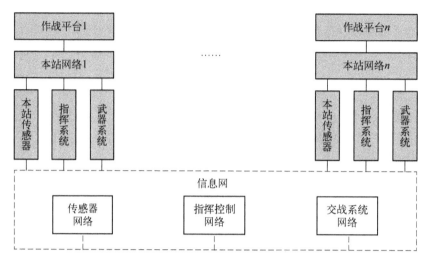

图 2.4　海上协同作战体系连接关系

海上协同作战系统视图,描述了为实现海军一体化作战所需系统以及相互之间的连接关系,如图2.5所示。该体系结构由物理层、链路层、传输层、网络层、应用层和任务层组成。其中:物理层处于通信的最底层,主要功能就是利用物理传输介质为数据链路层提供物理连接,以便透明地传输比特流。链路层的任务是提供点到点的数据传输,在物理层提供比特流传输服务的基础上,在通信的实体之间建立数据链路,传送数据,保证无差错的传输。传输层的主要任务是向用户提供可靠的端到端的服务,透明地传递报文。网络层的主要任务是通过路由算法,为分组通信子网选择最适当的路径,实现路由选择、拥塞控制和网络互联等功能。应用层的主要任务是提供通用和特定任务的应用程序,它只包含用户能直接使用的应用程序。如数据融合、复合跟踪、威胁估计、作战评估等都属于应用层。任务层的主要任务是完成一项具体的海军一体化作战任务所必需的特定应用程序的集合,如海军反潜、反舰和防空一体化作战所必需的特定应用程序的集合。

2.2.1.2　空中协同作战体系结构

空中协同作战是由空中火力打击系统、指挥系统和保障系统组成的高度合成化的作战系统,即在空中预警机的统一指挥下,战斗机与其他机种共同组成合理配置的混合编队,适时运用和转换各种适宜的战斗活动方法,以充分发挥整体作战能力。

空中协同空战中,敌方机群按不同的作战任务形成多个编队,分布在不同的空间位置。当敌我距离较远时,可以将敌机各编队视为一个整体,判断其威胁程度,调遣我方飞机,构建多个不同行动编队对其实施拦截。当敌我编队接近到一定距离时,敌我编队内的飞机分散开来,各自占据有利位置相互攻击,在编队内实现协同作战。如图2.6所示,图中左边表示敌方,由多个战斗机编队组成;右边表示我方,由预警机、空中加油机和多个战斗机编队组成。预警机与各编队以及各编队之间通过数据链交换作战信息。

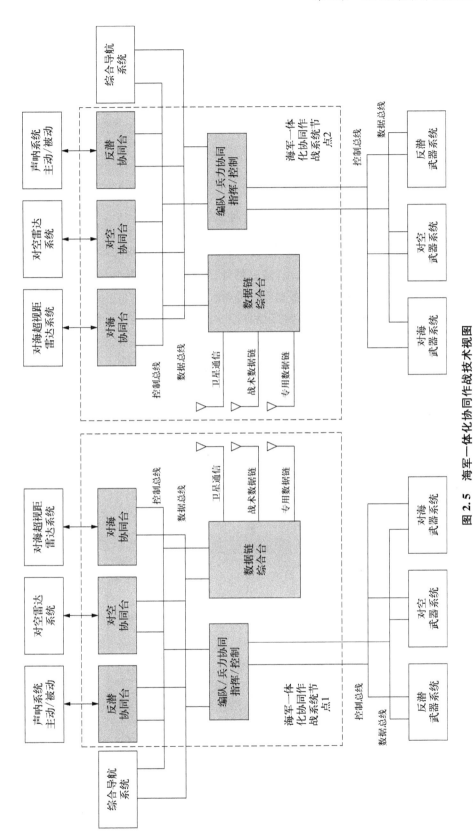

图 2.5　海军一体化协同作战技术视图

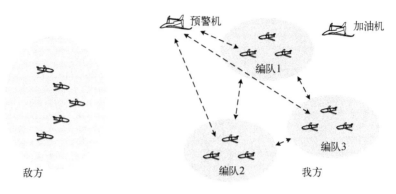

图 2.6　空中协同空战示意图

　　预警机系统是集预警、指挥、控制、通信功能于一身的空中指挥中心,能够完成监视、探测、测高、识别、分类、跟踪、数据显示、威胁估计、航迹截获、武器选择、截击引导、数据传送、导航、飞机性能监视与控制等诸多功能。通常,预警机位于空军协同作战系统的顶层,负责对整个战区内敌方信息的探测,确定诸如空中防御、空中护航、远程拦截、空域扫荡等战役作战任务,然后将战役任务分解为若干个战术任务并将其分配给下属各作战飞机编队;在作战过程中,预警机需要对各编队的任务执行情况进行监控,引导编队进入有效战位,对编队的攻击状态进行调整。如图 2.7 所示,在整个系统中,预警机具有最高的决策权及战术兵力的支配权。编队长机位于系统的中间,负责上传下达。上传,即向预警机请求指示截获目标、引导进入战位、攻击支援;下达,即将预警机制定的战术作战任务指派给下属各机,指挥各机对目标进行攻击,协调各机在攻击阶段的攻击行为。编队下属各机根

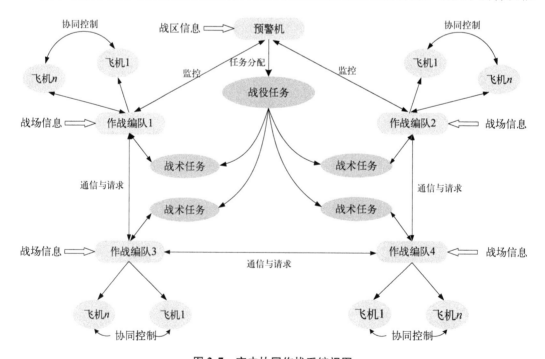

图 2.7　空中协同作战系统视图

据本机的武器资源、生存力情况,以及编队长机指派的任务,向长机发出承诺或请求更换目标、退出攻击等信息,并执行具体的作战任务;根据本机对敌攻击能力向友机发出请求协同信息,并根据目标对友机的威胁情况,及时向友机发出威胁告警信息。

2.2.1.3　空海一体化协同作战体系结构

现代空海一体化协同作战,是通过系统集成将航空兵器与水面舰艇的探测系统和武器系统有机结合在一起,在网络化探测系统和武器系统的支持下对敌实施空海一体打击。

空海一体化协同作战视图如图 2.8 所示,是描述空海一体化合成部队完成作战任务的过程。空海一体化合成部队的作战任务是对来袭的敌空中机群实施海上拦截和协同防御、空对舰的远程超视距打击、反潜协同作战。特别强调的是,空海一体化合成部队的战时编组是灵活、多样的,是战区联合指挥部根据敌我双方作战兵力和力量评估确定的。空海一体化合成部队反潜协同作战贯穿作战的全过程。反舰和防空协同作战按时间顺序可分为预警网络引导段、情报网络目标指示段、火力交战网络打击段。

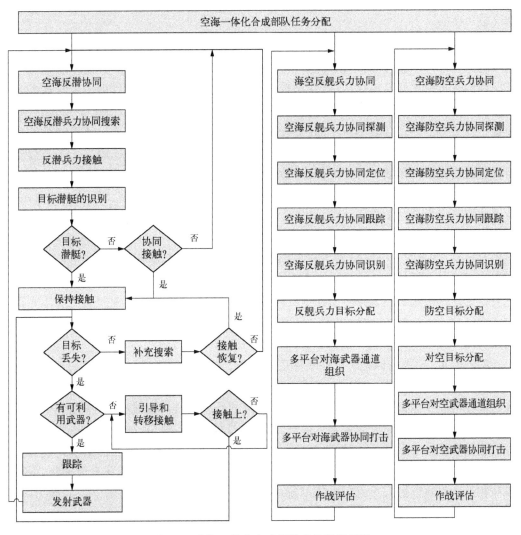

图 2.8　空海一体化合成部队系统任务视图

在预警网络引导阶段,除海上预警机、海上侦察机(无人/有人侦察机)外,反舰协同兵力和防空协同兵力的绝大部分成员处于无线电静默状态,也就是说空海一体化合成部队的绝大部分作战单元依靠海上预警机、海上侦察机、侦察卫星接收信息,通过联合计划网中的卫星通信或战术数据链,连续不间断地接收敌空中和海上目标的情报信息并进行融合处理和目标识别,实现空海目标的数据共享和敌我态势共享。同时,其他反舰协同兵力(如水面舰艇、对海攻击机群)通过战术机动部署到对海攻击阵位(攻击阵位就是对海协同兵力实施超视距攻击的最佳位置)。若敌海面目标落到一体化合成部队某一反舰协同作战群(如对海攻击机群)的超视距导弹攻击范围内,对海攻击机群启动战术数据链和专用数据链进行网络瞄准,并实施空对舰超视距导弹攻击,然后通过战术数据链报告作战效果。一旦预警引导过程中发现敌空中目标并被判定为敌作战飞机,我一体化合成部队指挥所便命令航空兵起飞并实施拦截,空空作战机群启动战术数据链和专用数据链,用网络瞄准的方法实施空对空超视距导弹攻击,并报告作战效果。如敌空中目标进入一体化合成部队水面舰艇对空情报雷达的作用距离内,空海一体化合成部队的反舰和防空作战进入第二阶段。

在情报网络目标指示阶段,防空/反舰协同兵力一方面接收海上预警机、海上侦察机获取的敌空中/海上目标的情报信息;另一方面防空/反舰协同兵力的其他作战单元按目标距离的远近依次开启情报雷达,并对自身平台和其他平台获取的目标情报信息进行目标航迹的融合处理和识别,实时进行目标威胁评估、目标分配、目标跟踪引导。当敌海面目标进入空海一体化合成部队水面舰艇的超视距导弹攻击范围时,通过情报网络的敌海面目标数据共享,对海武器系统按照网络目标指示实施对海远程超视距打击。当敌海面目标进入防空协同作战单元火控雷达的探测范围且在空海一体化合成部队水面舰艇超视距导弹攻击的范围外时,我舰艇协同兵力应通过战术机动进入对海攻击阵位。此时,一体化合成部队进入第三个阶段。

在防空/对海火力交战网络打击阶段,空海一体化合成部队各防空作战单元的火控雷达加高压开机,通过复合跟踪网络(交战网络)对空中目标实施跟踪,并利用专用数据链将复合跟踪的目标信息传输给对空多平台武器通道组织,对被选的对空导弹武器系统实施对空远地作战和对空导弹协同控制。当我空海一体化合成部队水面舰艇对海协同兵力进入对海攻击阵位时,在重新进行对海目标分配的基础上实施对海目标网络打击,并进行反舰协同作战效能评估。

2.2.1.4 空地一体化协同作战体系结构

空地协同作战指的是多个航空兵器和陆上装甲作战平台为完成同一战术目标/任务,在统一的时空中,按照统一作战计划,协调作战的作战模式。由航空兵、地面装甲部队和地空战术导弹部队等组成的数字化合成部队是空地一体化协同作战的必然选择。

在信息化作战条件下,空地一体化协同作战是由空地一体化合成部队来完成的。典型的空地一体化合成部队拓扑结构示意图如图 2.9 所示。空地一体化合成部队,由预警机指挥的空军机群协同兵力与由陆军航空兵和地面装甲部队组成的地空协同兵力构成。空军机群协同兵力由作战飞机、轰炸机等空军航空兵器组成。陆军航空兵由武装直升机、无人侦察机、察打一体无人机等组成。地面装甲部队由地面指挥车、地面装甲运兵车、坦克车、地空战术导弹车、地地战术导弹车构成。机群协同兵力和地空协同兵力,通过联合数据网中的战术数据链实现互联、互通、互操作。这两个协同兵力为完成同一个作战目标,按照统一作战计划的兵力部署,以统一的时空基准实施一体化合成作战。

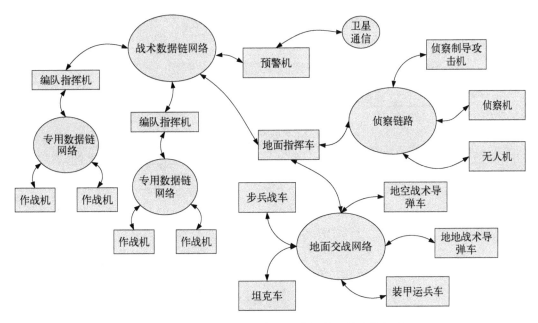

图 2.9　空地一体化合成部队网络拓扑系统结构视图

2.2.1.5　防空反导协同作战体系结构

防空反导协同作战体系与一般防空体系的构成要素大体一致,同样由预警系统、指挥控制系统、拦截打击系统和综合保障系统构成,所不同的是防空反导协同作战体系在作战中融入了协同机制。

防空反导协同作战体系不是各种作战力量的简单叠加,而是按照作战功能和优点的重组与整合,对各种作战力量优势和潜能的高效利用和最大限度发挥。

在反导作战中,涉及预警、指控、拦截打击、防护、保障等诸多方面,作战过程中能够使用的武器装备多种多样。在这种情况下,协同作战能够有效地提高战场资源利用率,确保各分系统武器装备在发挥自身效能的同时,最大限度地提高整体作战效能。反导协同作战,并不是武器系统的简单叠加,而是参战的作战力量按照协同计划,在结构上的重新组合,典型的反导协同作战体系结构示意图如图 2.10 所示。这种组合主要包括四个方面:预警探测的协同、指挥控制协同、火力协同和信息协同。

(1) 预警探测的协同主要是把所有战略、战役和战术级的各种探测装置所获取的信息融合在一起,从而产生整个战场空间的态势图,其完整性和精确程度都远远超出了单个探测装置所能达到的水平,不单单是所有传感器探测信息的简单加和。

(2) 指挥控制协同,是在统一指挥机构的协调指挥下,构成从上至下的作战协同指挥控制结构。指挥控制协同的前提是制订合理可行的协同计划。协同计划既要考虑整个作战系统中的各武器系统性能,也要考虑整体作战效果。实现指挥控制协同的基础是对整

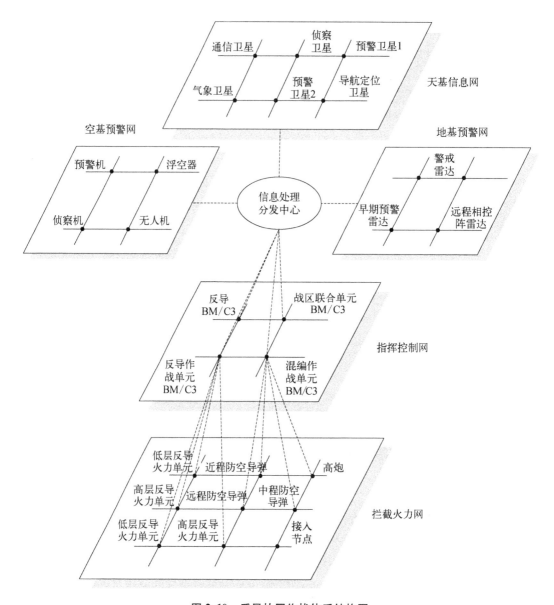

图 2.10 反导协同作战体系结构图

个战场态势的准确把握,尤其是当不能按照协同计划进行时,更需要指挥机构之间良好的协同来完成作战力量的协同。

（3）火力协同主要是由武器系统完成,它能够对分散在战场环境中的各平台武器系统进行控制,指挥员可以根据战场态势,进行全盘考虑,迅速做出决策并组织实施战斗行动,从而获取最佳的作战效能。

（4）信息协同为预警协同、指挥控制协同和火力协同提供了信息支撑,是整个协同作战体系的基础。良好的信息协同能力能够使防空反导体系具有超强的快速反应能力与任务处理能力,能够有效地提高系统的信息对抗能力。

2.2.2 协同作战的典型样式

在移动互联网、大数据、物联网、云计算等为代表的新一代信息技术等有力支撑下,军事电子信息系统的信息获取、信息处理、信息传输以及指挥控制、支援保障能力空前提高,不断催生出跨域融合、整体联动的多域协同作战新样式;在以人工智能为核心的智能化技术强力驱动下,以知识中心、智能主导、脑机协同、夺智控域等为主要特征的智能化战场大幕徐徐拉开,有人无人机编组协同作战、分布式无人智能集群攻击作战等协同作战的新样式也在加速孕育并迅速发展。

2.2.2.1 多域协同作战

多域协同作战,也称多域战、多域作战、全域作战,是指分布在陆、海、空、天、电磁、网络空间域以及信息域、认知域和社会域的各作战部队、主战武器、保障装备等,在一体化军事信息系统支持下,按照统一作战计划,遂行的跨域融合、整体联动作战。在 2014 年,美国出版的《陆军作战概念》中指出,美陆军必须把自己视为联合部队的力量贡献者,为联合部队提供多个选项,给敌人造成多重困境,跨多个领域并与多个伙伴一起进行作战。由此"多域战"概念开始成为美陆军研究和研讨的热点,并且推动美陆军由传统陆地向海洋、空中、太空、网络空间、电磁频谱等其他作战领域扩展,更好地支持联合作战部队在"反介入/区域拒止"作战环境中的军事行动(图 2.11)。

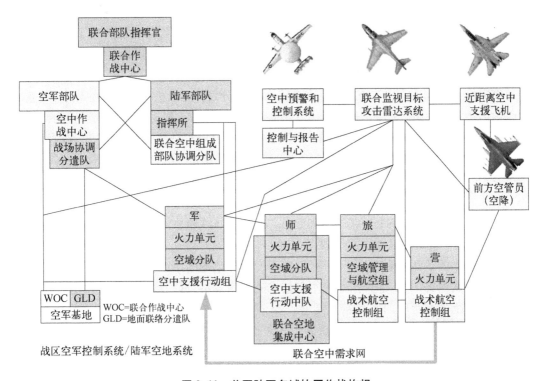

图 2.11 美军陆军多域协同作战构想

综合分析,美军多域协同作战是指打破军种、领域之间的界限,最大限度利用空中、海洋、陆地、太空、网络和电磁频谱等领域联合作战能力,以实现同步跨域火力和全域机动,发挥物理域、认知域以及时间域的优势。

2.2.2.2 有人/无人编组协同作战

在科幻电影《阿凡达》中,有人战机与无人机密切配合,使用精确而猛烈的火力对目标实施轮番攻击,给人们留下极为深刻的印象。早在 2015 年,美国洛克希德·马丁公司"臭鼬工厂"就与美国空军研究实验室一起开始为 F-35 战机量身打造一款"忠诚僚机"。2017 年 4 月,基于"忠诚僚机"概念的"有人-无人"编组演示试验成功完成。作为美军"第三次抵消战略"重点发展的技术领域之一,"忠诚僚机"计划有望首先发展出由第四代战斗机改进而来的无人驾驶僚机,并实现无人僚机自主与有人长机编队飞行并开展对地打击。在 2017 年的法国巴黎航展上,美国还高调展出 XQ-222"女武神"和 UTAP-22"灰鲭鲨"两款最新无人机。这两款具备高机动性、隐身性,还可携带武器弹药及相关传感器的无人机,恰恰也都是专门为有人战机设计的无人僚机。美国国防部战略能力办公室授予了一份价值 1 260 万美元的合同,进一步探索了 UTAP-22"灰鲭鲨"无人机作为蜂群式"无人僚机"的可能。UTAP-22 无人机不但可作为有人战机的"忠诚僚机"伴随作战,甚至还能够完全自主或半自主地合作执行"蜂群"战术,进而有效降低有人战机的损伤风险。有人无人编组协同作战也是欧洲各军事强国竞相发展的重点项目。法国达索飞机制造公司就成功实现了"神经元"无人机与"阵风"战斗机编队飞行数百千米的试验。英国正在进行的"未来空军进攻性系统"研究计划,其中一个重要项目就是探讨由有人机、无人机及空射巡航导弹组成的混合编队体系作战能力。此前英国皇家空军就通过一架经过改装的"狂风"战斗轰炸机,指挥 3 架 BAC-111 无人机对地面移动目标实施了模拟攻击。伴随着有人无人编组协同作战模式的快速发展,这种带着无人机"搭档"上战场的作战方式,或将成为未来新型协同作战的新常态。

有人机/无人机协同作战的关键是既能保留并充分发挥有人机和无人机的优点,又能最大限度地激发两者在编队中的作战潜力。编队中的每一架有人机和无人机都可视为作战系统的节点,需要在地面指挥控制系统的指挥引导下,结合接收全部战场信息进行综合处理,以此进行战场态势感知和敌方威胁估计。在此基础上对特定作战任务下的指挥与控制进行决策,对编队中的每个有人机和无人机节点进行子任务分配和飞行路径规划,确保任务流程在协同条件下有条不紊地推进和展开,最终在无人机节点到达攻击区域后完成目标锁定、瞄准、发射等一系列动作,完成对目标的攻击和毁伤。有人机/无人机协同作战流程如图 2.12 所示。

2.2.2.3 新概念武器协同作战

高新技术的迅猛发展和广泛应用,正在引发世界范围的军事变革。军事大国,特别是以美国为首的西方国家,都企图加快军事技术的创新发展,进一步拉大与其他国家在军事高新技术方面的差距。加速发展新概念武器,是他们确立军事高技术优势的重要手段之一,预计未来 20~30 年内将有一批新概念武器相继投入战场。新概念武器协同作战是指各新概念作战部队和新概念武器,为完成同一作战任务,在统一的时空中、按照统一作战计划、协调一致行动的作战模式。

新概念武器的出现与应用,催发了一系列崭新的新概念武器协同作战样式,尤以高超声速协同作战、全球快速打击协同作战、微波+导弹协同突防作战、快速敏捷协同作战最具代表性。

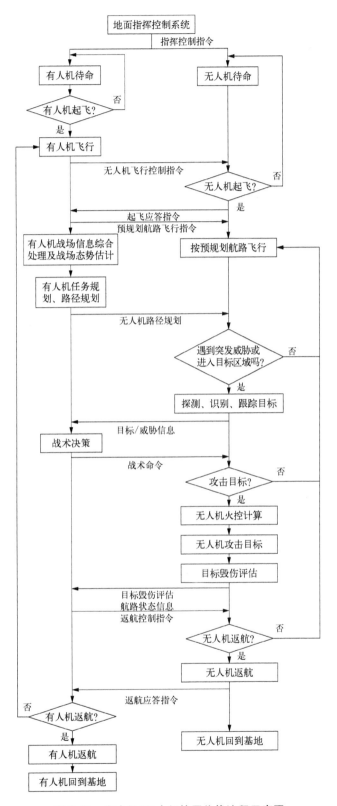

图 2.12　有人机/无人机协同作战流程示意图

1. 高超声速武器协同作战

高超声速武器协同作战是指各高超声速作战力量为遂行同一作战任务,在统一的时空中,按照统一作战计划、协调一致进行的各种作战行动的统称。

美军未来高超声速武器打击体系将由战略级高超声速武器、战术级高超声速武器构成,如图2.13所示。

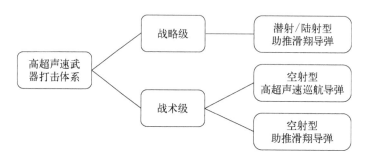

图2.13　美军高超声速武器打击体系设想图

其中,战略级为助推滑翔式导弹,射程6 000~12 000 km,首先装备美国海军潜艇。战术级武器包括高超声速巡航导弹、高超声速助推滑翔弹,前者将装备美国空军战斗机、轰炸机等空中平台,射程1 000~1 500 km,后者将装备美国空军作战飞机和美国海军水面舰艇,射程1 500~2 000 km。从设想中可看出,美军未来的高超声速协同作战融入了"无人协同组网探测""蜂群作战""无人电子战""干扰-打击一体"等多种新概念,强调发挥体系化作战优势,通过高速、高机动、蜂群、干扰等手段,破坏敌方"发现-识别-跟踪-打击"作战链,压缩对手的指挥决策时间,对高能激光武器、导弹阵地、雷达通信设备等高价值目标实施远程精确打击、真正实现"破网断链",致瘫敌方的作战能力体系,从而达到既定战术目的。美军体系化高超声速协同作战流程与主要行动如下。

(1)无人蜂群协同感知。首先,4艘母舰投放200架飞行速度约为马赫数0.9的亚声速小型无人飞行器蜂群,这些分布式无人机通过快速编队组合,形成不停变换的诱饵和干扰机阵列,同时无人机载传感器通过网络化协同,构建对敌方综合防空系统的态势感知。

(2)干扰敌方防空系统。虽然敌方防空系统很快探测到大量来袭目标,但无人机蜂群通过不断变换编队形态和电子干扰,敌方雷达无法识别真实目标与诱饵。防空导弹和远程定向能武器最终击落一些目标,但剩余的目标再次编队重组。

(3)发射高超声速导弹。在距离攻击目标几百千米处,发射平台开始发射高超声速导弹。敌方综合防空系统的探测通道、火控制导通道因大量无人机诱饵、无人干扰机而导致饱和,未能及时发现高超声速导弹。

(4)优选攻击目标。首先,高超声速导弹将摧毁对低轨卫星造成威胁的高能激光武器;随后,以饱和式高超声速导弹攻击方式,打击敌方导弹阵地等;最后,开展大规模"强制进入"作战。

(5)扰打一体。30架诱饵型无人机成功突破敌方综合防空系统,其中20架发现与预先编程标准相匹配的目标,通过自身携带的小型弹头摧毁敌方雷达天线和通信塔。剩余10架无人机燃料耗尽后执行自毁程序。

2. 微波+导弹协同作战

为了推动微波武器的实战化,美军提出将微波武器与隐身联合空地防区外导弹
(JASSM)一起展开部署、协同实施打击的新型作战样式,这种微波+导弹的协同作战使得
CHAMP 成为了改变战争面貌的远射武器。

试验表明,微波+导弹协同作战主要对以下两类重要目标进行攻击。

(1)航母战斗群。一般来讲,航母战斗群的防御范围约在 500 km,而巡航导弹的作战
半径可达上千千米,且巡航导弹雷达散射面小,突防能力强,利用 CHAMP 微波巡航导弹
对分布在打击范围内的航母战斗群实施先遣电磁打击,对其指挥控制与雷达系统进行干
扰破坏,就能为后续的火力打击赢得时间,提高来袭导弹或飞机的突防概率。

(2)地面卫星指挥通信与预警雷达阵地。地面卫星指挥通信与大型预警雷达系统在
现代战争中具有重要的价值,一般都是由前端的天线与后端的计算机处理系统组成,且分
布于数千米范围内。CHAMP 微波巡航导弹突防进入作战范围后,可以实施多次不连续电
磁打击,对一定范围内的卫星接收站与地面雷达形成干扰,严重时甚至可以影响到后台的
网络及计算机,造成网络阻塞、丢包、数据错误、计算机重启等现象使数据及指令无法正确
收发,影响系统正常工作,进而为后续的打击提供时机。

3. 快速敏捷协同作战

美国空军在系统评估未来 20 年作战环境并制定战略总规划的基础上,于 2015 年
9 月发布《空军未来作战概念 2035》文件,提出了快速敏捷协同作战概念。快速敏捷协同
作战概念具有很强的时代背景,是美国空军基于当前发展现状和未来作战需求做出的必
然选择,是基于适应"第三次抵消"战略、深化"联合作战"框架、牵引未来装备发展与运用
三个层面考虑提出的重要概念,以指导具体作战概念设计,促进作战概念体系创新,推动
航天、航空和赛博空间一体化协同作战能力建设。

在《空军未来作战概念 2035》文件中,美国空军将快速敏捷协同作战定义为:应对既
定挑战,迅速生成多个解决方案并在多个方案之间快速调整的能力。这一概念的核心目
标是要实现多域敏捷作战,发展航天航空和赛博领域一体化的作战能力。快速敏捷协同
作战具备灵活性、快速性、协调性、平衡性和融合性 5 个特性。

2.3　集群智能的关键技术

2.3.1　集群分布式的态势感知与认知技术

2.3.1.1　关键问题

复杂不确定战场信息环境下态势信息的高效可靠获取是未来集群作战系统的"卡脖
子"类难题,是突破"电磁迷雾"并取得未来战场制信息权的基础和关键,具有重要的科学
研究价值和广泛的军事应用前景。然而,复杂不确定战场环境下的高动态集群飞行器通
信网络态势感知的研究面临着严峻的技术挑战。复杂、对抗、非合作、不透明的战场环境
下,战场信息的数据样本属性呈现多维性和不确定性;空天地、敌友我电磁信息复杂耦合,
信号识别和检测难度极大;异构传感器的多源数据的辨识难度极大;动态目标和异常信号

的存在与态势估计高精度需求构成了尖锐的矛盾。因此如何通过集群系统的相互配合提升飞行器的自主感知能力,进而提升集群系统的协同认知能力是国际前沿性难题。

无人系统集群是通过自组织网络连接构成的智能群体,可以实现对战场环境的全面感知。然而,由于复杂多变的战场环境,高速高动态的飞行特点以及感知载荷的异构特性给集群的态势感知与认知带来了极大的难度。基于复杂电磁场、热场以及高速高动态的速度场,研究多场耦合条件下集群的分布式感知与认知技术。从时间特性、空间特性、飞行器动态行为特性以及感知载荷的多场耦合特性等建立多维度知识要素表达模型,构建多元认知能力评价体系和评价模型,研究不完全信息条件下的分布式知识表达和知识推理能力,结合多源异构数据融合方法,实现全局态势的感知一致性与认知一致性,可以突破的相关技术如下。

1)不确定环境下多智能体的分布式态势感知能力建模

(1)基于多智能体的分布式态势感知能力模型。

(2)多维度多场耦合下的复杂环境知识要素表达模型。

2)多场耦合下的协同态势感知方法

(1)多源多场耦合信息分布式融合策略研究。

(2)基于生物视觉认知机理的协同态势感知方法。

(3)基于深度学习的全局态势感知方法。

3)态势感知一致性评估方法

(1)多源信息耦合下的协同态势感知一致性评估模型。

(2)多源感知能力评价体系与评价模型。

(3)集群协同态势感知一致性评估方法。

2.3.1.2 技术途径

复杂战场环境中,空天地、敌我友电磁信号复杂耦合,飞行器集群异构传感器也存在着光电/红外/电磁等多物理场的耦合信号,信号与目标识别面临信息不完备、观测对象高度动态性等挑战,如图2.14所示。这就需要对多源信息进行相关性分析、异构耦合信号进行融合以及对全局态势进行一致性认知,从而为决策与规划提供依据。

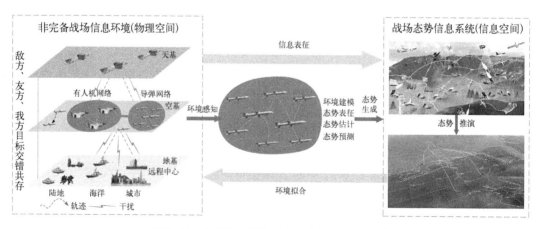

图2.14 多场耦合下的分布式态势感知示意图

1. 复杂战场态势多源智能感知系统设计

复杂态势的智能感知系统,如图 2.15 所示,自主模型通过传感器以及无线通信获取其他传感器以及环境信息,结合导弹自身状态对感知到的信息进行处理,依据自主模型底层机制和感知信息选择正确的行为方式并与其他模型进行交互,进而引起导弹自身或其他导弹状态的变化。

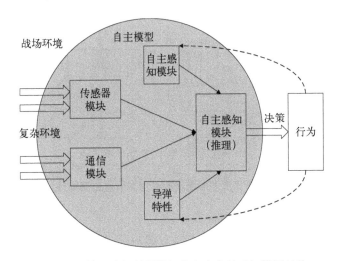

图 2.15　基于认知科学的智能自主态势感知模型结构

2. 深度态势感知算法

深度态势感知是对态势的自主感知,是人工智能与态势感知的深度结合,融合人的智慧与导弹的智能,既涉及导弹与物理环境的属性又包含了他们之间相互的关系,也使导弹之间相互理解对方,能够根据自己的理解进行推理、决策以及自主控制。

基于深度态势感知的多传感器自主感知算法,它通过特征提取技术,利用从多传感器采集的原始数据提取相关的特征信息,然后根据多源数据融合进行数据融合提高自主感知精度,最后利用深度学习强大的分类识别能力实现智能自主感知。其典型的基于深度态势感知的多传感器自主感知原理结构如图 2.16 所示。

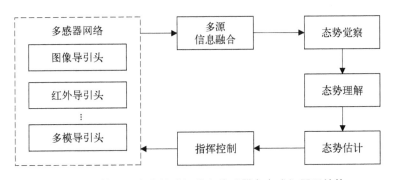

图 2.16　基于深度态势感知的多传感器自主感知原理结构

基于深度态势感知的多传感器自主感知模型结构如图 2.17 所示。

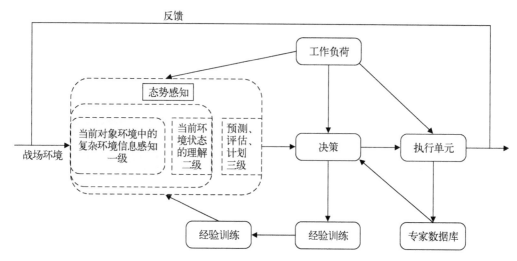

图 2.17　基于深度态势感知的多传感器自主感知模型结构

3. 集群协同态势感知一致性评估算法

集群协同态势感知一致性评估算法的方案流程如图 2.18 所示,其具体实施步骤如下。

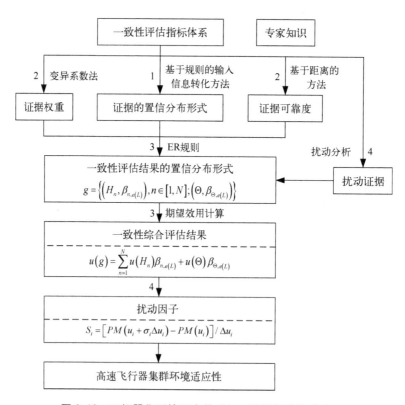

图 2.18　飞行器集群协同态势感知一致性评估算法流程

第 1 步：根据所建立一致性评估指标体系，利用飞行器感知不同时刻各指标的信息，采用专家系统结合飞行器的工作机理给定指标参考等级，并采用基于规则的输入信息转化方法将各指标转化为置信分布形式：

$$e_i = \{(H_n, \beta_{n,i}), n \in [1, N], (\Theta, \beta_{\Theta,i})\} \tag{2.1}$$

第 2 步：采用变异系数法和基于距离的方法分别确定各指标的权重和可靠性。

第 3 步：采用 ER 规则，对各指标进行融合，得到一致性评估结果的置信分布式形式，采用一致性评估结果的期望效用公式(2.2)可以得到一致性的综合评估结果。

$$u(g) = \sum_{n=1}^{N} u(H_n)\beta_{n,e(L)} + u(\Theta)\beta_{\Theta,e(L)} \tag{2.2}$$

第 4 步：采用扰动分析法模拟扰动的产生，将受扰动的指标进行量化，按照第 3 步的方法进行指标转换与信息融合，获取扰动作用下的一致性评估结果。然后求解扰动因子，并与其最大误差进行比较，即可分析得出无人机集群协同作战环境的适应性。

2.3.2　强对抗环境下的集群智能决策技术

2.3.2.1　关键问题

面向飞行器的高动态飞行特点、强对抗战场环境的不确定特性以及多任务的协同需求，研究飞行器集群系统的决策系统，探索具有智能性和自主性的集群个体间合作、竞争和协商等机制下的群体决策理论与方法，引导群体快速、准确的实现涌现决策行为，提出集群群体与环境交互过程中的实时动态决策理论与方法，可以开展的关键技术如下。

1. 基于决策规则库的集群自主决策方法

1）基于事件触发-规则驱动的自主决策方法

针对复杂战场环境动态变化，态势感知信息来源复杂，数据有限且不完整，集群系统决策规则难以直接提取的问题，研究通过事件触发-规则驱动的机制，构建决策规则库，实现决策规则的规范化定义与表达。

2）基于行为策略集决策框架的自主决策方法

针对集群系统平台数量由少到多、环境任务不确定度由低到高、智能水平由弱到强的实际问题，通过行为集和决策方法的确定，设计集群行为策略集，在决策规则库的基础上构建分布式策略集决策框架，进而实现集群系统对环境复杂变化的快速自主决策。

3）基于三支决策理论的自主决策方法

针对战场环境复杂多变，实时决策信息与规则未知难以确定的问题，研究采用三支决策理论如何选择中间决策行为，在决策信息不确定的情况实现突发威胁下的自主决策。

2. 基于深度强化学习的飞行器集群突防机动决策

1）基于多目标优化与深度强化学习的集群突防机动智能决策

针对飞行器多对一突防机动智能决策，考虑多飞行器协同突防时友方相互之间产生的态势威胁增幅，并用神经网络计算协同威胁指数。通过多目标优化与强化学习的决策方法，构建飞行器集群突防机动决策模型。

2）基于 MFSG‐Q 学习的飞行器集群对抗决策

针对大规模飞行器集群对抗问题,利用势场的概念刻画集群个体之间的交互作用,基于平均场随机博弈提出 MFSG‐Q 学习算法,使集群对抗表现出一些集群运动、支援友方、合作围捕、集群追逃等集群涌现行为。

3. 基于决策矩阵的飞行器集群打击智能决策

1）基于矩阵博弈的飞行器集群作战指挥决策

针对飞行器集群作战指挥决策问题,考虑目标价值和毁伤概率信息的不确定性,构建攻防双方博弈支付矩阵,将粒子群算法和区间数多属性方案排序法相结合,求解混合策略的纳什均衡。

2）基于图神经网络技术的飞行器智能决策

针对飞行器集群系统的人工智能辅助决策的问题,考虑时间约束、能量约束、复杂环境约束,通过构建以飞行器、任务、约束等为节点的决策图,以强化学习方法迭代求解一定约束下完成特定任务的飞行器组合。

3）不确定环境下飞行器集群协同对地打击决策

针对不确定环境下飞行器集群对地攻防对抗决策问题,提出不确定影响因子的概念,通过不确定模拟方法进行解算,结合双矩阵对策法得到对抗策略的平衡点。

2.3.2.2 技术途径

1. 基于矩阵博弈的飞行器集群作战指挥决策

通过分析实际战场中目标价值和毁伤概率信息的区间不确定性,确定攻防双方的策略集,建立飞行器对地攻防对抗的支付函数,构建攻防双方博弈支付矩阵。支付函数为己方的攻击收益与敌方的毁伤损失之差。当己方飞行器和敌方导弹阵地的价值、毁伤概率均为区间表示时,支付矩阵的每个元素均为一个区间数。矩阵的每一个行向量对应己方一个纯策略,每一列对应敌方的一个纯策略。混合策略表示对每一个纯策略以一定概率进行选择,且所有纯策略的概率总和为 1。利用区间比较的可能度公式,将区间支付两两比较,得到可能度矩阵。基于互补的可能度矩阵排序方法,可对各个混合策略方案进行排序,进而得到方案集的最优方案。将单矩阵纳什均衡转化为线性规划问题,利用纳什均衡的求解公式可得优化的目标函数和约束条件:

$$\tilde{v} = \max_{x \in X_n} \min_{1 \leqslant j \leqslant n} \sum_{i=1}^{n} \tilde{G}_{aij} x_i \qquad \text{s. t.} \begin{cases} x_1 + x_2 + \cdots + x_n = 1 \\ x_i > 0, \quad i = 1, 2, \cdots, n \end{cases} \tag{2.3}$$

采用粒子群算法,求解不确定信息下收益值为区间数的混合策略纳什均衡,算法结构如图 2.19 所示。

2. 基于图神经网络技术的飞行器智能决策

图神经网络技术是基于认知科学的连接主义人工智能方法——关系型强化学习的一种。通过构建决策图,决策图的顶点表示飞行器集群智能决策状态及约束要素属性,决策图的边表示各决策要素之间的逻辑推理关系属性,通过强化学习方法训练整个决策图的顶点属性、边属性以及决策图全局属性,从而通过提取决策图的属性信息实现飞行器集群的人工智能辅助决策。基于决策图的决策过程如图 2.20 所示。

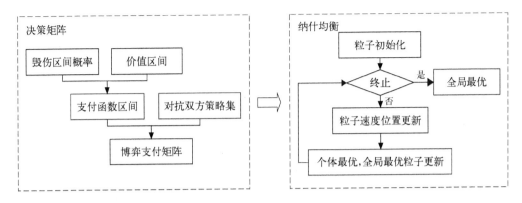

图 2.19 矩阵博弈算法结构

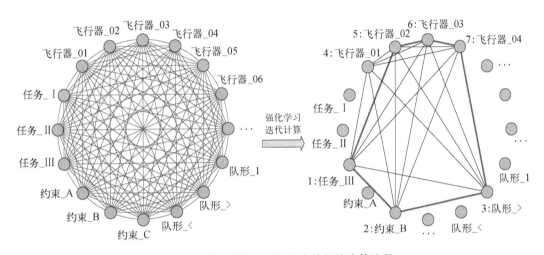

图 2.20 基于图神经网络技术的智能决策流程

飞行器节点属性矩阵描述单个飞行器平台固有属性和状态属性;任务节点属性矩阵描述飞行器集群在一次任务中需要完成的一个或者多个特殊任务属性;约束节点属性矩阵描述任务执行过程中的约束条件;队形节点属性矩阵描述飞行器集群任务执行、行进过程中的队形;全局属性矩阵描述决策图所有顶点及其之间对应关系边所构成的决策结果,包含该次决策结果的衡量和描述信息。顶点属性更新边的属性,接收顶点矩阵与发出顶点矩阵通过对应回报函数给当前有向边属性进行赋值,表示当前逻辑连接关系的回报。任务 $\leftarrow f(T, U) \rightarrow$ 飞行器,约束 $\leftarrow f(C, U) \rightarrow$ 飞行器,队形 $\leftarrow f(F, U) \rightarrow$ 飞行器的边属性回报值计算如下式:

$$G_t = f(U_{t-1}, T_{t-1}, C_{t-1}, G_{t-1}) \tag{2.4}$$

3. 不确定环境下飞行器集群协同对地打击决策

以飞行器集群协同对地攻防对抗作战为背景,提出不确定影响因子的概念,反映战场不确定环境对各参战单元产生的影响程度。建立的不确定对抗决策模型包括两种目标函数:不确定期望值对抗决策目标函数,运用不确定期望值算法将不确定环境下的对抗决策问题转化为相对确定性决策问题;不确定机会约束对抗决策目标函数,从求取不确定事件乐观值角度考虑,使每个决策函数值大于乐观值的概率不得小于给定概率。通过不确定模拟方法进行解算,运用双矩阵对策法,寻找对抗双方在极大化己方利益、极小化敌方利益前提下的决策纳什平衡点。集群协同对地打击决策结构如图2.21所示。

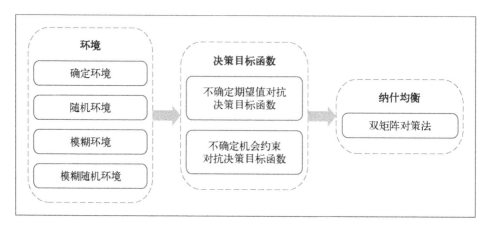

图2.21 集群协同对地打击决策

考虑多种情况:确定环境下的对抗决策;随机环境下的对抗决策;模糊环境下的对抗决策;模糊随机环境下的对抗决策。对不确定环境下的决策目标函数进行多次 Monte-Carlo 模拟,求取对抗双方的策略平衡点。最后比较期望值对抗决策模型与机会约束对抗决策模型的决策结果。机会约束对抗决策中置信水平的设置仅体现了己方的期望概率,对己方作战力量的影响是整体性的,并不改变己方整体作战力量的配比,因此,在对抗状态下,对敌作战决策结果不受影响。

2.3.3 集群协同规划技术

2.3.3.1 关键技术

针对作战空间不断延伸、对抗维度持续拓展、攻防手段更为多样的多层次、信息化、智能化的空天地海信全维度立体化对抗体系,以及复杂战场环境下,时空协同、任务耦合及对抗环境高动态、信息不完全、威胁未知等问题,研究复杂战场环境下的集群协同规划技术,对于飞行器集群充分发挥编队化作战优势,形成有效战力,提升作战系统整体效能至关重要,需要突破的关键技术如下。

1. 面向协同作战的集群任务规划的评估与体系优化框架设计

1) 面向协同作战需求的任务规划评估方法研究

建立的协同作战体系的多层次效能指标体系,梳理各变量(设计变量、常值输入量、约束变量、优化变量)之间的关系,基于三种典型作战模式,计算对应的任务规划的效能量化值。

2) 协同任务规划的体系优化框架

建立体系层和任务规划层两个非等层次的优化学科之间的输入输出关系,定义和建立多学科优化问题模型,对优化问题重构与 MDO 策略分解,完成 MDO 的非层次策略求解和基于体系的优化问题求解。

2. 不确定环境下的集群协同动态任务规划技术

1) 网络时变情况下集群协同动态任务规划研究

针对动态环境中的集群作战过程中通信的重要性,考虑到网络通信实时变化,分析任务特性并增加通信需求矢量,基于网络拓扑约束建立集群任务规划模型及任务效能指标模型,集群依据有限通信约束下以任务时间或任务打击效果为优化指标组建任务联盟进行任务规划问题的求解。

2) 基于在线能力的集群协同动态任务规划研究

针对任务执行过程中集群内各单元所携带任务传感器不同和当前任务执行能力如剩余航程的约束,明确当前任务内容及重要等级,对集群内单元任务能力进行分解,完成智能无人集群作战方案和作战航迹的规划。

3. 多威胁条件下的集群突防协同任务规划技术

1) 集群突防任务分配模型研究

针对集群突防过程中对抗环境高动态、威胁类型复杂多样等特点,研究数字化威胁环境模型,考虑作战任务耦合约束、时空协同和任务价值评价机制,研究面向未知动态战场环境的飞行器集群突防动态任务分配模型。

2) 集群突防任务分配算法研究

针对飞行器集群突防任务的多主体、多任务、多层级、多分支非线性任务进程,考虑先遣任务与后续任务的时序与空间协同约束以及未知威胁信息,研究基于迭代优化的网络化动态多任务分配算法。

3) 集群突防的协同航迹规划及航迹规划算法研究

针对集群突防安全要求高、战场信息不完全、环境威胁不确定等问题,研究面向动态威胁规避的飞行器集群突防航迹规划问题,提出基于智能优化算法的三维航迹协同动态在线规划方法。

2.3.3.2 技术途径

1. 典型集群规划系统体系结构研究

针对实际问题中不同规划主体和任务对象,典型的集群规划体系结构可按照模块间信息流连接分为分层递阶式、反应式、混合式结构,具有集中式系统特性,即集群中存在一个中心个体,完成对集群中各个个体的规划工作,并向其余个体发布任务。各系统结构主要特点如下。

1) 分层递阶式结构

集群规划系统的态势感知与理解、任务分解与分配、航迹规划、任务执行等模块之间信息流动次序分明,采用"感知——规划——行动"的串联结构。当分析明确任务目标和约束条件后,规划系统根据实时建立的局部环境模型和已有全局环境模型制定出后续行动计划,进而依次完成整个任务,结构如图 2.22 所示。

2) 反应式结构

与分层递阶式结构不同,反应式体系结构采用并联结构,每个决策控制层可以直接基于传感器的输入进行规划,因而它所产生的动作是传感器数据直接作用的结果,突出"感知——动作"特点,如图 2.23 所示。

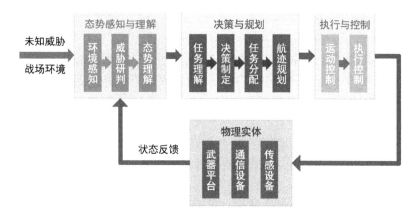

图 2.22 分层递阶式集群规划系统结构

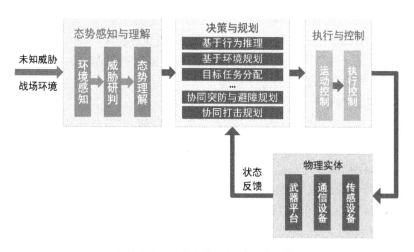

图 2.23 反应式集群规划系统结构

3）混合式结构

将上述两种结构的优点进行有效结合,在集群全局规划层次上,采用分层递阶式结构;在集群局部规划层次上,采用基于反应式结构的行为分解,如图 2.24 所示。

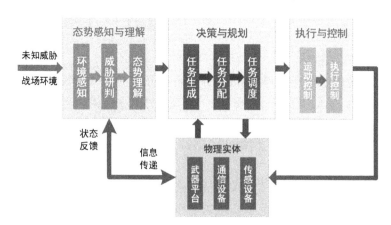

图 2.24 混合式集群规划系统结构

上述典型集群规划系统结构的优点在于：① 协同规划依据的信息完整；② 行为完全预测与受控；③ 信息流动方向相对简单,规划流程符合一般逻辑认知。其缺点也较为明显：① 对中央控制单元的状态敏感；② 节点数量增加会导致系统整体协调性能下降；③ 对通信依赖性强；④ 中央控制单元的计算负担较重；⑤ 节点对于环境变化的反应速度较慢。因此,基于以上三种结构的集群规划系统常常用于速域较窄、低动态、节点数量较少的飞行器集群中。

飞行器集群实际应用过程中,当集群节点数量较少时,在集群编队初始集结且速度较低的飞行阶段,研究采用上述规划系统架构,基于全局完整信息,实现飞行器集群编队的有序集结。

2. 集群协同任务系统体系结构设计

高动态、大规模集群系统的协同任务规划,典型的集中式任务规划系统架构通信和计算资源消耗大,需要获取全局状态信息,求解复杂度高,系统对中心节点的依赖度高,不能满足集群系统的鲁棒性和实时性要求,难以对动态变化的环境做出快速响应。集群规划系统的一般组成与运行流程如图 2.25 所示。

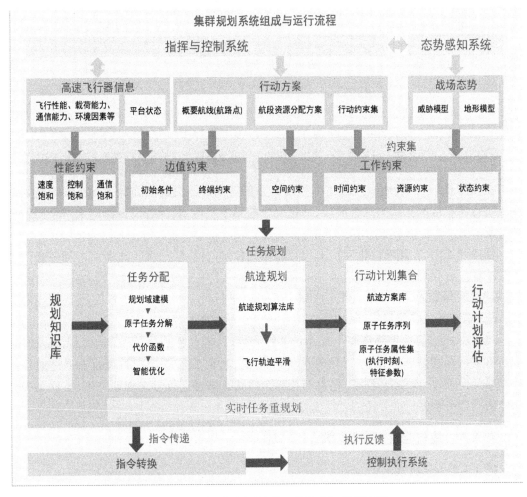

图 2.25　集群规划系统的一般组成与运行流程

针对上述问题,研究有限集中式和分布式集群规划系统架构,通过集群中个体与邻域个体之间的通信拓扑,基于局部状态信息完成任务规划,实现计算负载和故障风险从系统全局向各子系统的分散,大大提升飞行器集群系统的鲁棒性和灵活性。在集群自主规划的一般逻辑流程的基础上,结合飞行器集群网络动态拓扑的特点,可得到集群协同任务规划系统结构的一般表示,如图 2.26 所示。

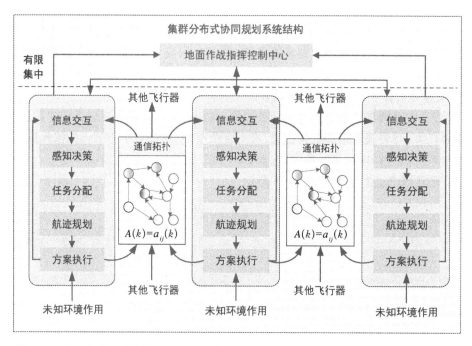

图 2.26　有限集中—分布协调—自主决策的飞行器集群层次化分布式任务规划系统结构

在该体系结构下,地面作战指挥控制中心仅对飞行器集群实施监控和有限的规划调度。飞行器集群编队初始集结阶段,通过统一的集中式规划,为各飞行器产生一个初始任务计划。

任务开始后,在能够保证对所有飞行器实施监控的情况下,各飞行器通过局部通信进行分布式任务规划。

当出现突发情况时,地面指挥控制中心可以进行统一决策,调整各飞行器的规划方案;飞行器集群在接受新的规划方案后,可回归分布式自主规划决策模式。

当集中式通信受外部环境干扰而可靠性降低时,地面作战指挥控制中心无法及时获取所有飞行器的信息,难以进行集中式规划决策。此时集群系统中各飞行器通过通信拓扑网络交换信息,依据自身状态信息与相邻个体状态信息进行自主规划决策,实现集群分布式协同任务规划。

2.3.4　集群自主控制技术

2.3.4.1　关键技术

基于分布式自组网的无人飞行器之间的信息共享、网络环境的动态变化,拓扑结构的切换以及飞行器自身存在高动态、强非线性、气动/热/结构弹性多场耦合对飞行性能的影响,给集群自主控制带来了极大挑战。因此,结合飞行器本身的动力学特性、不确定特性、高动态特性研究分布式自组网环境下的集群自主控制至关重要,需要突破的关键技术如下。

1. 集群的自主控制方法与控制策略研究

1) 群体的关联动态模型构建及演化行为分析

针对个体间关联效应与群体智能涌现的关系问题,首先,考虑通信交互和测量交互两种交互模式,建立对应的智能体关联动力学模型,并根据网络拓扑结构,将建立出的智能体关联动力学模型组合成集群动态模型。其次,依据网络拓扑形式,结合稳定性分析理论,对建立出的集群动态模型进行演化分析,确定出实现稳定群体智能涌现行为所需的拓扑连通要求,并且分析实现稳定集群演化的关键拓扑链路。

2) 高动态、不确定环境的多智能体一致性理论研究

针对高动态、不确定环境中多智能体系统的一致性问题,研究抑制不确定性因素的影响,设计合适的控制协议使得多智能体系统的状态变量渐近地或在有限时间内达到一致。

2. 面向拓扑切换的飞行器集群控制技术

1) 飞行器集群队形集结与队形保持控制技术

针对飞行器协同编队飞行过程下的编队生成和编队保持问题,考虑到飞行过程中的干扰和动态响应问题,研究飞行器集群的编队生成、编队保持控制器设计方法。

2) 飞行器集群队形重构与防碰撞控制技术

针对飞行器集群在队形重构过程中的碰撞冲突问题,考虑其任务背景与机动能力的限制条件,研究飞行器集群的队形变换控制器设计方法。

3) 飞行器集群分布式协同欠驱动跟踪控制技术

针对实际作战场景中拒止环境下执行不同任务的分组时变编队问题,考虑飞行器集群系统通信拓扑结构的高动态切换,研究可变组网通信和通信延迟下的分布式集群时变协同轨迹跟踪与编队控制问题。

3. 多约束强耦合下的协同攻击末制导技术

1) 高速度高动态多约束下的协同末制导策略研究

针对飞行器集群末制导的协同策略问题,基于协同对象智能化程度的差异,分别研究基于编队一致性的完全分布式集群协同策略和基于"主-从"一致性的主从式协同策略。

针对飞行器对抗环境高动态、目标机动范围大、集群个体间存在多约束条件的协同制导问题,研究引入协同约束的基于不确定性集群微分博弈模型、微分图博弈(differential graphical games)的飞行器协同末制导策略。

2) 面向典型作战任务的多约束强耦合协同末制导建模

随着当前作战环境与任务日益复杂,任务目标的机动能力大幅度提升,这要求导弹能够实现高精度、高毁伤的攻击与拦截。针对典型作战任务,考虑攻击时间约束、攻击角度约束与视场角度约束,对多约束强耦合的协同末制导建立模型。

3) 飞行器集群协同末制导算法设计

集群系统的协同制导是导弹集群突防与任务完成能力的保障。针对典型作战任务下

攻击时间约束、攻击角度约束等多约束强耦合条件,采用"主-从"的协同制导方法,以攻击剩余飞行时间作为反馈确定制导指令,完成末制导的攻击协同。

2.3.4.2 技术途径

1. 多约束条件、强耦合条件下的集群打击协同任务规划技术

针对多约束条件强耦合条件下的集群打击任务,考虑到"网络中心战"的思想,提出基于分布式自组网的飞行器协同航迹规划策略如图 2.27 所示。

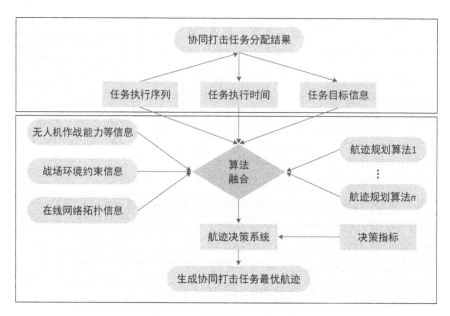

图 2.27 协同航迹规划策略

集群打击协同航迹规划过程中,除了保持每条航迹最优外,还得保证多飞行器协同完成打击任务,因此时间协同成为航迹规划过程中的关键。为了达到协同的目的,本节将协同时间作为集群航迹规划结果适应度的指标,设计协同函数如下:

$$f = \sum_{i=1}^{n_M} | J_{L_i}/V_i - \text{ETA} | \tag{2.5}$$

其中, J_{L_i} 为飞行器 M_i 动态航迹规划的路径总长度;ETA 表示期望的协同时间,可取巡飞弹集群内任务完成时间的最大值 $\max(\bar{t}_{i_{n_i}})$,即

$$f = \sum_{i=1}^{n_M} | J_{L_i}/V_i - \max(\bar{t}_{i_{n_i}}) | \tag{2.6}$$

协同动态航迹规划适应度函数必须包含协同因素指标,因此协同动态航迹规划的评价指标可设计如下:

$$\min J = \omega_1 f + \omega_2 \sum_{i=1}^{n_M} J_{\text{angle}}^i + \omega_3 \sum_{i=1}^{n_M} J_{\text{threat}}^i + \omega_3 \sum_{i=1}^{n_M} J_h^i \tag{2.7}$$

其中，J_{angle}^i、J_{threat}^i 和 J_h^i 分别为单条航迹的角度、威胁和高度优化指标；ω_i（$i = 1$，2，3，4）为优化指标的权值，在协同动态航迹规划中，为了保证时间协同，应使协同函数的权重 ω_1 的值相对大一些。协同动态航迹规划是指在协同航迹评价指标的条件下，每个航迹同时进行各自的航迹优化，其框架如图 2.28 所示。

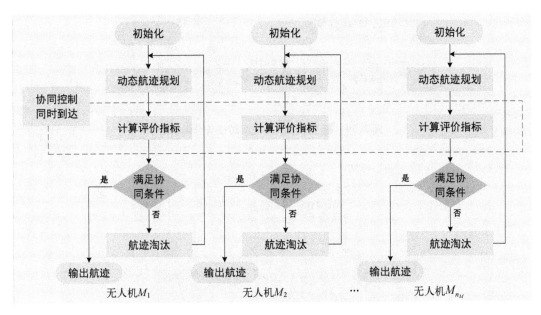

图 2.28　协同航迹规划框架

基于图搜索的航迹规划方法是依靠 Voronoi 图法或栅格法等对规划空间进行不均匀采样，基于采样后的状态空间及任务约束，包括 Dijkstra 算法和 A* 算法等航迹规划算法。A* 算法是在 Dijkstra 算法的基础上通过引入启发信息提高航迹问题求解效率，具有一定的最优性、高效性，一直以来是研究的热点。为解决动态环境下混合整数线性规划法的求解效率较低的劣势，采用模型预测控制（model predictive control，MPC）方法及滚动时域控制（receding horizon control，RHC）方法解决动态航迹规划问题，此类航迹规划方法通过控制策略以滚动的方式不断进行在线优化，随滚动窗口获得实时环境及任务信息，从而实现优化与反馈的结合，极大减少航迹规划耗时。

2. 多约束条件、强耦合条件下的集群打击协同任务规划技术

针对对抗环境建模，采用威胁联网体系模型，如图 2.29 所示，将各威胁单元定义为威胁节点。威胁节点间存在信息交互，并可实施组网探测与识别、信息融合与决策、协同杀伤等一体化作战行动。建立威胁单元信息交互性能、组网探测性能、协同杀伤性能等威胁体系对抗性能的联合评价函数，进而可确定我方集群突防过程中的威胁代价，引入集群任务分配代价函数。

3. 集群突防任务分配算法研究

针对所构建的分布式马尔可夫决策模型，考虑采用一种基于策略搜索的多智能体强化学习与迁移学习结合的面向突防动态任务的集群动态混合学习框架，结构具体如图 2.30 所示。

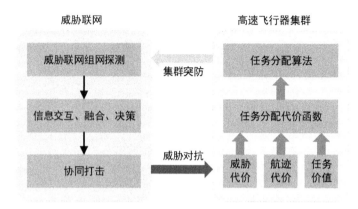

图 2.29　基于威胁联网的突防任务分配模型

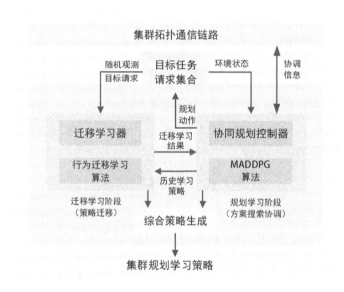

图 2.30　面向集群动态任务的分布式混合学习框架

该框架主要包含四个部分：集群拓扑通信链路、迁移学习器、协同规划控制器和综合策略生成模块。其中，迁移学习器根据历史学习策略和新出现的威胁与目标任务请求，调用相应的行为迁移学习算法进行计算，将历史策略转化为当前可用的策略；基于历史的迁移策略，协同任务分配控制器则根据飞行器的实时状态，以及集群通信链路获取其他飞行器的协调信息，得到新的协同分配策略；规划方案生成模块则结合迁移学习和协同规划的结果，将策略转化为突防任务方案，供集群系统各飞行器执行。

根据是否考虑动态目标任务请求因素，将上述规划问题可分解为两个阶段的子问题，即迁移学习阶段和协同规划阶段。若目标任务请求发生变化时，则首先进行迁移学习，在迁移学习的过程中主要利用历史与当前策略的相似性，复用过去的学习经验和结果以加速新任务的学习；然后在协同任务分配阶段，协同任务分配控制器根据其他飞行器的规划方案和自身状态信息，采用随机策略梯度法，搜索本身的最优规划策略，并在求解过程中不断与其他飞行器进行协调，得到最终的协同规划策略。

2.3.5　仿真验证技术

2.3.5.1　关键技术

1) 飞行器集群智能规划与自主控制全数字仿真验证平台设计与集成

针对飞行器集群协同作战过程中的复杂战场环境、协同策略、规划与控制方法可行性验证问题,搭建全数字仿真验证平台,通过全数字仿真验证平台模拟和验证复杂战场环境、多场耦合、大规模集群的规划与控制技术。

2) 多场耦合复杂电磁环境以及协同规划控制器的半实物仿真验证系统

半实物仿真技术是验证复杂电磁环境蜂群飞行器协同效能评估的有效方式之一。结合全数字模拟系统的软件,包括任务规划软件、数据链模拟软件、固定翼飞行器飞行动力学模拟软件以及视景模拟软件,通过开发典型的硬件设备,包括任务规划器、数据链模拟器、干扰模拟器、飞行器舵机、飞控计算机等,将其连入全数字仿真平台中。

3) 典型场景的飞行器集群飞行试验验证

基于分布式自组网数据链,采用全数字仿真系统设计典型场景的集群飞行试验,通过飞行器的集群飞行来验证算法与软件平台的可靠性与方案的可行性。

2.3.5.2　技术途径

集群智能规划与自主控制验证系统方案如图 2.31 所示,主要包括多弹协同制导数学仿真/半实物仿真/外场试验验证等。

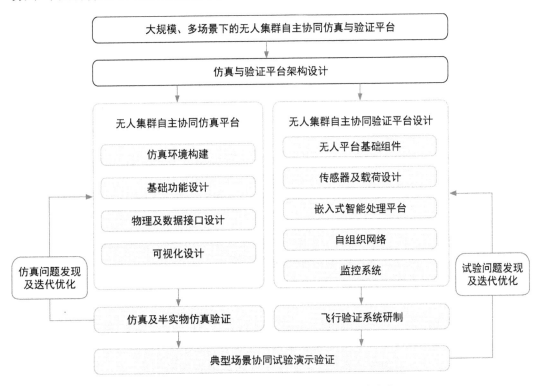

图 2.31　集群智能规划与自主控制验证系统方案

全数字仿真验证,采用数学仿真的方法实现大量的、可人工控制的、可重复实现的仿真运算,是集群无人机协同作战的重要系统之一。

全数字仿真验证平台系统架构如图 2.32 所示。主要由飞行器飞行仿真模拟软件系统、协同任务规划系统以及视景仿真模拟系统三个部分组成。

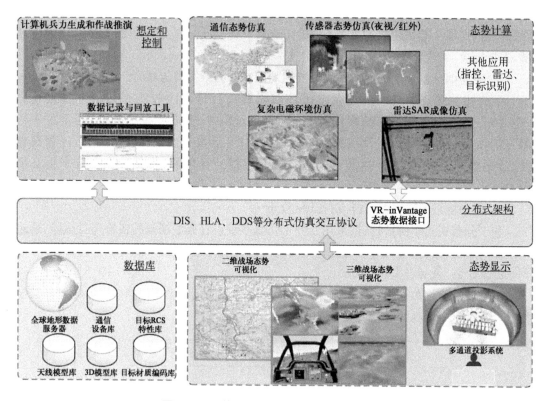

图 2.32　异构集群全数字仿真系统软件框架

飞行仿真模拟软件系统:能够实时地提供或者模拟各种类型的无人机或者是导弹的六自由度飞行的过程,提供实时的数据输入。

协同任务规划系统:提供决策、编队控制、作战规划等,能够按照集群的作战样式,产生集群无人机的飞行航路、飞行任务模式直接可以装订到无人机上。

视景仿真模拟系统:能够实时模拟集群飞行的过程以及协同作战的全部样式,可以直观反映作战结果。

(1)构建分布式架构蜂群协同仿真控制架构支撑诸如饱和攻击、察打评、协同侦察、协同导引等典型作战样式的全数字仿真与作战推演。

(2)搭建相对真实的固定翼无人机六自由度模型来实现算法的考核与协同作战任务模式的推演。

(3)基于软件架构通用化的设计,将航迹规划算法、任务分配算法、编队控制算法、协同作战规划、自主决策、飞行试验规划能够进行集成,并能对其进行验证与可行性分析。

(4)同时建立大量数字仿真库,主要包括战场环境特性数据库、多目标数据库、预警探测系统数据库、指挥控制中心数据库、蜂群导弹性能数据库、模型算法库等,利用计算机仿真技术构造多机协同制导模型并进行交互作用仿真。

2.4　本 章 小 结

　　本章主要介绍了无人系统集群智能所涉及的关键技术。主要包括自主控制系统等级划分、典型的自主控制系统、典型的协同作战体系结构以及协同作战样式,最后介绍了集群智能的关键技术以及关键技术解决途径。

2.5　课 后 练 习

思考题

　　(1) 集群协同规划技术等难点以及解决途径有哪些?

　　(2) 集群态势感知的关键问题是什么? 有哪些解决途径?

　　(3) 除了本章介绍的 5 种典型的体系结构,再给出 1~2 种协同作战的体系结构。

　　(4) 除了本章介绍的 3 种典型的协同作战样式,再给出不少于 2 种协同作战的样式。

参考文献

[1] 陈宗基,魏金钟,王英勋,等.无人机自主控制等级及其系统结构研究[J].航空学报,2011,32(6): 1075 - 1083.

[2] 石鹏飞.无人机自主控制技术发展与挑战[J].科技导报,2017,35(7): 32 - 39.

[3] 任广山,常晶,陈为胜.无人机系统智能自主控制技术发展现状与展望[J].控制与信息技术,2018, 6: 7 - 14.

[4] 张修社.协同作战系统工程导论[M].北京:国防工业出版社,2019.

第3章
多智能体系统及集群系统的体系架构

多智能体系统上集群智能系统研究的主体对象,集群体系架构是实现集群智能的关键结构,本章节重点介绍了智能体和多智能体的概念、多智能体的协调机制以及所研究的问题,给出了典型的集群系统的体系架构,最后介绍了集群动力学模型的数学方程描述方法以及一些集群行为的仿真平台。本章的结构安排如下:3.1节介绍了智能体以及多智能体的概念,包括多智能体系统的协调控制问题和典型应用场景;3.2节介绍了集群系统的体系架构,给出了三种典型的集群体系架构;3.3节介绍了集群系统的数学方程建模方法和集群行为的仿真平台;3.4节是本章小结;3.5节为课后练习题。

【学习要点】
- 掌握:① 多智能体系统的概念;② 多智能体系统的协调机制;③ 多智能体系统的应用场景。
- 熟悉:典型的体系架构。
- 了解:① 集群模型平台;② 集群数学方程建模方法。

3.1 智能体与多智能体概念

3.1.1 智能体与多智能体的定义

3.1.1.1 智能体的定义与结构

Agent 即为智能体,也曾译为"代理""代理者""主体""智能主体"等。对于 Agent 的定义,不同领域的专家学者都有着各自的理解。致力于 Agent 技术标准化的 FIPA(foundation for intelligent physical Agent)对 Agent 作出的定义为:"Agent 是驻留于环境中的实体,它可以解释从环境中获得的反映环境中所发生事件的数据,并执行对环境产生影响的行动。"因此,Agent 看作一种在环境中"生存"的实体,它既可以是硬件,也可以是软件。Franklin 和 Graesser 则把 Agent 描述为"Agent 是一个处于环境中并且作为这个环境一部分的系统,它能感知环境并对环境做出反应。在时间演化中,各 Agent 逐渐建立各自的事件流程,并以此影响到他们将来要感知的信息"[1]。

其实,Agent 就如同人工智能领域中的智能一样找不到一种让不同研究方向的研究者都认可的定义。在人工智能领域的 Agent:"Agent 是能够感知所处环境中的环境信息,与其他 Agent 进行通信,完成求解问题,产生推断和决策动作功能的具有智能思维与智能行为的实体。各个 Agent 都具有明确的目标,通过感知自身内部状态和所处环境中的环境信息,与其他 Agent 进行通信,完善各自推理、控制能力,完成问题求解。"

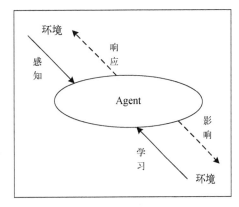

图 3.1　Agent 与环境

从广义上来看,Agent 可以是一个计算机系统,可以是硬件部分、软件部分,也可以是一个人。所以没有哪一个 Agent 的结构是固定下来被所有人接收的。但是一般看来,宏观上,Agent 与环境的关系如图 3.1 所示,而 Agent 自身所包含的功能部分如图 3.2 所示。

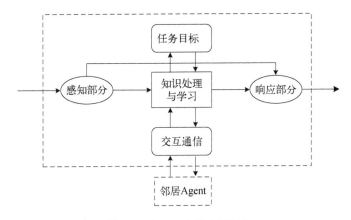

图 3.2　Agent 内部功能部分

感知部分是 Agent 感受外界环境变化的触手,也是 Agent 获取环境信息与环境知识的通道。知识处理与学习部分是 Agent 的信息管理系统,负责对外界环境信息的加工与学习并记录在这个管理系统内,便于之后动作决策所用知识的快速调取。响应部分是 Agent 改变与影响环境的操作杆,利用这一部分体现 Agent 的反应性,将决策信息释放到环境中。任务目标用于 Agent 在所处环境中的任务管理,以此作为不断调整自身的通信、交互、竞争、合作等动作的标准。交互通信部分是 Agent 在多个 Agent 共存下体现其社会性的保证,以此交流信息,互相学习提高各自能力与整个多 Agent 系统的智能性。

Agent 具有如下五个基本特征[2-4]。

(1)自治性。Agent 接受外界的刺激,根据自身有限计算资源和行为控制机制,在没有其他 Agent 的直接干涉和指导的情况下通过感知外界环境的变化而自动调整自己的行为和状态。

（2）主动性。对外界环境的改变，Agent 拥有主动产生推断并采取行动的能力。这种能力使得 Agent 目的性更强，适应性更强，完成目标的可能性更大。

（3）反应性。这是指 Agent 能对外界的刺激作出相应反应的能力，并且不仅仅是被动地对环境的变化作出简单反应，而是表现出因目标驱使的自发行为，换句话说就是不仅仅是感知环境，更能影响环境。

（4）社会性。在多个 Agent 共存的环境中，Agent 不再单独工作，而是具有与其他 Agent 合作的能力，并根据需要与其他 Agent 进行通信，完成信息交流，产生统一的目标动作，这个特性在多个 Agent 产生冲突时显得尤为重要。

（5）进化性。Agent 能不断累积学习到的知识和经验，及时更新自己的行为和能力以适应新环境。在多个 Agent 的系统中，这样的进化保证了问题求解的稳定性，以及结果的优越性和可靠性。

3.1.1.2 多智能体系统

1. 多智能体系统定义

多智能体系统（multi-agent systems，MASs）是近年来系统与控制领域的一个热点研究方向。它是一门交叉性学科，涉及数学、控制、物理、生物、计算机、通信、机器人等学科，受到了众多领域学者的广泛关注。多智能体系统，亦称多自主体系统、群体系统，至今尚无统一、严格的定义。粗略地讲，多智能体系统是指一组自主的智能体为达到某种目标，以信息通信等方式相互作用而耦合成的群体系统。这里，单个智能体可以是一个机器人、车辆、飞行器、传感器，甚至可以是计算机程序。

多智能体系统的研究得益于人们对于自然现象的观察和实际工程应用的驱动。自然界中广泛存在着生物群体的自组织集群行为（swarming behavior），如鸟群的列队迁徙、鱼群的巡游、昆虫的集体扑食等。在这些自组织现象中，不同的个体通过分布的、简单的相互作用在整体上形成一种有序的协调运动。这种有序的集体行为能够表现出单个个体所不具备的群体智能。另一个例子是卫星编队飞行。编队飞行是指若干个小卫星在飞行过程中组成特定的队形，保持较近的距离，相互协同、共同执行某项特定的空间任务，其功能上相当于一颗巨大的虚拟卫星。与单颗卫星相比，卫星编队可使每颗卫星的功能简化，成本降低，具有一定的冗余度，可以提供很大的孔径和测量基线。卫星编队飞行在导航定位、三维云层气象观测、深空探测等方面具有广泛的应用前景。

2. 多 Agent 系统的概念

多 Agent 系统是由多个 Agent 组成的集合，各个 Agent 之间是松散耦合的。它的目标是将大而复杂的系统建设成小的、彼此互相通信和协调的，易于管理的系统。它的研究涉及 Agent 的知识、目标、技能、规划以及如何使 Agent 采取协调行动解决问题等。研究者主要研究 Agent 之间的交互通信、协调合作、冲突消解等方面，强调多个 Agent 之间紧密群体合作，而非个体能力的自治和发挥，主要说明如何分析、设计和集成多个 Agent 构成相互协作的系统。

多 Agent 系统的思想是通过 Agent 之间的相互作用，使系统作为一个整体的问题求解能力大于单个 Agent 所具备的问题求解能力的代数和。作为多 Agent 系统中的 Agent，其具备两种重要的能力。首先，每个 Agent 都是前面介绍过的 Agent，具备 Agent 的一般属性,特别是自治性。在有设计目标的前提下,每个 Agent 可以自治地行动和决策。其次,每个 Agent 可以和其他 Agent 进行交互,从某种意义上讲就是社会性的体现。各个 Agent 之间的交互不完全是简单的数据交换,而是像社会学、生物学或生态学中研究的人或动物行为一样,协商、合作或协作地参与和完成某种行为。所以,多 Agent 系统结构包含两个部分:个体 Agent 和群体 Agent。建立多 Agent 系统的目的是将大规模的复杂系统分解成小规模的、简单的、彼此可以交互与协调的便于管理的系统。多 Agent 系统如图 3.3 所示。

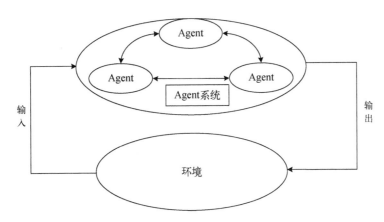

图 3.3 多 Agent 系统

3. 多 Agent 系统的主要特性

(1)协作性。系统中的 Agent 之间可以进行协作,解决单个 Agent 无法解决的问题。

(2)并行性。多 Agent 系统能够通过 Agent 之间的异步并行活动,提高处理复杂问题求解的质量和效率。

(3)稳定性。多 Agent 系统不依赖于某一个 Agent 去协调完成所有的任务,不会出现因为某一个 Agent 的崩溃而导致系统的瘫痪,无法完成任务的情况。

(4)扩展性。多 Agent 系统中的各个 Agent 之间具有松散耦合的特征,确保了其组件的可重用性和系统的可扩充性。

(5)分布性。多 Agent 系统的数据、资源都分散在系统环境的各个 Agent 中,显示出系统的分布性特征。

3.1.1.3 多智能体系统的特性

单个 Agent 在面对一项任务时,根据任务的复杂程度或者要求的不同,要求 Agent 具备的能力也要相对存在差异,这会造成 Agent 内部结构在处理复杂任务的时候也变得更为复杂,在设计上的难度也将增大。

在多 Agent 系统中,复杂的任务首先分解为多个相对简单的子任务,系统中的 Agent 主要通过交流和协作来完成所有任务,因此在设计单个 Agent 的时候其结构可以相对简化。另外,单个 Agent 的功能单一并且能力有限,其处理问题的领域和范围相对狭窄,而在多 Agent 系统中,Agent 之间通过协作来完成一项任务,不但可以提高单个 Agent 和整个系统的处理能力,还可以使系统具有更好的灵活性。多 Agent 系统在描述实际系统时,通过各 Agent 间的交互来描述系统的结构、功能及行为特性。

多 Agent 系统是多 Agent 技术应用及研究上的一个质的飞跃,不同行业的专家学者对其进行了深入的研究并从多个角度阐述了多 Agent 系统用于解决实际问题的优势,归纳起来,主要有以下几方面。

(1)在多 Agent 系统中,每个 Agent 具有独立性和自主性,能够解决给定的子问题,自主地推理和规划并选择适当的策略,并以特定的方式影响环境。

(2)多 Agent 系统支持分布式应用,所以具有良好的模块性、易于扩展性,设计灵活简单,克服了建设一个庞大的系统所造成的管理和扩展的困难,能有效降低系统的总成本。

(3)在多 Agent 系统的实现过程中,不追求单个庞大复杂的体系,而是按面向对象的方法构造多层次、多元化的智能体,其结果降低了系统的复杂性,也降低了各个智能体问题求解的复杂性。

(4)多 Agent 系统是一个讲究协调的系统,各 Agent 通过互相协调去解决大规模的复杂问题;多 Agent 系统也是一个集成系统,它采用信息集成技术,将各子系统的信息集成在一起,完成复杂系统的集成。

(5)在多 Agent 系统中,各 Agent 之间互相通信,彼此协调,并行地求解问题,因此能有效地提高问题求解的能力。

(6)多 Agent 技术打破了人工智能领域仅仅使用一个专家系统[5,6]的限制,在多智能体环境中,各领域的不同专家可能协作求解某一个专家无法解决或无法很好解决的问题,提高了系统解决问题的能力。

(7)多 Agent 系统处理问题是异步的。因为 Agent 是自治的,所以每个 Agent 都有自己的进程,按照自己的运行方式异步地进行。

3.1.2 多智能体的协调机制

3.1.2.1 基于符号推理的协调机制

基于符号推理的协调机制以 Bratman 等提出的 BDI(Brief Desire Intention)理论为基础,采用传统人工智能中符号推理的基本原理,试图通过建立比较完整的符号系统进行知识推理来使智能体具有自主思考、决策的能力以及与其他智能体和环境进行协调行动的能力。基于符号推理系统的多智能体体系结构及协调机制有两种代表性的理论[7],下面分别简单介绍并予以评价。

1. 联合意图理论

Cohen 等[8]基于 BDI 理论进一步提出了承诺(commitment)和公约(convention)的概念,又经 Jennings 等[9,10]的进一步发展,形成了一套比较系统的关于多智能体协调的理论框架,这是目前最为系统和成熟的多智能体协调理论框架。它的基本要点是:多个智能体在完成一个共同任务时会形成一个共同承诺,如果不出现下列三种情况之一,智能体就应该遵守公约,即坚持承诺,直到成功完成共同任务。

- 智能体发现共同任务已经完成。
- 智能体发现共同任务是不可能完成的。

- 智能体发现执行该共同任务是不必要的。

否则智能体就会设法通知正在合作执行共同任务的其他智能体,自己将要退出承诺。这样,其他智能体就能够适时做出调整。通过这样的承诺和公约机制,多个智能体就能协调完成一个共同任务。可见,联合意图理论只是侧重于对智能体在完成一个共同任务时的一致性参与及坚持上面,并没有划定多个智能体如何就完成联合动作的具体分工协作问题,联合意图理论只是提供了一个框架,针对具体应用,还有相当多的领域相关问题需要解决。

2. 共享计划理论

Grosz[11]提出了共享计划理论,它是建立在一种联合精神状态之上的,其中最重要的概念就是它引入的概念算子:"打算"(intention that)和"打算做"(intention to),它们通过一系列原子操作符定义,引导智能体采取包括通信在内的行动来使得个体、子团体和整个合作团体能够协调一致地执行所赋予的任务。

所有参与联合任务的各个智能体首先要达成一个共享计划,共享计划中包含了要完成联合行动的各种方面细节和具体步骤,每个智能体彼此相信它们都打算要进行联合行动并接受共享计划。对于共享计划中的每一步,又会有一些智能体形成子团体组合来完成,子团体之外的其他智能体都相信子团体能够完成该步计划,并对该步也有一个共享计划。这样通过共享计划的协调,各个智能体就能合作完成共同任务。

共享计划理论通过一个全队的共享计划实现多个智能体的动态组合及分工协作,这种思想是很好的,在这方面它强于联合意图理论,但它没有涉及当智能体在不能很好完成共享计划时的保证机制,在这方面又弱于联合意图理论,因此,将两者结合起来研究就能扬长避短,目前关于两者的结合研究最成功的是 Tambe 的多智能体通用协调模型[12]。

3.1.2.2　基于行为主义的协调机制

基于行为主义的多智能体系统以 Brooks 提出的基于行为的系统分析与设计方法为基础,实际上,最初的自主智能体概念(autonomous Agent)就是从基于行为的系统中演化发展起来的。Werger[13]提出了设计基于行为的系统的三个基本原则:最小性、无状态性和鲁棒性。其中:

- 最小性指保持系统尽量简单以便与环境快速反馈;
- 无状态性指基于行为的系统本身没有一个外部环境模型的状态;
- 鲁棒性指使得系统能够与在实际环境中所遇到的不确定性并存而不是去除不确定性。

基于行为的智能体设计的一般过程是,首先选定一些基本行为(basis behavior),基本行为是一些能够组合起来完成所要求任务的最小行为单元。基本行为的选择通常需要反复多次才能完成,基本行为选定以后,最重要的工作就是对行为选择机制(action selection mechanism,ASM)的研究,即研究如何组合调度基本行为以完成复杂任务,使得智能体能够自主行动并与其他智能体和环境相协调。关于动作选择机制的研究,是基于行为主义的多智能体协调研究的热点和核心问题,已经发展了许多良好的算法和理论并应用于不同的领域。其中比较系统和深入的一个方向是关于行为网(behavior network)的研究,Maes 提出了一种著名的行为网结构——MASM(Maes action selection mechanism)[14],这种行为网结构的要点是,将各种基本行为组成一个网状结构,网结构的结点是基本行为模块,各个基本行为之间通过行为的活性(activation)相连接。所谓行为的活性即是指该行为对于实际目标的贡献和效能的一种度量,若该行为能够促使目标的实现,则它的活性值为正,反之为负。促使目标实现的效能越大,其活性值就越大。各种行为之间会产生相互影响,包括激励或抑制,相应的活性值也就会在行为网中进行传播,通过一定的活性传播控制算法就可以将行为进行有效的组合调度,从而完成复杂任务并产生协调行为。MASM 有一套比较严密的数学理论作为支撑,并且在行为网的稳定性、收敛性等方面作出了证明。德国的 Klaus Dorer 将 MASM 进行扩展和改进,得到 REASM[15],使之能够充分利用连续状态所能提供的附加信息,并应用到机器人足球赛中,获得了良好的效果,在1998 年的 RoboCup 仿真比赛中取得了第二名的好成绩。

许多基于行为主义的智能体系统研究者们都极力鼓吹行为主义的好处,他们倡导采用纯行为主义的方法,反对将基于符号的方法与基于行为的方法结合起来构造混合系统(hybrid system)。实际上,尽管基于行为的方法在某些方面的应用上产生了良好的效果,并且在系统设计实现上要比基于符号系统的方法简单快捷。但是应该看到,基于行为的智能体系统目前所能够产生的所谓复杂行为还是比较简单和初级的,如避碰行为,而且往往系统设计缺乏卓有成效的理论指导,导致基于行为的系统设计算法与风格千差万别,难以产生更为复杂的、高级的智能行为。

基于符号系统和基于行为主义的智能体体系结构和协调方法各有优缺点,两者是互补的,因此将两者结合起来研究是必然的趋势,目前将两者结合的混合系统是多智能体系统体系结构的一个热点,一般是在上层采用基于符号系统的方法,对复杂行为进行推理、决策,而在底层则采用基于行为主义的反应式系统,处理比较简单的、能够与环境快速交互的行为,将两者有机结合起来。但如何将两者结合又是一个比较困难的课题,目前虽然有一些比较成功的系统,但仍然缺乏构造混合系统的比较系统的方法。构造结构良好的混合系统来实现多智能体之间的协调,往往比较困难,任务也比较繁重,而且效果不一定良好。因此,寻找其他途径简单而有效地实现多智能体系统体系结构与协调行为便呼之欲出,基于进化机制的方法便是这其中十分有意义和卓有成效的一种尝试。

3.1.2.3　基于进化方法的协调机制

基于自然界中生物间"自然选择、适者生存"的进化机制,人们提出了遗传算法,并发展成为含义更为广泛的各种进化计算方法。由于进化算法的众多良好特性,至今已经获得了很大发展并得到广泛应用。但是,传统的进化算法存在着一些内在的问题:

(1)传统进化算法中的物种群体具有很强的收敛性,这导致算法到最后只保留了最"强壮"的个体,这对于那些需要给出更多信息而不是只给出峰值的问题无能为力;

(2)传统进化算法中的每个个体都代表了所要求解的完整解决方案,并且个体之间是彼此孤立的。由于没有建立群体成员之间的交互模型,十分不利于群体产生共同适应环境的行为。在自然界中,各种生物和物种共存于一个生态系统中,每个物种都在这个生态系统中有自己的生存环境或称为"生境"。在生态环境中,只有有限的资源,各种物种必须通过竞争与合作才能获得自己生存所需的资源。通过这些竞争与合作的交互,物种们不断进化和改变,并相互影响彼此的进化过程,这个相互适应的过程称为协进化

（coevolution）。

为了克服传统进化算法的不足，解决一类更为广泛的多智能体间的共同适应和协调问题，人们模仿自然界中的协进化机制，提出了协进化计算（coevolutionary computing，CEC）的思想[16]。在协进化计算中，通常存在多个物种群体，每个物种群体都有自己的物种个体类型，各个物种群体都采用进化算法实现进化过程，而在对个体进行适应度评价时，则加入对群体间交互协调的处理。对那些有利于群体间协调的个体赋予较高的适应度，而不利的则赋予较低的适应度，这样各个群体就会向着有利于相互协调适应的方向进化，从而产生协调行为。

在协进化计算中，交叉和变异在一个物种内进行，而选择操作可以在一个或多个物种的个体中进行。可以根据生物学中物种间的关系将协进化进行分类。

协进化概念是基于物种间两种最基本的交互方式而得到的，即合作与竞争，因此，在这个意义上，协进化可以分为合作型协进化（cooperative coevolution）和竞争型协进化（competitive coevolution）。在多智能体协调问题中，针对不同的领域背景，可以选择合作型或竞争型的协进化方法。一般地，对于需要多智能体合作完成共同任务的场合，合作型协进化方法很常用。

合作型协进化注重于群体之间的合作关系，通过对群体间有利于合作的个体进行适应度加强，促使群体向着有利于产生相互合作和共同适应（coadapted）行为的方向进化。因此，将合作型协进化用于在多个智能体之间产生合作行为是一种极佳的方法，其思想是为参与合作的每个智能体都构造一个自身采用进化算法的群体，这样通过各个群体间的协进化就能产生智能体之间的协调合作行为。对于协进化的研究，目前已经有一些成功的范例可以借鉴。Fukuda 等[17]采用一种细菌感染协进化算法，解决智能机器人运动规划的决策问题；Uchibe 等[18]用合作型协进化算法获取足球机器人的协作行为；Luke 等[19]则用协进化方法训练得到了一个完整的机器人足球队；Haynes 等[20]对著名的"捕食者-猎物"问题进行了全面研究，并采用合作型协进化方法研究了由 k 个异类智能体组成的团如何获取合作策略的问题；Puppala 等[21]则进一步提出了一种"共享记忆"（shared memory）的方法，用于存储协进化过程中成功合作的个体对，通过与随机选取个体对的方法相比，共享记忆方法具有较高的效率，他将这种方法应用到两个房屋粉刷机器人的协调控制中，获得了较好的效果；对合作型协进化进行比较系统研究的是 Potter[22]，在他的博士论文中，综合以往协进化方法研究的各种问题，提出了一种通用的合作型协进化模型，并对这个模型的性能进行了综合分析。

在对协进化方法的研究上，目前的大多数方法是针对具体问题领域而采用不同的个体适应度控制策略，针对具体问题也提出了不少改进措施，如"共享记忆"方法等，这些都已经获得试验上的成功验证。但是，它们缺乏一种比较通用和概念化的方法指导和分析评价，尤其是在利用合作型协进化方法产生协作行为的问题上更是如此。Potter 的通用模型虽然在一定程度上解决了这个问题，但他的模型又过于简化。由于采用了传统的遗传算法，使得该模型在对问题的描述和构造方案的解决上缺乏灵活性和更强的能力，在遇到实际问题时还必须面对相当多的领域，相关处理才能获得应用。而作为遗传算法进一步发展的遗传编程（genetic programming）则正好克服了这个问题，在这方面具有显著的优点,具有符号描述、规则表达和算术表达等较为灵活的描述能力。因此,采用遗传编程来解决协进化模型在灵活性和描述能力方面的不足,是一个很好的选择。

3.1.3 多智能体的协调控制问题

3.1.3.1 多智能体系统的集群问题

多智能体系统的群集问题(swarming/flocking problems)[23,24]是通过智能体之间的相互感知和作用,产生宏观上的整体同步效应,称作是涌现行为。例如,前文例子中的蜜蜂筑巢、成群的鱼共同的觅食和逃避天敌等行为。20 世纪 70 年代以前,对生物界的群集现象的研究只局限于根据长期的观察,得到研究结果。由于计算机技术的发展,推动了对群集现象的深入研究。在 1987 年,Reynolds 在文献[25]中基于仿真实验的方法研究了鸟类个体之间的行为,在仿真实验的时候,提出了鸟类在运动的过程中所遵循的 3 条规则(Boid 模型):

(1)与周围的同伴密切保持在一起,即向飞行的中心靠拢(flock centering);

(2)避免与周围的同伴碰撞,要求各个体之间保持一定的距离,即避免碰撞(collision avoidance);

(3)与周围的同伴速度保持一致,即速度匹配(velocity matching)。

1995 年,Vicsek 等[26]将 Boid 模型进行了简化,提出了一个简单的离散模型来模拟生物界大量粒子的自治运动。文献[25]只是用计算机进行了模拟自然界鸟类的运动,而文献[26]是把鸟类运动建模成简单的离散模型(称作是 Vicsek 模型),其优点是可以借助数学工具,研究鸟类的运动。

目前很多学者研究群集问题的时候,主要关注如何设计智能体之间的通信方式,最终使各个智能体的状态满足 Boid 模型的 3 条规则。例如,在有向切换拓扑和外界环境的约束下,文献[27]设计了自适应的群集算法。

3.1.3.2 多智能体系统的队形问题

对多智能体系统的队形控制(formation control)研究最早起源于生物界[28]。人们观察到自然界群居的捕食者通常是排成一定的队形捕获猎物,某些动物排成一定的队形抵抗攻击,这是达尔文进化论中的自然选择的结果,适者生存,自然界中的群居的动物采用队形的方式有利于自身的生存。受自然界队形思想的启发,多机器人队形问题、无人飞机编队、人造航天器编队和多车辆系统等,引起了国内外学者的极大兴趣。

多智能体的队形控制问题是指:一组多智能体通过局部的相互作用(通信、合作、竞争),使它们在运动过程中保持预先指定的几何图形,向指定的目标运动,要求每个智能体在运动的过程中,各智能体之间保持一定的距离避免发生碰撞,在运动的道路上能绕过障碍物。多智能体系统的队形问题与多智能体系统的群集问题的区别是:队形问题要求智能体之间在运动的过程中保持预先给定的几何图形。多智能体系统的队形问题在航天、工业、交通和娱乐等领域都有广泛的应用前景。例如,用一组智能的机器人编成合理的队形,代替士兵在极度恶劣的环境中执行人员搜求救援、侦查和排雷等工作。在航天领域,把人造卫星进行合理的编队,其功能远远超过了卫星相加的功能之和。

多智能体系统的队形控制主要解决的是以下问题[29]:

（1）各智能体之间如何相互作用，才能生成指定的队形；

（2）在队形移动的过程中，智能体之间是如何相互作用，才能保持指定队形的；

（3）在运动的过程中，队形中的个体如何才能躲避障碍物；

（4）当外界环境突然改变时，如何自适应地改变队形或者保持队形，以适应环境。

3.1.3.3　多智能体系统的一致性控制

多智能体系统中的一个基本问题就是一致性（consensus）问题。一致性问题来源于多智能体系统的协调合作控制问题。一致性问题就是如何设计智能体局部之间的作用方式，使各智能体根据邻居传来的信息，不断调整自己的行为，使所有的智能体的状态随着时间的推移达到共同的值。设计智能体之间的通信方式，称作是一致性协议（protocol）或者是一致性算法（algorithm）。为什么说一致性问题是多智能体系统中的一个基本问题？例如，用一组机器人排成特定的队形，完成某个地域的地面扫雷工作，突然一个机器的零件更换导致不能运行，其他的几个机器人意识到这个突发状况，首先对这种情况达成共同的认识即一致性，然后才能做出决定，调整队形，继续完成扫雷任务。所以，一致性问题是多智能体系统协调合作控制问题的一个首要和基本的条件，是非常有必要进行研究的。

根据上文的介绍，多智能体系统中的群集问题和编队控制中，只考虑位置靠拢和速度匹配问题，就是一致性问题。群集问题和编队问题最后都要化为多智能体系统的一致性的相关问题。因此，从另外一个角度说明了一致性问题是多智能体系统的协调合作控制的一个基本的问题。

3.1.3.4　其他问题

目前大家所熟知的 Internet 网络，就是一个多智能体系统。网络上的每个路由器都可以看作是一个智能体，路由器之间的联系，看作是智能体之间的连接方式。当智能体之间传输信息的时候，由于通信介质的限制，通信信道只能传输有限的信息量。因此，每个智能体向其邻居传递信息的时候，首先通过量化器把信息进行量化后，再传输。量化信息一致性的问题引起了众多学者的兴趣。在目前的研究结果中，通常用的量化器分为 2 种，即确定性量化器和概率性量化器[30]。上述的 2 种量化器都存在量化误差。概率性量化器与确定性量化器比较，虽然量化误差的期望为 0，但是引入了随机因素。

多智能体系统的优化问题受到了国内外学者的广泛关注[31]。例如网络上资源的分配问题，就是如何分配资源，使得每个智能体不出现空闲或者过载。由于多智能体系统最早起源于生物界，而生物界的物种以及生活方式是自然优化的结果[31]。因此，人们从生物演化的过程中或许受到启发，得到网络优化的方法。由于多智能体系统中，没有集中的中央处理器，只能利用智能体之间的局部信息设计算法，实现整个网络的目标或者任务最优化，这给经典的优化方法带来了困难。目前研究多智能体网络优化问题上，Kuhn 等[32]研究了路由器算法，使得信息在传输过程中达到最大值，即最优化。还有的学者从研究网络拓扑的结构入手，即如何优化网络拓扑结构，加快多智能体系统的收敛速度等。还有带有状态约束、不等式约束等情形的优化问题。研究多智能体系统优化问题，常用的方法有凸优化、半定规划、动态规划、粒子群算法和蚁群算法等。目前对多智能体优化算法方面的研究，都是假设网络中智能体的个数是固定的，当智能体的个数是动态变化时，对优化算法将是一种考验。国内外学者对多智能体系统的分布式优化算法的研究，只是刚刚起步,更多有趣的优化问题值得进一步研究。

3.1.3.5 研究展望

1. 弱连通条件下的多智能体一致性理论

目前的一致性理论大部分需要假设在动态变化过程中拓扑结构图是强连通或含有生成树结构,某种程度上限制了一致性理论的应用范围。联合联通和连通性概念的提出拓宽了人们对一致性理论的收敛条件的研究思路,一致性理论的应用需求使得弱连通条件下,特别是动态拓扑网络中的一致性问题必将成为未来的重点关注的理论问题之一。

2. 具有不对称时变时延的多智能体系统一致性算法

在多智能体时滞系统一致性算法中,关于存在对称且相同通信时延和低阶输入时延等问题已有大量研究成果,而不对称时变时延的存在使得一致性算法的收敛性分析和控制律鲁棒设计面临很大的挑战,该问题亟待解决。

3. 多变量非线性多智能体系统一致性理论

自然界群体系统的本质非线性是多智能体系统在实际应用时不得不面临的问题。代数图论和矩阵论等理论方法将无法直接支持多变量非线性多智能体一致性问题的收敛性分析和控制协议设计,因此需要积极探索正不变集理论和非光滑分析方法来研究多变量非线性多智能体一致性问题。

4. 带约束条件和优化目标的多智能体系统一致性理论

目前大部分文献研究的一致性问题都是在无约束条件下进行的,但是多机器人系统的协调与控制中,通常需要考虑如智能体本身的限制条件(如加速度/燃油)和所处环境中的约束条件(如障碍/威胁)等,并期望多智能体收敛到一个指定/优化的均衡状态,而不是仅仅是达成一致。随着一致性系统理论的进一步成熟,诸如有限时间快速一致算法、满足避碰约束的蜂拥算法等带约束条件和优化目标的多智能体一致性问题将成为研究的热点。

5. 事件驱动的异步通信网络条件下的多智能体一致性理论研究

相比同步通信网络,对异步一致性问题的研究刚刚起步,理论基础相对较弱。开展基于事件驱动方式异步一致性理论对于多智能体一致性理论的完善和应用一致性理论实现分布式决策都具有重要意义。

3.1.4 多智能体系统的应用

多智能体技术主要用于系统的控制决策,提高系统的鲁棒性、可靠性、灵活性,因此几乎所有涉及智能推理、规划决策、协同控制等领域的相关问题均可以通过多智能体技术来处理,以下将主要介绍多智能体技术在工程技术领域的应用。

3.1.4.1 多智能体技术在机器人控制中的应用

伴随着人工智能的发展,机器人控制领域也将有新的突破,目前,将具有强大感知推理能力的多智能体技术应用于机器人控制领域已经屡见不鲜,其中最具代表性的是将智能体技术融入辅助机器人中提高单个机器人的语义理解和认知能力,以及将多智能体一致性理论应用到机器人编队控制,用以提高多个机器人的协调协作能力。

3.1.4.2 多智能体技术的其他应用

多智能体相关技术主要被应用于多智能体系统的协同控制和信息融合,故在设计复杂系统中,工程师常结合多智能体技术以解决实际中遇到的难题,提高系统各项性能。

在智能电网控制中,Cady 等[33]将有限时间一致性应用于孤岛交流微电网频率调节的分布式控制体系中。Chen 等[34]针对分布式电力系统出现的时滞问题,提出基于带时滞一致性的能源优化调度算法。Zhou 等[35]结合事件触发机制协调各节点间的有限功率,使得微电网间的关联连接器数量大大减少。此外,多智能体技术还被应用在航空航天控制[36]、工业生产[37]、故障诊断[38]、交通控制[39]、网络负载均衡[40]等各个方面。

3.2　集群系统的体系架构

3.2.1　系统架构的内涵

"体系架构主要涉及系统组件的结构、组件之间的关系,以及系统设计与演化的准则及协议。简单地说,体系架构是构建系统及整合系统内各组成部分的详细设计蓝图"[41]。

无人机集群体系架构旨在解决无人机集群系统中无人平台、载荷、指挥控制站等硬件模块之间,以及环境感知、规划决策、飞行控制等软件模块之间的组织体系和连通关系问题,支持跨平台、跨指挥体系的互操作问题,促使各子系统、各模块高效集成。如何构建无人机集群体系架构,是保证集群系统在复杂环境下正常运转的基础,也是集群最大限度发挥协同效能、高效利用集群资源的体制保证。

无人机集群体系架构涉及任务控制方式、通信组网、互联互通等多方面内容。不同于单机体系架构,集群体系架构在考虑单机内部结构的基础上,必须综合考虑单机间的组织方式、信息交互模式和交互操作等集群间的基础性问题;不仅需要解决系统控制体系问题,而且需要同时实现扩展性、兼容性、开放性,并满足跨平台、跨指挥体系的发展需求。

3.2.2　典型的体系架构

3.2.2.1　分层分布式扁平化集群体系结构

体系结构决定无人机集群的协作能力和整体性能。本节将对所设计的无人机集群体系结构框架进行阐述。该体系结构实现了集群无人机的感知、建模、规划、决策、行动等模块的有机结合,使无人机集群在不确定的动态环境中完成特定的目标任务。根据不同的任务需求,将无人机集群的协同控制分成如图 3.4 所示的 5 个特定层次,包括人机交互层、通信网络层、智能协同层、高层控制层和底层控制层。每个层次对应特定尺度下协同控制与功能的实现,最终形成功能式、行为式和混合式的分层自主控制体系结构,提升控制系统的鲁棒性和自组织体系的通用性,实现无人机集群的快速协同控制。本节所设计的集群体系结构具有层次结构开放、信息分布式处理、数据分发实时、系统功能模块化的特点,能够满足互操作性、可移植性、灵活性和可伸缩性的内在要求。

将集群系统规划分成五层结构可以降低大型系统的构建复杂性。其中,由于底层控制层主要负责姿态控制和执行器控制等飞行控制,将其部署于嵌入式实时操作系统中,可确保系统中断延迟和线程切换延迟,进而满足底层控制的实时性需求。高层控制层部署于高性能处理板上。凭借高性能处理板的计算能力,它可以运行计算密集型任务,如高维

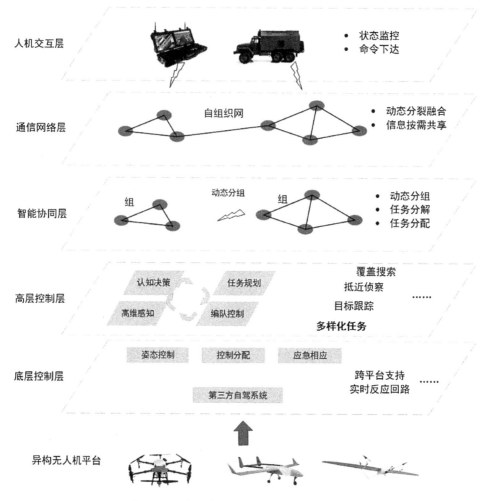

人机交互层

- 状态监控
- 命令下达

通信网络层　　　自组织网

- 动态分裂融合
- 信息按需共享

智能协同层　组　动态分组　组

- 动态分组
- 任务分解
- 任务分配

高层控制层

认知决策　　任务规划

高维感知　　编队控制

覆盖搜索
抵近侦察
目标跟踪　　……

多样化任务

底层控制层

姿态控制　　控制分配　　应急相应

第三方自驾系统

跨平台支持　　……
实时反应回路

异构无人机平台

图 3.4　无人机集群分层分布式扁平化结构图

感知、任务规划和编队控制等,从而构成能遵守 OODA 过程的各个功能模块。智能协同层根据用于协作任务的无人机之间的协商(如任务分配)来封装功能。通过智能协同层,每个无人机可以与其他无人机协商以获得自由冲突解决方案,与高层控制层一样,此模块也部署在高性能处理板上。通信网络层管理所有无人机与地面控制系统之间的消息传输,它包括通信基础结构的设计(硬件方面)和通信管理(软件方面)。人机交互层部署于地面控制站中,并提供用于可视化情况的界面,包括无人机状态、数据和地理环境。此外,人机交互层还为操作员提供命令接口,从而对无人机集群系统进行指挥控制。

3.2.2.2　基于多智能体体系的体系架构

多 Agent 系统中存在多个松散耦合的 Agent,系统的结构描绘了系统中各个 Agent 之间的连接,揭示了各个 Agent 之间的信息和控制关系,反映了系统中信息的存储和共享方式、问题求解能力的分布模式等。

图 3.5 所示为一个多 Agent 系统的标准结构,系统中包含一些独立的 Agent,它们通过通信进行交互。这些 Agent 可以在环境中产生动作,不同的 Agent 有不同的"作用范

围",表示它们可以控制或者影响环境的不同部分。在某些情况下,不同的 Agent 影响的范围可能会相互重叠,这种重叠反映出 Agent 之间存在依赖关系。例如,多机器人系统中两个机器人都可以通过同一道门,但是它们不能同时通过这道门。这种关系可能代表的是一种与外部环境的中介关系,也可能存在着直接的联系。例如,合同网中,一个 Agent 可能是另一个 Agent 的"客户"等。

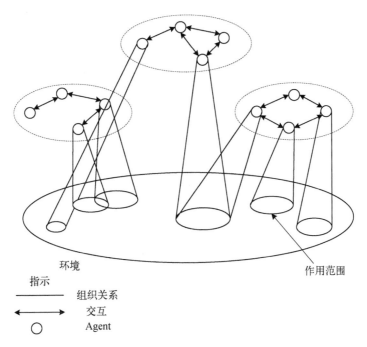

图 3.5　多 Agent 系统的标准结构

多 Agent 系统的体系结构可以分为集中式和分散式两种,其中分散式结构又可以分为分布式和分层式结构。

集中式结构如图 3.6(a)所示,通常这种结构有一个主控单元掌握全部环境信息及受控 Agent 的信息,运用规划算法和优化算法,主控单元对任务进行分解和分配,并向受控

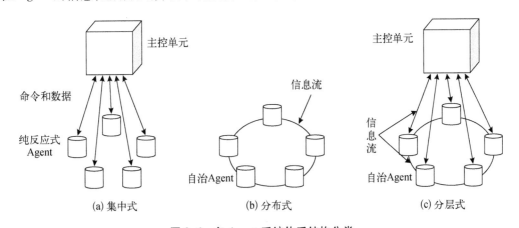

图 3.6　多 Agent 系统体系结构分类

Agent 发布命令,组织多个 Agent 共同完成某一项任务。集中式结构的优点在于,理论背景清晰,实现起来较为直观,但在容错性、灵活性和适应性方面存在一些缺点。

相对于集中式结构,分布式结构没有主控单元,如图 3.6(b)所示,各个 Agent 之间是平等关系,Agent 之间通过通信等手段进行信息交流,自主地进行决策。这种方式具有灵活和适应性强等特点。

分层式结构如图 3.6(c)所示,是介于集中式和分布式结构之间的一种混合结构。

3.2.2.3　面向功能层次的无人机集群体系结构

通过对个体无人机功能模块及其模块之间关系、无人机协作时功能模块之间的逻辑功能进行分析,形成面向功能层次的无人机集群协作分布式体系结构,如图 3.7 所示。

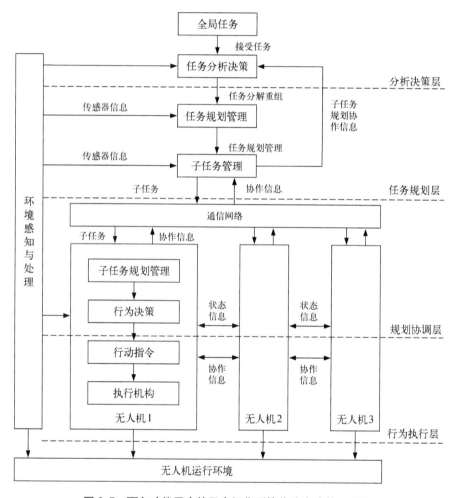

图 3.7　面向功能层次的无人机集群协作分布式体系结构

借鉴人类完成复杂任务的处理过程:接到任务—任务分析决策—任务分工—任务执行,结合无人机自身各项功能特点可以将无人机集群协作这一过程分解为四个层次:分析决策层—任务规划层—规划协调层—行为执行层。此外还有信息感知模块,它为决策层、规划层、协调层和执行层提供相关的传感器信息,为任务层和决策层提供实现其功能的各种信息依据,同时也为无人机内部自身行为和外部协作行为提供根本信息来源。

利用多智能体理论研究无人机集群,近年来受到国内外学术界的关注,已成为该领域一个很重要的发展方向。多智能体系统理论的核心是把整个系统分成若干智能、自治的子系统,即多个可计算的智能体。它们在物理和地理上分散,可独立地执行任务,同时又可通过通信交换信息,相互协调,从而共同完成整体任务。

将智能体概念运用于无人机集群的基本思想是依据多智能体系统的特性组织控制无人机集群,使集群具有能合作完成人所赋予任务的能力。集群中的每架无人机都被视为一个具有智能行为的智能体,每个智能体一般只处理与自身相关的局部目标或局部信息,进行自主活动,同时又具有合作的能力。针对任务目标,集群中的各无人机可动态地规划各自的运动序列,而不是由集中规划器进行规划。各无人机可充分发挥其智能和自主行为来与其他无人机进行合作。

基于 MASs 的无人机集群逻辑结构模型如图 3.8 所示,模型定义个体功能属性、通信与交互机制、感知、决策、行动规则,确定了多 Agent 微观或局部之间的交互行为或机制,并进行环境的抽象与建模,设计期望的宏观全局特性。

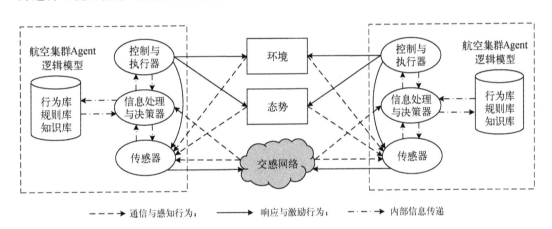

图 3.8　无人机集群逻辑结构模型图

3.3　集群动力学模型

3.3.1　数学方程建模方法

数学建模方法是将系统固有的行为、结构等内在规律以数学表达式的形式进行形式化描述,常见的有拉格朗日法和欧拉法。

3.3.1.1　拉格朗日法

拉格朗日法是一种更加自然的建模和分析方法。它从个体遵循的简单动态行为规则中抽取出群体集群运动的内部运行机理。拉格朗日法基本的描述就是每个个体各自的运动方程(常微分方程或随机微分方程)。

$$m_i x_i = \sum_k F_{ik} = F_i, \quad i = 1, 2, \cdots, n \tag{3.1}$$

式中，m_i 是个体的质量；x_i 是个体 i 的位置；F_i 是作用在个体上的合力；n 是个体的总数目。F_i 由 F_{ik} 组成，其中包括聚集或分散的力（即描述个体之间的吸引力作用或排斥力作用）、与邻近个体速度与方向相匹配的作用力、确定的环境影响力（如万有引力）以及由环境或其他个体行为产生的随机扰动作用力。F_i 是这些作用力的总和。举例来说，在拉格朗日法中，牛顿运动方程是一个典型的个体运动方程。Breder[42] 是较早应用数学方程来研究鱼类集群行为的学者之一，他首先提出了一种由简单引力/斥力函数组成的集群模型。随后，又有人在此基础上研究了一系列引力/斥力函数对生物集群行为的影响。

3.3.1.2 欧拉法

在欧拉法中，提取种群密度在某一区域内针对任一个体的密度函数来表征集群群体的连续性，或者说，一个集群模型里的每个个体成员不作为单个实体来研究，而是通过密度概念将整个群体作为一个连续集描述。欧拉法的理论基础为费克提出的经典的扩散理论，基于费克定律，粒子扩散方程如下：

$$\frac{\partial \rho}{\partial t} = -\frac{\partial J_x}{\partial x} = \frac{\partial}{\partial x}\left(D\,\frac{\partial \rho}{\partial x}\right) \tag{3.2}$$

式中，J_x 为二维空间中单位时间、单位面积内在 x 方向上粒子的迁移量；ρ 为粒子浓度；D 是扩散率。

在为现实的生物群体建立空间分布模型时，不仅仅需要考虑个体的随机运动因素，同时还必须包含群体成员之间或成员对外部环境的反应。因此，在同样考虑一维空间的情况下，群体通过垂直于 x 轴的平面的通量需包含两个组分：一是随机扩散项；二是非随机的对流项。这些通量可以形式化为 $D\,\frac{\partial \rho}{\partial X}$ 及 up，其中 u 表示群体的平移。模型方程表示为

$$\frac{\partial \rho}{\partial t} = -\frac{\partial}{\partial x}(up) + \frac{\partial}{\partial x}\left(D\,\frac{\partial \rho}{\partial x}\right) \tag{3.3}$$

如进一步考虑群体成员间相互作用力的集群模型，在式（3.3）的基础上，对流项不仅包含群体中心漂移的速度项，还增加了群体成员间的相互作用项，如

$$u'p = up + AK_a p - Rp K_r p \tag{3.4}$$

式中，$K_j p = \int K_j(x - x')p(x')\mathrm{d}x'$，$j \in \{a, r\}$；$up$ 描述群体面对所处环境反应做出的常规漂移量；$K_a(x)$、$K_r(x)$ 分别描述群体中距离为 x 的个体相互之间的吸引和排斥作用力。其他一些基于欧拉法的研究工作都是在基于上述集群模型的基础上做一些扩充性的探讨。

另外，随着各类通信技术的发展，群体系统中个体间信息的交互已不再局限于局部空间（即可借助各类通信技术将个体间信息的交互推广至全局物理空间）。因此，可在非局

部空间建立基于欧拉法的集群模型,模型方程如下:

$$\frac{\partial \rho}{\partial t} = \frac{\partial}{\partial x} \left(D \frac{\partial \rho}{\partial x} - v_a p \right) \tag{3.5}$$

式中,对流项 v_a 为非局部性的群体中心的漂移量。

　　基于欧拉法的集群模型是测量单位区域内个体的数目(即群体密度分布函数),并使用欧拉连续方程(偏微分方程)来描述群体的密度分布函数,方程中可以添加的项有来自同类或环境资源的吸引力或排斥力。因为偏微分方程理论发展得较为完善,因此对由偏微分方程构建的集群模型的理论分析更易于进行。欧拉法的另一个优点是无需对群体所处环境做空间离散化处理,对于描述大规模密集而没有明显不连续分布的集群行为非常有效。但是,欧拉法也有一个明显的缺点,即忽略了个体的特性。因此,对于很多群体由有限数量的大体积或强调个体智能特性的个体成员组成的情况,不太适合使用基于欧拉法的连续集群模型,如鱼群、鸟群等的集群行为。

　　欧拉法和拉格朗日法的不同之处还在于后者将个体的位置信息都体现在模型之中,而前者则以群体在所处物理空间中的密度分布为建模基础。在过去的研究中,基于欧拉法建立的集群模型,因为建立在偏微分方程的理论基础上而占据主导地位。但是,需要注意的一点是,欧拉模型中对群体所处物理空间的连续性假设多适合于体型较小的生物群。当分析由较大体型生物组成的群体如鱼群、鸟群、兽群等时,由此组成的群体所占据的物理空间也会因为每个个体体型的因素而变得大许多,这使得欧拉法对于群体所处物理空间是连续集这一假设在现实中也变得难以满足。正因为如此,离散的基于个体的拉格朗日法越来越受到人们的关注。

　　此外,基于群体建模方法和基于个体建模方法各有其优缺点。基于群体的建模方法可以把复杂系统的描述充分简单化,运用尽可能少的规则来描述生物群体行为,同时在程序运行的过程中消耗也比较低。然而这种基于群体的方法有着先天的缺陷。因为其是对生物的简单抽象,不能有效地描述生物系统中内在的复杂性。而当应用于工程中时,不得不对工程问题提出很多假设条件,由此导致了很多问题的孤岛现象(问题分离、系统分离),缺乏系统性和一般性。另外,从复杂的自然生物原型中抽取出适当的规则,是一项非常困难的工作,即使成功,也无法证明自然生物确实遵循这些规则。基于个体的建模方法加强对个体的描述和控制,使得个体更有"个性",在一定程度上避免了前者的一些缺点。但是,这无疑会增加模型描述的复杂性,且不能描述整体发展特性,特别是在比较庞大的系统中。

3.3.2　集群模拟平台

　　无人集群系统仿真平台是验证无人集群系统的任务执行能力和集群控制能力等技术能力的基本手段。对于集群典型任务模拟、集群算法评估具有重要意义。

3.3.2.1　无人集群系统仿真平台

1. Swarm 平台简介

Swarm 平台是利用人工智能和计算机科学领域的最新研究成果,采用基于 Agent、自下而上面向对象的仿真建模方法,直接模拟组成系统的微观主体行为,以及主体与主体之间的相互作用,研究宏观系统的整体行为,实现对复杂适应系统的模拟仿真。

Swarm 实际上是一个面向对象的软件包,它是一个用于复杂适应性系统仿真的多智能平台,可以为物理、生物以及经济学等众多的学科提供比较一般性的框架。Swarm 的关键理念之一在于模型与观测分离且为执行试验和结果观测提供一个虚拟的实验室。关键理念之二在于 Swarm 的层次结构,一个 Swarm 是一组对象和一个对象活动的时间表,一个 Swarm 能在一个高层 Swarm 中建立多个底层 Swarm,简单的模型可以是在观察员 Swarm 中有一个底层模型 Swarm。

2. Swarm 平台体系架构

一个完整的 Swarm 程序一般包括四类对象:模型 Swarm(model Swarm)、观察员 Swarm(observer Swarm)、模拟主体(Agent)和环境。主体可以是单个的个体,也可以说个体的集合或者简单个体聚集生成的高一级的个体。

(1)模型 Swarm。模型 Swarm 是由许多个体(对象)组成的一个群体,这些个体共享一个行为时间表和内存池。它有两个主要的组成部分:一系列对象和这些对象的行为时间表,时间表就像一个索引,引导对象动作的顺序执行。对象的集合是指模型 Swarm 中的每一项对应模型世界中的每一个对象(个体)。Swarm 中的个体就像系统中的演员,是能够产生动作并影响自身和其他个体的一个实体。除了对象的集合,模型 Swarm 还包括模型中行为的时间表。时间表表示一个数据结构,定义了各个对象的独立事件发生的流程,即各事件的执行顺序。通过确定合理的时间调度机制,可以使用户在没有并行环境的状况下也能进行研究。另外,模型 Swarm 还包括一系列输入和输出。输入是模型参数,如世界的大小、主体的个数等环境参数;输出是可观察的模型的运行结果,如个体行为等。

(2)观察员 Swarm。模型 Swarm 只是定义了被模拟的世界,但是一个实验不应该只包括实验对象,还应该包括用来观察和测量的实验仪器。在 Swarm 计算机模拟中,这些观察对象放在观察员 Swarm 中。观察员 Swarm 中最重要的组件是模型 Swarm。观察员对象可以向模型 Swarm 输入数据(通过设置模拟参数),也可以从模型 Swarm 中读取数据(通过收集个体行为的统计数据)。与模型 Swarm 的设置相同,一个观察员 Swarm 也由对象(即实验仪器)、行为的时间表和一系列输入输出组成。

(3)模拟主体。Swarm 既是一个包含其他对象的容器,又可以看作是一个主体。这是最简单的 Swarm 情形,它包括一系列规则、刺激和反应。而一个主体自身也可以作为一个 Swarm,包含一个对象的集合和动作的时间表。在这种情况下,一个主体 Swarm 的行为可以由它包含的其他个体的表现来定义。层次模型就是这样由多个 Swarm 嵌套而构成。

(4)环境。在一些模型中,特别是在那些具有认知部件的个体模拟中,系统运动的一个重要因素在于一个主体对自己所处环境的认识。Swarm 的一个特点就是不必设计一个特定类型的环境,环境自身就可以看成一个主体。通常情况下,主体的环境就是主体自身。

3. Swarm 平台建模步骤

基于 Swarm 平台的建模仿真试验步骤如下:

(1)创建包括时间和空间的人工系统环境,该环境能够让主体在其中活动,能够让主

体观察周围环境和其他主体的状态;

(2) 创建一个观察员 Swarm,负责观察记录并且分析在人工系统环境中所有主体的活动熟悉所对应的特征值;

(3) 在观察员 Swarm 中创建一个 Swarm,并为之分配内存空间,然后在模型 Swarm 中建立模型的主体以及主体的行为;

(4) 通过空间活动让模型 Swarm 和观察员 Swarm 按照一定顺序运动,让每个主体活动产生的数据影响系统中其他的主体和环境,使整个系统不断地运动,并记录各种特征数据和曲线;

(5) 根据步骤(4)观察的结果修改实验用到主体模型。如果需要也可以改变对物理世界的抽象和修改程序代码,返回步骤(3);

(6) 记录整个仿真过程以及数据、曲线等,通过分析记录结果,对物理世界中的各种现象加以解释。

3.3.2.2 Gazebo 仿真平台

ROS 系统是由斯坦福大学 STAIR(standard artificial intelligence robot)和 PR(personal robotics)项目联合发布的分布式机器人操作系统仿真平台,提供开发机器人应用所需的硬件抽象、底层设备控制以及常用函数的实现,涵盖了传感、识别与运动规划等功能,同时提供了进程消息解析、功能包管理和库等一系列开发与调试工具,是当前无人系统与机器人研究的重要协作框架与仿真平台。ROS 系统可在多个不同主机设置一系列进程,在运行过程中各端点可以实现多进程与多主机的端对端拓扑结构通信,实现集群系统的实时计算与在线仿真。特别的,ROS 可以建立模块化系统与单元测试的代码库,集成了很多第三方核心工具,如 Gazebo、OpenCV、PCL、MovelT、Industrial 与 MPRT 等,可以通过多种多样的配置选项在其他软件平台间进行数据通信,如从 Player 项目中引入驱动、运动等控制仿真模块,从 OpenCV 中引入视觉功能模块,从 OpenRAVE 项目中引入规划算法等,实现多功能多平台的移植与集成,由此实现集群系统从通信到控制等规划任务的仿真。

Gazebo 是内置强大物理引擎与高质量图形渲染的三维物理仿真平台,支持多种高性能物理引擎的动力学仿真与传感器仿真,可以通过光线与纹理的渲染实现高精度三维可视化仿真环境,同时也提供多种机器人模型与 ROS 接口,支持云端与终端的仿真控制。Gazebo 中主要以球体、圆柱体与立方体为基本单元,通过这些基本单元的伸缩变换或旋转变换设计机器人三维仿真模型,图 3.9 给出了 Gazebo 仿真平台的实体示例。同时,也可以通过 CAD 等设计软件接口导入图纸建立更为真实的机器人模型。在此基础上可以通过机器人运动仿真验证相关控制规划算法。

此外,Gazebo 还具有丰富多样的世界场景仿真模型,通过添加物体库或导入图纸可以构建真实世界场景,使得仿真更贴近现实世界中的实际实验。Gazebo 还可以通过物理仿真引擎添加重力、阻力等增强现实的世界环境,同时还提供了可直接使用的机器人传感器模型库,强大的物理仿真引擎能够使得集群系统的仿真更为贴近实物仿真结果。

3.3.2.3 MultiUAV2 仿真平台

MultiUAV2 是美国空军研究实验室基于 Simulink/Matlab/C++的集群系统仿真平台,通过 Matlab 脚本函数与 Simulink 仿真模块涵盖了六自由度动力学模型、简单目标模型与

图 3.9　Gazebo 仿真平台示例

自定义协同控制算法等模块,实现协同控制算法的仿真分析与实验验证。MultiUAV2 仿真平台主要针对智能体与目标构建主要的顶层模块,此外设计了初始化与绘图模块以便于仿真初始场景设计与仿真结果分析。顶层智能体间信息流通信通过 Simulink 和 Matlab 采用真实信息传递机制来模拟帧数数据在模拟对象之间的通信与交互。为便于仿真中智能体与目标对象的构建,以 Simulink 模块库的形式实例化对象与库之间的链接,进而实现多无人机协同搜索并完成多目标打击的全流程仿真测试与实验。

　　MultiUAV2 仿真平台采用分层架构建立智能体间的通信系统,每个智能体都封装了六自由度动力学模型与嵌入式飞控软件,包括态势感知、战术机动、传感器规划、目标识别、任务分配、航迹规划与武器规划等功能模块。在仿真过程中,智能体按预规划搜索航迹飞行直至遭遇目标,每个智能体封装的传感器模块定义了侦察半径与搜索范围。当目标出现在智能体传感器侦察范围内,智能体间由通信模块相互传递目标位置,并由选定的协同控制算法与任务目标分配算法实现对目标跟踪打击。当武器规划模块完成对目标的打击摧毁后,智能体返回预定义的目标搜索模式并对目标持续搜索。

　　通过细化智能体的功能模块与数据通信优化,美国空军研究实验室在 MultiUAV2 的基础上进一步开发了 MultiUAV5 集群仿真平台,支持多智能体协同决策与控制等智能算法的仿真测试与验证,实现集群系统协同侦察、打击与毁伤评估等全作战流程仿真。

3.4　本 章 小 结

　　本章首先介绍了智能体与多智能体系统的概念,给出了多智能体系统的协调控制的内涵和协同控制技术所涉及的关键问题,简单综述了多智能体系统典型的应用场景;其次介绍了集群系统体系架构的内涵和三种典型的集群体系架构；最后介绍了集群动力学模型的数学方程建模方法和三种集群模拟平台。

3.5　课 后 练 习

思考题

（1）多智能体系统协调控制有哪些问题？多智能体系统协调控制技术的发展方向有哪些？

（2）多智能体系统在航空航天中有哪些典型的应用场景？

（3）集群的体系架构除本章介绍的 3 种外，还有哪些典型的体系架构？

（4）集群仿真模拟平台的需要涵盖哪些功能？试给出集群仿真模拟平台的基本方案或仿真架构。

参考文献

[1] 唐贤伦. 群体智能与多 Agent 系统交叉结合—理论、方法与应用[M].北京：科学出版社,2014.

[2] CHEN M, YANG L T, KWON T, et al. Itinerary planning for energy-efficient agent communications in wireless sensor networks[J]. IEEE Transactions on Vehicular Technology, 2011, 60(7)：3290-3299.

[3] TAY N S P, LUSCH R F. Agent-based modeling of ambidextrous organizations：virtualizing competitive strategy[J]. IEEE Intelligent Systems, 2007, 22：50-57.

[4] CHEN M, GONZALEZ S, LEUNG V C M. Applications and design issues of mas in wireless sensor networks[J]. IEEE Wireless Communication, 2007, 14(6)：20-26.

[5] 杜鹏. 基于 Multi-Agent 和逻辑域的分布式专家系统设计[J].计算机应用,2007,27(12)：165-166.

[6] SANZ-ANGULO P, DE-BENITO-MARTÍN J J. A multi-agent expert system for prevention of child abuse and neglect[J]. Computer Technology and Application,2011, 2(10)：774-781.

[7] 薛宏涛,叶媛媛,沈林成,等. 多智能体系统结构及协调机制研究综述[J].机器人,2001,23(1)：85-90.

[8] COHEN P R, LEVESQUE H J. Confirmations and joint action[C]. Sydney：12th International Joint Conference on Artifical Intelligence, 1991.

[9] JENNINGS N R, SYCARA K, WOOLDRIDGE M. A roadmap of agent research and development [J]. Autonomous agents and multi-agent systems, 1998, 1(1)：7-38.

[10] JENNINGS N R. Commitments and conventions：the foundation of coordination in multi-agent systems [J]. The Knowledge Engineering Review, 1993, 8(3)：223-250.

[11] GROSZ B J . Collaborative Systems [J]. AI Magazine, 1996, 17(2)：67-85.

[12] TAMBE M. Towards flexible teamwork [J]. Journal of Artificial Intelligence Research, 1997, 7：83-124.

[13] WERGER B B. Cooperation without deliberation：a minimal behavior-based approach to multi-robot teams [J]. Artificial Intelligence, 1999, 110(2)：293-320.

[14] MAES P. Learning behavior networks from experience[M]. Paris：The MIT Press：48-57.

[15] DORER K. Behavior networks for continues domains using situation dependent motivations [C].

Stockholm：Proceedings of 16th IJCAI，1999.

［16］ PAREDIS J . Coevolutionary computation［J］. Artificial Life，1995，2（4）：355－375.

［17］ FUKUDA T， KUBOTA N. Learning，adaptation and evolution of intelligent robotic system［C］. Gaitherburg：Proceedings of 1998 IEEE ISIC/CIRA/ISAS Joint Conference，1998.

［18］ UCHIBE E，NAKAMURA M，ASADA M. Cooperative behavior acquisition in a multiple mobile robot environment by co-evolution［C］. Berlin：Robot Soccer World Cup II，1999.

［19］ LUKE S，HOHN C，FARRIS J，et al. Co-evolving soccer softbot team coordination with genetic programming［C］. Berlin：Robot Soccer World Cup，1997.

［20］ HAYNES T，SEN S. Co-adaptation in a team［C］. Proceedings of International Journal of Computational Intelligence and Organizations（IJCIO），1997.

［21］ PUPPALA N，SEN S，GORDIN M. Shared memory based cooperative coevolution［C］. Anchorage：1998 IEEE International Conference on Evolutionary Computation Proceedings，1998.

［22］ POTTER M A. The design and analysis of a computational model of cooperative coevolution［D］. Fairfax：George Mason University，1997.

［23］ 苗国英，马倩. 多智能体系统的协调控制研究综述［J］. 南京信息工程大学学报：自然科学版，2013，5（3）：385－396.

［24］ 楚天广，杨正东，邓魁英，等. 群体动力学与协调控制研究中的若干问题［J］. 控制理论与应用，2010，27（1）：86－93.

［25］ REYNOLDS C W. Flocks，herds and schools：a distributed behavioral model［J］. Computer Graphics，1987，21（4）：25－34.

［26］ VICSEK T，CZIRÓK A，BEN-JACOB E，et al. Novel type of phase transitions in a system of self-driven particles［J］. Physical Review Letter，1995，75（6）：1226－1229.

［27］ ATRIANFAR H，HAERI M. Adaptive flocking control of nonlinear multi-agent systems with directed switching topologies and saturation constrains［J］. Journal of the Franklin Institute，2013，350（6）：1545－1561.

［28］ 任德华，卢桂章. 对队形控制的思考［J］. 控制与决策，2005，20（6）：601－606.

［29］ 王祥科，李迅，郑志强. 多智能体系统编队控制相关问题研究综述［J］. 控制与决策，2013，28（11）：1601－1613.

［30］ NEDIC A，OLSHEVSKY A，OZDAGLAR A，et al. On distributed averaging algorithms and quantization effects［J］. IEEE Transactions on Automatic Control，2009，54（11）：2506－2517.

［31］ 刘为凯. 复杂多智能体网络的协调控制及优化研究［D］. 武汉：华中科技大学，2011.

［32］ KUHN R，MOSTAFAVI S M. Optimal routing policy［J］. IEEE Communications Letters，2008，12（3）：222－224.

［33］ CADY S T，DOMINGUEZ-GARCIA A D，HADJICOSTIS C N. Finite-time approximate consensus and its application to distributed frequency regulation in islanded AC microgrids［C］. Hawaii：International Conference on System Sciences，2015.

［34］ CHEN G，ZHAO Z. Delay effects on consensus-based distributed economic dispatch algorithm in microgrid［J］. IEEE Transactions on Power Systems，2018，33（1）：602－612.

［35］ ZHOU J，ZHANG H，SUN Q，et al. Event-based distributed active power sharing control for interconnected AC and DC microgrids［J］. IEEE Transactions on Smart Grid，2017，9（6）：6815－6828.

［36］ HE X, WANG Q, YU W. Finite-time distributed cooperative attitude tracking control for multiple rigid spacecraft［J］. Applied Mathematics and Computation, 2015, 256: 724 - 734.

［37］ LEITÃO P, KARNOUSKOS S, RIBEIRO L, et al. Smart agents in industrial cyber-physical systems［J］. Proceedings of the IEEE, 2016, 104(5): 1086 - 1101.

［38］ TIAN F, YAN Z, BING X U, et al. Fault diagnosis based on multi agent system for active distribution system［J］. Electric Power Automation Equipment, 2016, 36(6): 19 - 26.

［39］ KHAMIS M, GOMAA W. Adaptive multi-objective reinforcement learning with hybrid exploration for traffic signal control based on cooperative multi-agent framework［J］. Engineering Applications of Artificial Intelligence, 2014, 29: 134 - 151.

［40］ AMELINA N, FRADKOV A, JIANG Y, et al. Approximate consensus in stochastic networks with application to load balancing［J］. IEEE Transactions on Information Theory, 2015, 61 (4): 1739 - 1752.

［41］ MARY S, DAVID G. Software architecture: perspectives on an emerging discipline［M］. New Jersey: Prentice-Hall, 1996.

［42］ BREDER C M. Equations descriptive of fish schools and other animal aggregations［J］. Ecology, 1954, 35(3): 361 - 370.

第4章
多智能体一致性理论与方法

一致性是多智能体系统协同控制领域的基本问题。在多智能体系统中,一致性是指智能体之间通过局部的信息交互和协作,最终使得所有智能体的状态趋于一致。一致性问题的关键在于,如何设计一个合适的分布式一致性算法,使智能体的状态实现同步。

本章介绍多智能体系统的一致性算法,包括连续时间下的一阶、二阶、异构和通用模型的一致性算法,以及基于事件触发机制的一致性算法。本章在4.1节介绍研究一致性算法所需的基础知识,为之后的理论分析做铺垫;在4.2节至4.6节中介绍典型的一致性算法及其理论成果,通过对算法的收敛特性分析和仿真分析,加深读者对一致性问题及其算法设计的理解。

【学习要点】
- 掌握:① Kronecker 积的定义、图的基本概念和矩阵描述;② 时不变通信拓扑下基于一阶模型和二阶模型的多智能体系统的一致性算法及分析;③ 基于异构模型和通用模型的多智能体系统的一致性算法形式。
- 熟悉:① Kronecker 积的基本性质、Yong 不等式;② 基于异构和通用模型的多智能体系统一致性算法分析。
- 了解:① 非线性系统的部分定义、定理和引理;② 时变通信拓扑下一阶多智能体系统的一致性算法及分析;③ 基于事件触发机制的一致性算法及分析。

4.1 基 础 知 识

本节主要给出符号说明、矩阵论和代数图论以及非线性系统的部分基础理论知识,为4.2节至4.6节的内容作铺垫。本节所介绍的定义、引理和定理等,都是与本章节内容息息相关的,并且在展示结论时忽略所有证明过程。默认,读者已经学习过《高等数学》《线性代数》和《自动控制原理》等相关课程。基于本节介绍的基础知识,读者能够理解第4章给出的大部分结果。详细的矩阵论、代数图论以及非线性系统知识,可参考文献[1-3]。

4.1.1　符号说明

如无特殊说明,本章节使用如下符号: R 表示实数域, C 表示复数域, R^q 表示 $q \times 1$ 维实向量集, $R^{m \times n}$ 表示 $m \times n$ 维实矩阵集, $C^{m \times n}$ 表示 $m \times n$ 维复矩阵集; max 代表最大值, min 代表最小值; X^T 表示矩阵 X 的转置, Rank(X) 表示矩阵 X 的秩, $\| X \|$ 表示矩阵 X 的 2 范数,即 Euclidean 范数; $A > 0$ 表示方阵 A 正定, $A \geqslant 0$ 表示方阵 A 半正定, $\det(A)$ 表示方阵 A 的行列式, $\lambda_i(A)$ 表示方阵 A 的第 i 个特征值(从小到大的顺序), $\lambda_{max}(A)$ 表示方阵 A 的最大特征值, $\lambda_{min}(A)$ 表示方阵 A 的最小特征值; $\mathbf{1}_n$ 表示元素均为 1 的 $n \times 1$ 维列向量, $\mathbf{0}_n$ 表示元素均为 0 的 $n \times 1$ 维列向量, I_n 表示 $n \times n$ 维单位矩阵; 矩阵, 如无特殊说明, 一般假设其具有相容的维数; $\mathrm{diag}(a_1, a_2, \cdots, a_n)$ 表示对角线元素为 $a_1, a_2, \cdots, a_n$ 的对角矩阵; Re(z) 表示数 $z \in C$ 的实部, Im(z) 表示数 $z \in C$ 的虚部。

4.1.2　矩阵论基础

对于矩阵 $A = [a_{ij}] \in C^{n \times m}$ 和 $B = [b_{ij}] \in C^{p \times q}$, 它们的 Kronecker 积定义为

$$A \otimes B \triangleq \begin{bmatrix} a_{11}B & \cdots & a_{1m}B \\ \vdots & \ddots & \vdots \\ a_{n1}B & \cdots & a_{nm}B \end{bmatrix} \in C^{np \times mq} \tag{4.1}$$

Kronecker 积的基本性质有: ① $(kA) \otimes B = A \otimes (kB)$; ② $(A \otimes B)^T = A^T \otimes B^T$; ③ $(A \otimes B)(E \otimes F) = (AE) \otimes (BF)$; ④ $A \otimes (B + E) = A \otimes B + A \otimes E$; ⑤ $(A \otimes B)^{-1} = A^{-1} \otimes B^{-1}$。其中, k 为常量, $E = [e_{ij}] \in C^{m \times l}$, $F = [f_{ij}] \in C^{q \times s}$。

如果矩阵 $A \in C^{n \times n}$ 满足 $A\mathbf{1}_n = \mathbf{1}_n$, 则称 A 为行随机矩阵。矩阵 $A \in C^{n \times n}$ 是 Hurwitz 的, 如果 A 的所有特征根均有负实部。

引理 4.1(Yong 不等式)　对于任意向量 $x, y \in R^n$ 和 $\varepsilon > 0$, 有

$$x^T y \leqslant \frac{\varepsilon x^T x}{2} + \frac{y^T y}{2\varepsilon} \tag{4.2}$$

4.1.3　代数图论基础

4.1.3.1　图的基本概念

定义 4.1　用 $G = (V, E)$ 表示一个图, 其中, $V = \{v_1, v_2, \cdots, v_n\}$ 表示节点集合, $E \subseteq \{(v_i, v_j) \mid v_i, v_j \in V, i \neq j\}$ 表示边集合。$e_{ij} = (v_i, v_j) \in E$ 表示节点 v_i 到节点 v_j 的一条边, 且称 v_i 是父节点, v_j 是子节点, 也称节点 v_i 是节点 v_j 的邻居。节点 v_i 的入度定义为节点 v_i 的所有父节点的个数, 记作 $\deg_{in}(v_i)$; 节点 v_i 的出度定义为节点 v_i 的所有子节点的个数, 记作 $\deg_{out}(v_i)$。节点 v_i 的邻居集定义为 $N_i = \{v_j \in V \mid (v_j, v_i) \in E\}$。加权图是对图中的每条边赋予一个权值。一组图的并集是由各图的节点并集和边并集组成的图。

定义 4.2　图 G 中顶点与边的交替序列 $\boldsymbol{\Gamma} = v_{i_0} e_{j_1} v_{i_1} e_{j_2} \cdots e_{j_l} v_{i_l}$ 称为从节点 v_{i_0} 到节点 v_{i_l}

存在一条通路(有向路径),其中 v_{i_0} 和 v_{i_l} 分别称为 $\boldsymbol{\Gamma}$ 的始点和终点。若 $\boldsymbol{\Gamma}$ 的始点和重点重合,则称 $\boldsymbol{\Gamma}$ 为环。若环 $\boldsymbol{\Gamma} = v_{i_0} e_{j_0} v_{i_0}$,则称 $\boldsymbol{\Gamma}$ 为自环。

在本章节内默认所有图均不含有自环。

定义 4.3 图 $\boldsymbol{G}$ 称为无向图,如果对于所有 $\boldsymbol{e}_{ij} \in \boldsymbol{V}$ 均满足 $\boldsymbol{e}_{ji} \in \boldsymbol{V}$;否则,称图 $\boldsymbol{G}$ 为有向图。无向图可视作特殊的有向图。如果对于图 $\boldsymbol{G}$ 中任意两个节点 v_i 和 v_j($i \neq j$),从 v_i 到 v_j 和从 v_j 到 v_i 都存在一条有向路径,则称有向图 $\boldsymbol{G}$ 是强连通的,无向图 $\boldsymbol{G}$ 是连通的。如果对于图 $\boldsymbol{G}$ 的所有节点 v_i 均有 $\deg_{in}(v_i) = \deg_{out}(v_i)$,则称图 $\boldsymbol{G}$ 为平衡图。显然,无向图是平衡图。

定义 4.4 图 $\boldsymbol{G}$ 的子图 $\boldsymbol{G}'$ 是指其满足 $\boldsymbol{V}(\boldsymbol{G}') \subseteq \boldsymbol{V}(\boldsymbol{G})$ 且 $\boldsymbol{E}(\boldsymbol{G}') \subseteq \boldsymbol{E}(\boldsymbol{G})$。进一步,如果 $\boldsymbol{V}(\boldsymbol{G}') = \boldsymbol{V}(\boldsymbol{G})$,则称图 $\boldsymbol{G}'$ 为图 $\boldsymbol{G}$ 的生成子图。

定义 4.5 树是一种特殊的图。如果无向图 $\boldsymbol{G}$ 是连通且无环的,则称图 $\boldsymbol{G}$ 为无向树。如果有向图 $\boldsymbol{G}$ 中只存在一个根节点到任意其他节点都有一条有向路径且无环,则称图 $\boldsymbol{G}$ 为有向树。在有向树中,除一个根节点外,每个节点只有一个父节点,而根节点没有父节点。如果图 $\boldsymbol{G}$ 的一个生成子图是有向树,则称该生成子图为有向生成树,又称图 $\boldsymbol{G}$ 含有一个有向生成树。

4.1.3.2 图的矩阵描述

定义 4.6 图 $\boldsymbol{G} = (\boldsymbol{V}, \boldsymbol{E})$ 的邻接矩阵 $\boldsymbol{A}(\boldsymbol{G}) = [a_{ij}] \in \boldsymbol{R}^{n \times n}$(简记为 $\boldsymbol{A}$)定义为:当 $(v_j, v_i) \in \boldsymbol{E}$ 时,$a_{ij} > 0$;当 $(v_j, v_i) \notin \boldsymbol{E}$ 时,$a_{ij} = 0$。对于无向图,$\boldsymbol{A} = \boldsymbol{A}^{\mathrm{T}}$;对于有向图,邻接矩阵不一定对称。显然,$a_{ij}$ 表示边 $(v_j, v_i) \in \boldsymbol{E}$ 的权值。如果没有给出实际意义的权值,则当 $(v_j, v_i) \in \boldsymbol{E}$ 时,可设定 $a_{ij} = 1$;当给出实际意义的权值,则称 $\boldsymbol{A}$ 为加权邻接矩阵。

定义 4.7 图 $\boldsymbol{G} = (\boldsymbol{V}, \boldsymbol{E})$ 的(入)度矩阵 $\boldsymbol{D}(\boldsymbol{G}) = \mathrm{diag}(d_{ii}) \in \boldsymbol{R}^{n \times n}$(简记为 $\boldsymbol{D}$)定义为:$d_{ii} = \deg_{in}(v_i)$。显然,$\deg_{in}(v_i) = \sum_{j=1}^{n} a_{ij}$。

定义 4.8 图 $\boldsymbol{G} = (\boldsymbol{V}, \boldsymbol{E})$ 的拉普拉斯矩阵 $\boldsymbol{L}(\boldsymbol{G}) = [l_{ij}] \in \boldsymbol{R}^{n \times n}$(简记为 $\boldsymbol{L}$)定义为:对于任意的 $i \neq j$,$l_{ij} = -a_{ij}$,$l_{ii} = \sum_{j=1, j \neq i}^{n} a_{ij}$。图 $\boldsymbol{G}$ 的拉普拉斯矩阵 $\boldsymbol{L}$ 可表示为 $\boldsymbol{L} = \boldsymbol{D} - \boldsymbol{A}$。

4.1.4 非线性时不变系统基础

考虑自治系统:

$$\dot{\boldsymbol{x}}(t) = f(\boldsymbol{x}(t), t) \tag{4.3}$$

式(4.3)中,$f: \boldsymbol{D} \to \boldsymbol{R}^n$ 是从 $\boldsymbol{D} \subseteq \boldsymbol{R}^n$ 到 $\boldsymbol{R}^n$ 的局部 Lipschitz 映射。

定理 4.1 令 $\boldsymbol{x} = \boldsymbol{0}$ 是系统(4.3)的一个平衡点,令 $W: \boldsymbol{R}^n \to \boldsymbol{R}$ 是连续可微函数,并且满足:

(1) $W(\boldsymbol{0}) = 0$;

(2) 对 $\forall \boldsymbol{x} \neq \boldsymbol{0}$,有 $W(\boldsymbol{x}) > 0$;

（3）当 $\|x\| \to \infty$，有 $W(x) \to \infty$；

（4）对 $\forall x \neq 0$，有 $\dot{W}(x) < 0$。

那么 $x = 0$ 是全局渐近稳定的。

定义 4.9　集合 M 称为自治系统（4.3）的不变集，如果当 $x(0) \in M$ 时，对于任意 $t \in R$，有 $x(t) \in M$。集合 M 称为正不变集，如果当 $x(0) \in M$ 时，对于任意 $t \geq 0$，有 $x(t) \in M$。

定理 4.2（局部不变集原理）　考虑自治系统（4.3）。令 $W: R^n \to R$ 是连续可微函数。假设：

（1）对于某一常量 $c > 0$，由 $W(x) < c$ 定义的区域 Ω_c 是有界的；

（2）对于任意 $x \in \Omega_c$，$\dot{W}(x) \leq 0$。

令 $S = \{x \in \Omega_c: \dot{W}(x) = 0\}$，且 M 是 S 中的最大不变集。则当 $t \to \infty$ 时，由 Ω_c 中的点出发的每个解 $x(t)$ 趋近于 M。

定理 4.3（Lasalle 不变集原理）　考虑自治系统（4.1）。令 $W: R^n \to R$ 是连续可微函数。假设：

（1）对于任意 $x \in R^n$，$\dot{W}(x) \leq 0$；

（2）$\|x\| \to \infty$，$W(x) \to \infty$。

令 $S = \{x \in \Omega_c: \dot{W}(x) = 0\}$，且 M 是 S 中的最大不变集。那么当 $t \to \infty$ 时，所有解 $x(t)$ 全局渐近收敛于 M。特别地，如果 M 不包含除了 $x = 0$ 之外的不变集，那么 0 是渐近稳定的。

引理 4.2（微分比较原理）　考虑标量微分方程：

$$\dot{u}(t) = f(t, u(t)), \ u(t_0) = u_0 \tag{4.4}$$

式（4.4）中，对于所有 $t \geq 0$，$f(t, u)$ 关于 t 连续，且关于 u 满足局部 Lipschitz 条件。设 $[t_0, T)$ 是解 u 的最大存在区间，T 可以是无穷大。如果对于任意 $t \in [t_0, T)$，函数 $v(t)$ 满足：

$$\dot{v}(t) \leq f(t, v(t)), \ v(t_0) \leq u_0 \tag{4.5}$$

则对于任意 $t \in [t_0, T)$，有 $v(t) \leq u(t)$。

4.2　一阶模型的一致性理论

4.2.1　基本算法

假设一阶多智能体系统中有 n 个智能体。每个智能体的一阶模型如下：

$$\dot{x}_i(t) = u_i(t), \quad i = 1, 2, \cdots, n \tag{4.6}$$

式（4.6）中，$x_i(t) \in R^q$ 和 $u_i(t) \in R^q$ 分别表示 t 时刻智能体 i 的状态变量和信息输入变量。

一种连续时间一致性算法为

$$\boldsymbol{u}_i(t) = -\sum_{j=1}^{n} a_{ij}(t)\big[\boldsymbol{x}_i(t) - \boldsymbol{x}_j(t)\big] \tag{4.7}$$

式(4.7)中，$a_{ij}(t)$ 为 t 时刻图 $\boldsymbol{G}_t$ 对应的邻接矩阵 $\boldsymbol{A}(t) \in \boldsymbol{R}^{n \times n}$ 的第 (i, j) 项元素。

将式(4.6)代入式(4.7)中，可以写成如下矩阵形式：

$$\dot{\boldsymbol{x}}(t) = -\big[\boldsymbol{L}(t) \otimes \boldsymbol{I}_q\big]\boldsymbol{x}(t) \tag{4.8}$$

式(4.8)中，$\boldsymbol{x}(t) = \big[\boldsymbol{x}_1^{\mathrm{T}}(t), \boldsymbol{x}_2^{\mathrm{T}}(t), \cdots, \boldsymbol{x}_n^{\mathrm{T}}(t)\big]^{\mathrm{T}}$，$\boldsymbol{L}(t) \in \boldsymbol{R}^{n \times n}$ 为 t 时刻图 $\boldsymbol{G}_t$ 对应的拉普拉斯矩阵，$\otimes$ 代表 Kronecker 积。

4.2.2 时不变通信拓扑下的一致性分析

本小节讨论时不变通信拓扑下的一致性问题。因此，式(4.7)中的邻接矩阵 $\boldsymbol{A}(t)$ 和式(4.8)中的拉普拉斯矩阵 $\boldsymbol{L}(t)$ 均为常量矩阵，不随时间变化，即对任意时刻 t 有 $\boldsymbol{A}$ 和 $\boldsymbol{L}$。

定义 4.10 如果对于任意的初始状态 $\boldsymbol{x}(0)$ 和所有的 $i, j = 1, 2, \cdots, n$，当 $t \to \infty$ 时，$\|\boldsymbol{x}_i(t) - \boldsymbol{x}_j(t)\| \to 0$，则称多智能体系统(4.6)实现一致性。

引理 4.3[4] 拥有 n 个顶点的图 $\boldsymbol{G} = (\boldsymbol{V}, \boldsymbol{E})$ 的拉普拉斯矩阵 $\boldsymbol{L}$ 至少有一个零特征根，其对应的特征向量为 $\mathbf{1}_n$，且其余非零特征根均位于右开平面内，即 $0 = \lambda_1(\boldsymbol{L}) \leqslant \lambda_2(\boldsymbol{L}) \leqslant \cdots \leqslant \lambda_n(\boldsymbol{L})$。进一步，拉普拉斯矩阵 $\boldsymbol{L}$ 仅有一个零特征根，当且仅当有向图 $\boldsymbol{G}$ 含有一个有向生成树。

引理 4.4[4] 如果 $\boldsymbol{L}$ 是 $n \times n$ 维非对称的拉普拉斯矩阵，则当 $\forall t \geqslant 0$，$\mathrm{e}^{-\boldsymbol{L}t}$ 是一个有正对角元素的行随机矩阵。另外，$\mathrm{Rank}(\boldsymbol{L}) = n - 1$ 当且仅当 $\boldsymbol{L}$ 有一个简单零特征根。进一步，如果 $\boldsymbol{L}$ 有一个简单零特征根且其对应的特征向量 $\boldsymbol{w} = [w_1, \cdots, w_n]^{\mathrm{T}} \geqslant 0$ 满足 $\mathbf{1}_n^{\mathrm{T}}\boldsymbol{w} = 1$ 和 $\boldsymbol{L}^{\mathrm{T}}\boldsymbol{w} = \mathbf{0}$，则当 $t \to \infty$ 时，$\mathrm{e}^{-\boldsymbol{L}t} \to \mathbf{1}_n\boldsymbol{w}^{\mathrm{T}}$。

定理 4.4 在一致性算法(4.7)作用下，多智能体系统(4.6)渐近实现一致性当且仅当有向图 $\boldsymbol{G}$ 含有一个有向生成树。

证明：（充分性）式(4.8)的解为 $\boldsymbol{x}(t) = (\mathrm{e}^{-\boldsymbol{L}t} \otimes \boldsymbol{I}_q)\boldsymbol{x}(0)$。由引理 4.3 和引理 4.4 可知，当有向图 $\boldsymbol{G}$ 含有一个有向生成树时，有 $\lim\limits_{t \to \infty} \mathrm{e}^{-\boldsymbol{L}t} = \mathbf{1}_n\boldsymbol{w}^{\mathrm{T}}$，其中 $\boldsymbol{w}$ 是 $n \times 1$ 维向量。因此当 $t \to \infty$ 时，$\boldsymbol{x}_i(t) \to \sum\limits_{i=1}^{n} w_i\boldsymbol{x}_i(0)$。

（必要性）假设一致性算法(4.7)使得多智能体系统(4.6)渐近实现一致性但图 $\boldsymbol{G}$ 不含有一个有向生成树。则在图 $\boldsymbol{G}$ 中至少存在两个没有路径相通的智能体 i 和智能体 j。因此，这两个智能体之间不可能实现信息一致，从而整个多智能体系统也不会渐近实现一致性。证毕。

定义 4.11 如果对于任意的初始状态 $\boldsymbol{x}(0)$ 和所有的 $i = 1, 2, \cdots, n$，当 $t \to \infty$ 时，$\boldsymbol{x}_i(t) \to \dfrac{1}{n}\sum\limits_{i=1}^{n}\boldsymbol{x}_i(0)$，则称多智能体系统(4.6)实现平均一致性。

引理 4.5[5] 图 $\boldsymbol{G}$ 是平衡的当且仅当图 $\boldsymbol{G}$ 的拉普拉斯矩阵 $\boldsymbol{L}_{n \times n}$ 的零特征根对应的左

特征向量为 $\mathbf{1}_n$，即 $\mathbf{1}_n^{\mathrm{T}} \boldsymbol{L}_{n \times n} = 0$。

定理 4.5　在一致性算法(4.7)作用下,多智能体系统(4.6)全局渐近地实现平均一致性当且仅当有向图 $\boldsymbol{G}$ 是强连通的且平衡的,或者无向图 $\boldsymbol{G}$ 是连通的。

证明： 显然,无向连通图是平衡的。因此,由引理 4.5 可知,平衡图 $\boldsymbol{G}$ 的拉普拉斯矩阵 $\boldsymbol{L}$ 满足 $\mathbf{1}_n^{\mathrm{T}} \boldsymbol{L} = 0$。由定理 4.4 可知,当且仅当有向图 $\boldsymbol{G}$ 是强连通的且平衡的,或者无向图 $\boldsymbol{G}$ 是连通的,$\boldsymbol{x}_i(t) \to \dfrac{1}{n} \sum_{i=1}^{n} \boldsymbol{x}_i(0)\ (t \to \infty)$。证毕。

4.2.3　时变通信拓扑下的一致性分析

本节讨论时变通信拓扑下的一致性问题。考虑更贴近实际的情况,假设式(4.7)中的邻接矩阵 $\boldsymbol{A}(t)$ 是分段连续的且它的非零项有一致的上界和下界,则 $\boldsymbol{L}(t)$ 也是分段连续的且其非对角项元素有一致的上界和下界。

定理 4.6[4]　令 $t_0,\ t_1,\ t_2,\ \cdots$ 是矩阵 $\boldsymbol{A}(t)$ 切换的时间序列,其中假设对于任意 $i = 1,\ 2,\ \cdots$,有 $t_i - t_{i-1} > t_L$,其中 t_L 是正常数。如果存在一个由 $t_{i_1} = t_0$ 起始的邻接、非空一致有界的无限时段序列 $[t_{i_j},\ t_{i_{j+1}})\ (j = 1,\ 2,\ \cdots)$,使得存在于每个时段的有向图 $\boldsymbol{G}_t$ 的并集含有一个有向生成树,则一致性算法(4.7)能够使得多智能体系统(4.6)渐近实现一致性。

4.2.4　仿真分析

1. 时不变通信拓扑下的一致性

考虑场景：在通信拓扑不变的情况下,6 个智能体在二维平面 XOY 内运动,到某个地点集结,即 $n = 6$,$q = 2$。令每个智能体的状态为 $\boldsymbol{x}_i = [x_i,\ y_i]^{\mathrm{T}}$。图 4.1 为智能体间的通信拓扑,该通信拓扑是有向强连通平衡图。

基于图 4.1 给出的通信拓扑,其对应的拉普拉斯矩阵为

$$
\boldsymbol{L} = \gamma
\begin{bmatrix}
1 & 0 & 0 & 0 & 0 & -1 \\
-1 & 2 & 0 & 0 & 0 & -1 \\
0 & -1 & 2 & 0 & -1 & 0 \\
0 & 0 & -1 & 1 & 0 & 0 \\
0 & 0 & -1 & -1 & 2 & 0 \\
0 & -1 & 0 & 0 & -1 & 2
\end{bmatrix}
$$

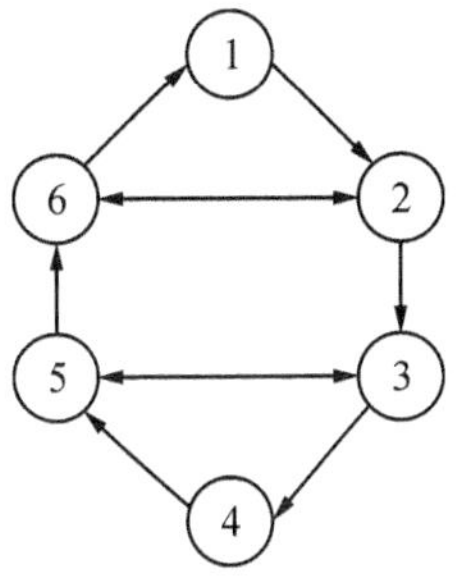

图 4.1　通信拓扑

其中,$\gamma > 0$ 为常数。

给定智能体的初始状态为 $x_i(0) = 0.2i - 0.1$,$y_i(0) = 0.2i\ (i = 1,\ 2,\ \cdots,\ 6)$。

图 4.2 和图 4.3 分别显示了当 $\gamma = 1$ 和 $\gamma = 5$ 时,多智能体系统(4.6)采用一致性算法(4.7)得到的状态轨迹变化。由于智能体间的通信拓扑设定为有向强连通平衡图,可以看到智能体的状态趋向于初始状态的平均值,最终汇聚于 XOY 平面内的一点。图 4.3 中 $\gamma = 5$ 对应的状态轨迹明显比图 4.2 中 $\gamma = 1$ 对应的状态轨迹以更快的速度接近收敛状态。

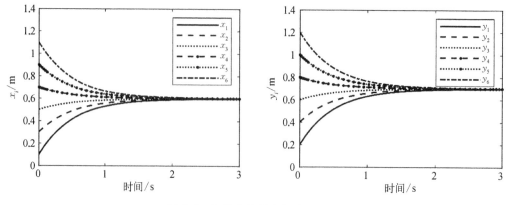

图 4.2　智能体的状态轨迹（$\gamma=1$）

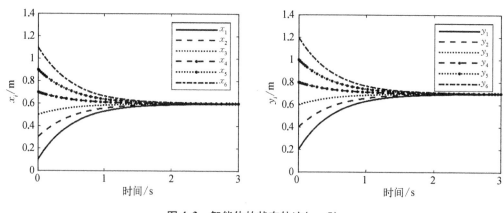

图 4.3　智能体的状态轨迹（$\gamma=5$）

2. 时变通信拓扑下的一致性

考虑场景：在通信拓扑变化的情况下，5 个智能体在二维平面 XOY 内运动，到某个地点集结，即 $n=5$，$q=2$。令每个智能体的状态为 $\boldsymbol{x}_i=\left[x_i,\ y_i\right]^{\mathrm{T}}$。为简便起见，把 5 个智能体所有可能的通信拓扑集合用 $\boldsymbol{G}_5=\left\{\boldsymbol{G}_{5(1)},\ \boldsymbol{G}_{5(2)},\ \boldsymbol{G}_{5(3)},\ \boldsymbol{G}_{5(4)},\ \boldsymbol{G}_{5(5)}\right\}$ 表示，如图 4.4 所示。假设在每个随机时间 $t=t_k(k=0,\ 1,\ 2,\ \cdots)$，5 个智能体的通信拓扑随机地在 $\boldsymbol{G}_5$ 中切换；$\boldsymbol{G}_5$ 中的每个有向图的通信边随机赋予有界的非负权值。

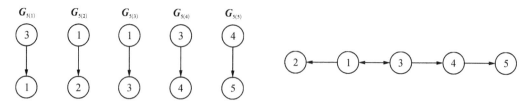

图 4.4　五个智能体所有可能的通信拓扑　　　　图 4.5　图集 $\boldsymbol{G}_5$ 的并集

显然，$\boldsymbol{G}_5$ 中的每个有向图均不含有一个有向生成树。但从图 4.4 中可知，$\boldsymbol{G}_5$ 的并集 $\bar{\boldsymbol{G}}_5$ 含有一个有向生成树，如图 4.5 所示。

给定智能体的初始状态为 $x_i(0) = 0.2i - 0.65$，$y_i(0) = 0.2i - 0.55$（$i = 1$，2，$\cdots$，5）。

图 4.6 给出了时变通信情况下多智能体系统(4.6)采用一致性算法(4.7)时的状态轨迹变化。可以看到,多智能体系统(4.6)可以在随机切换的通信拓扑下实现一致性。

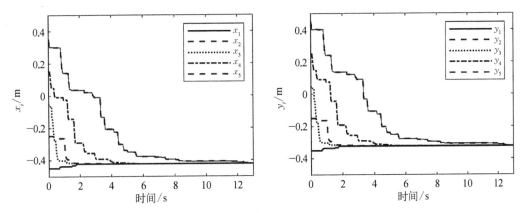

图 4.6　$G_5(t_k)$ 随机地在 $\overline{G}_5$ 中切换下的智能体状态轨迹

4.3　二阶模型的一致性理论

4.3.1　基本算法

假设二阶多智能体系统中有 n 个智能体。每个智能体的二阶模型如下:

$$\dot{\boldsymbol{x}}_i(t) = \boldsymbol{v}_i(t), \ \dot{\boldsymbol{v}}_i(t) = \boldsymbol{u}_i(t), \quad i = 1, 2, \cdots, n \tag{4.9}$$

式(4.9)中, $\boldsymbol{x}_i(t) \in \boldsymbol{R}^q$、$\boldsymbol{v}_i(t) \in \boldsymbol{R}^q$ 和 $\boldsymbol{u}_i(t) \in \boldsymbol{R}^q$ 分别表示 t 时刻智能体 i 的一阶状态变量、二阶状态变量和信息输入变量。

给出多智能体系统(4.9)一致性算法[6]为

$$\boldsymbol{u}_i(t) = -\sum_{j=1}^{n} a_{ij}\left[\alpha\left(\boldsymbol{x}_i(t) - \boldsymbol{x}_j(t)\right) + \beta\left(\boldsymbol{v}_i(t) - \boldsymbol{v}_j(t)\right)\right] \tag{4.10}$$

式(4.10)中, a_{ij} 为图 $\boldsymbol{G}$ 对应的邻接矩阵 $\boldsymbol{A} \in \boldsymbol{R}^{n \times n}$ 的第 (i, j) 项元素, α，$\beta > 0$。令 $\boldsymbol{x}(t) = [\boldsymbol{x}_1^{\mathrm{T}}(t), \boldsymbol{x}_2^{\mathrm{T}}(t), \cdots, \boldsymbol{x}_n^{\mathrm{T}}(t)]^{\mathrm{T}}$，$v(t) = [\boldsymbol{v}_1^{\mathrm{T}}(t), \boldsymbol{v}_2^{\mathrm{T}}(t), \cdots, \boldsymbol{v}_n^{\mathrm{T}}(t)]^{\mathrm{T}}$。将式(4.10)代入式(4.9)中,可以写成如下矩阵形式:

$$\begin{bmatrix} \dot{\boldsymbol{x}}(t) \\ \dot{\boldsymbol{v}}(t) \end{bmatrix} = (\tilde{\boldsymbol{L}} \otimes \boldsymbol{I}_q) \begin{bmatrix} \boldsymbol{x}(t) \\ \boldsymbol{v}(t) \end{bmatrix} \tag{4.11}$$

式(4.11)中,

$$\tilde{\boldsymbol{L}} = \begin{bmatrix} \boldsymbol{0}_n & \boldsymbol{I}_n \\ -\alpha\boldsymbol{L} & -\beta\boldsymbol{L} \end{bmatrix}$$

其中，$L \in R^{n \times n}$ 为图 G 对应的拉普拉斯矩阵，$\otimes$ 代表 Kronecker 积。

4.3.2 一致性分析

定义 4.12 如果对于任意的初始状态 $x(0)$ 和 $v(0)$ 以及所有的 $i, j = 1, 2, \cdots, n$，当 $t \to \infty$ 时，$\| x_i(t) - x_j(t) \| \to 0$ 且 $\| v_i(t) - v_j(t) \| \to 0$，则称多智能体系统(4.9)实现一致性。

引理 4.6[6] 二阶多智能体系统(4.11)实现一致性，当且仅当 $\tilde{L}$ 有一个 2 重零特征根，且其余特征根均有负实部。另外，当 $t \to \infty$ 时，$x_i(t) \to \sum_{i=1}^{n} w_i x_i(0) + t \sum_{i=1}^{n} w_i v_i(0)$，$v_i(t) \to \sum_{i=1}^{n} w_i v_i(0)$，其中 $w = [w_1, \cdots, w_n]^T \geq 0$ 满足 $\mathbf{1}_n^T w = 1$ 和 $L^T w = \mathbf{0}$。

定理 4.7 在一致性算法(4.10)作用下，多智能体系统(4.9)渐近实现一致性当且仅当图 G 含有一个有向生成树且

$$\frac{\beta^2}{\alpha} > \max_{2 \leq i \leq n} \frac{\text{Im}^2(\mu_i)}{\text{Re}(\mu_i)[\text{Re}^2(\mu_i) + \text{Im}^2(\mu_i)]} \tag{4.12}$$

式(4.12)中，$\mu_i (i = 2, \cdots, n)$ 是拉普拉斯矩阵 L 的非零特征根。特别地，当 $t \to \infty$ 时，$x_i(t) \to \sum_{i=1}^{n} w_i x_i(0) + t \sum_{i=1}^{n} w_i v_i(0)$，$v_i(t) \to \sum_{i=1}^{n} w_i v_i(0)$，其中 $w = [w_1, \cdots, w_n]^T \geq 0$ 满足 $\mathbf{1}_n^T w = 1$ 和 $L^T w = \mathbf{0}$。

证明： 由引理 4.3 可知，拉普拉斯矩阵 L 除了一个简单零特征根之外其余特征根均为正当且仅当图 G 含有一个有向生成树。由引理 4.6 可知，只需证明 $\text{Re}(\mu_i) > 0$ ($i = 2, \cdots, n$) 和式(4.12)成立当且仅当 $\text{Re}(\lambda_{ij}) < 0$ ($i = 2, \cdots, n; j = 1, 2$)，其中 λ_{ij} 是矩阵 $\tilde{L}$ 的特征根。

令 λ 为 $\tilde{L}$ 的特征根，满足特征多项式 $\det(\lambda I_{2n} - \tilde{L}) = 0$。对特征多项式进一步处理得

$$\begin{aligned} \det(\lambda I_{2n} - \tilde{L}) &= \det\begin{pmatrix} \lambda I_n & -I_n \\ \alpha L & \lambda I_n + \beta L \end{pmatrix} \\ &= \det[\lambda^2 I_n + (\alpha + \beta\lambda)L] \\ &= \prod_{i=1}^{n} [\lambda^2 + (\alpha + \beta\lambda)\mu_i] = 0 \end{aligned} \tag{4.13}$$

因此，

$$\lambda_{i1} = \frac{-\beta\mu_i + \sqrt{\beta^2\mu_i^2 - 4\alpha\mu_i}}{2}, \quad \lambda_{i2} = \frac{-\beta\mu_i - \sqrt{\beta^2\mu_i^2 - 4\alpha\mu_i}}{2}, \quad i = 2, \cdots, n \tag{4.14}$$

令 $\sqrt{\beta^2\mu_i^2 - 4\alpha\mu_i} = c + id$，其中 $c, d \in R$，$i = \sqrt{-1}$。由式(4.14)可知，$\text{Re}(\lambda_{ij}) < 0$ ($i = 2, \cdots, n; j = 1, 2$) 当且仅当 $-\beta\text{Re}(\mu_i) < c < \beta\text{Re}(\mu_i)$，即 $\text{Re}(\mu_i) > 0$ 且 $c^2 <$

$\beta^2 \operatorname{Re}^2(\mu_i)$ $(i = 2, \cdots, n)$。易知 $\beta^2\mu_i^2 - 4\alpha\mu_i = (c + \mathrm{i}d)^2$，对其分离实部和虚部，有

$$c^2 - d^2 = \beta^2[\operatorname{Re}^2(\mu_i) - \operatorname{Im}^2(\mu_i)] - 4\alpha\operatorname{Re}(\mu_i) \tag{4.15}$$
$$cd = \beta^2\operatorname{Re}(\mu_i)\operatorname{Im}(\mu_i) - 2\alpha\operatorname{Im}(\mu_i)$$

进一步计算得

$$c^4 - \{\beta^2[\operatorname{Re}^2(\mu_i) - \operatorname{Im}^2(\mu_i)] - 4\alpha\operatorname{Re}(\mu_i)\}c^2 - \operatorname{Im}^2(\mu_i)[\beta^2\operatorname{Re}(\mu_i) - 2\alpha]^2 = 0 \tag{4.16}$$

易验证 $c^2 < \beta^2\operatorname{Re}^2(\mu_i)$ 当且仅当式(4.12)成立。证毕。

4.3.3　仿真分析

考虑场景：在通信拓扑不变的情况下，4 个智能体在 X 方向运动，到某个位置集结，即 $n = 4$，$q = 1$。图 4.7 为智能体间的通信拓扑，图 G_1 和图 G_2 均含有一个有向生成树。

图 G_1 和图 G_2 对应的拉普拉矩阵分别为

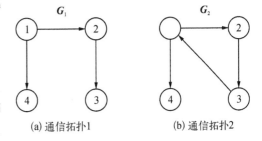

(a) 通信拓扑1　　　　　(b) 通信拓扑2

图 4.7　含有一个有向生成树的通信拓扑

$$L_1 = \begin{bmatrix} 0 & 0 & 0 & 0 \\ -1 & 1 & 0 & 0 \\ 0 & -1 & 1 & 0 \\ -1 & 0 & 0 & 1 \end{bmatrix}, \quad L_2 = \begin{bmatrix} 1 & 0 & -1 & 0 \\ -1 & 1 & 0 & 0 \\ 0 & -1 & 1 & 0 \\ -1 & 0 & 0 & 1 \end{bmatrix}$$

对于图 G_1，拉普拉斯矩阵 L_1 有一个简单零特征根，其余特征根均有正实部；应用定理 4.7 可知，对任意的 α，$\beta > 0$，多智能体系统(4.9)能够渐近地实现一致性。而对于图 G_2，拉普拉斯矩阵 L_2 的特征根分别为 1、0、$1.5 + 0.866\mathrm{i}$ 和 $1.5 - 0.866\mathrm{i}$；令 $\alpha = 1$ 时，多智能体系统(4.9)能够渐近地实现一致性，当且仅当 $\beta > 0.4082$。

给定智能体的初始状态为 $\boldsymbol{x}_i(0) = 0.2i - 0.1$，$v_i(0) = 0.1i - 0.1$ $(i = 1, 2, 3, 4)$。

图 4.8 显示了 $\alpha = 1$，$\beta = 0.4$ 时通信拓扑 G_1 作用下智能体的状态轨迹。图 4.9、图

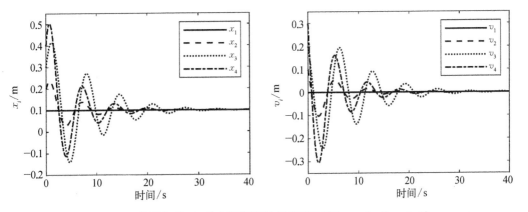

图 4.8　通信拓扑 G_1 作用下智能体的状态轨迹($\alpha = 1$，$\beta = 0.4$)

4.10 和图 4.11 分别显示了当 $\alpha = 1$，$\beta = 0.4$ 或 $\beta = 0.415$ 或 $\beta = 0.5$ 时通信拓扑 G_2 作用下智能体的状态轨迹。可以看出，算法参数的选择将影响智能体状态的收敛性质和收敛速度。图 4.8、图 4.10 和图 4.11 的参数选择符合算法要求，其对应一阶状态和二阶状态都能够收敛到与初始状态和拉普拉斯矩阵有关的初始状态的组合值。而图 4.9 对应的智能体状态会随着时间发散，无法实现一致。

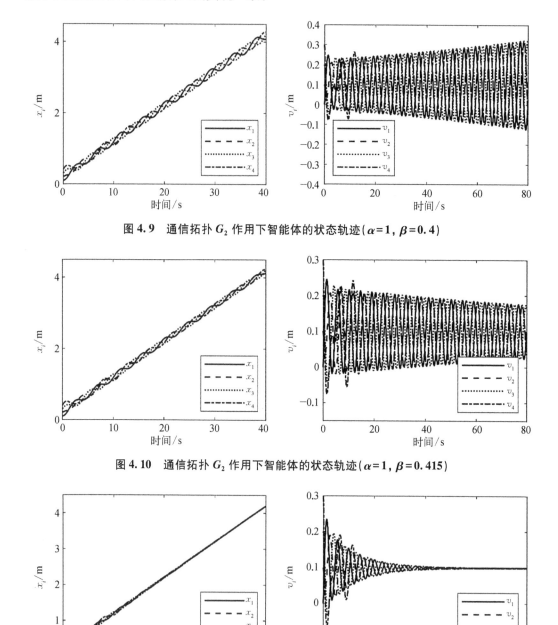

图 4.9　通信拓扑 G_2 作用下智能体的状态轨迹（$\alpha = 1$，$\beta = 0.4$）

图 4.10　通信拓扑 G_2 作用下智能体的状态轨迹（$\alpha = 1$，$\beta = 0.415$）

图 4.11　通信拓扑 G_2 作用下智能体的状态轨迹（$\alpha = 1$，$\beta = 0.5$）

4.4　异构模型的一致性理论

4.4.1　基本算法

假设异构多智能体系统中有 n 智能体,包括 m ($m<n$) 个二阶智能体和 $n-m$ 个一阶智能体。每个二阶智能体模型如下:

$$\dot{\boldsymbol{x}}_i(t) = \boldsymbol{v}_i(t) , \quad \dot{\boldsymbol{v}}_i(t) = \boldsymbol{u}_i(t) , \quad i \in \{1, \cdots, m\} \tag{4.17}$$

式(4.17)中, $\boldsymbol{x}_i(t) \in \boldsymbol{R}^q$ 、 $\boldsymbol{v}_i(t) \in \boldsymbol{R}^q$ 和 $\boldsymbol{u}_i(t) \in \boldsymbol{R}^q$ 分别表示 t 时刻智能体 i 的一阶状态变量、二阶状态变量和信息输入变量。每个一阶智能体的模型如下:

$$\dot{\boldsymbol{x}}_i(t) = \boldsymbol{u}_i(t) , \quad i \in \{m+1, \cdots, n\} \tag{4.18}$$

给出异构多智能体系统(4.17~4.18)的一致性算法[7]为

$$\boldsymbol{u}_i(t) = \begin{cases} -\sum_{j=1}^{n} a_{ij}[\boldsymbol{x}_i(t) - \boldsymbol{x}_j(t)] - k_1 \boldsymbol{v}_i(t) , & i \in \{1, \cdots, m\} \\ -k_2 \sum_{j=1}^{n} a_{ij}[\boldsymbol{x}_i(t) - \boldsymbol{x}_j(t)] , & i \in \{m+1, \cdots, n\} \end{cases} \tag{4.19}$$

式(4.19)中, a_{ij} 为图 $\boldsymbol{G}$ 对应的邻接矩阵 $\boldsymbol{A} \in \boldsymbol{R}^{n \times n}$ 的第 (i, j) 项元素, $k_1, k_2 > 0$ 。

4.4.2　一致性分析

定义 4.13　如果对于任意的初始状态 $\boldsymbol{x}(0)$ 和 $\boldsymbol{v}(0)$,当 $t \rightarrow \infty$ 时, $\| \boldsymbol{x}_i(t) - \boldsymbol{x}_j(t) \| \rightarrow 0$ ($i, j = 1, 2, \cdots, n$) 且 $\| \boldsymbol{v}_i(t) - \boldsymbol{v}_j(t) \| \rightarrow 0$ ($i, j = 1, 2, \cdots, m$),则称异构多智能体系统(4.17)~(4.18)实现一致性。

定理 4.8　当图 $\boldsymbol{G}$ 是无向连通的,在一致性算法(4.19)作用下,异构多智能体系统(4.17)~(4.18)能够实现一致性。

证明: 选取 Lyapunov 函数,

$$W(t) = \sum_{i=1}^{n} \sum_{j=1}^{n} a_{ij} \frac{\| \boldsymbol{x}_i(t) - \boldsymbol{x}_j(t) \|^2}{2} + \sum_{i=1}^{m} \| \boldsymbol{v}_i(t) \|^2 \tag{4.20}$$

显然,当 $\boldsymbol{x}(0) \neq \boldsymbol{0}$ 且 $\boldsymbol{v}(0) \neq \boldsymbol{0}$ 时, $W(t) > 0$ 。对 $W(t)$ 求导有

$$\begin{aligned} \dot{W}(t) &= \sum_{i=1}^{n} \sum_{j=1}^{n} a_{ij}[\boldsymbol{x}_j(t) - \boldsymbol{x}_i(t)]^{\mathrm{T}}[\dot{\boldsymbol{x}}_j(t) - \dot{\boldsymbol{x}}_i(t)] + 2\sum_{i=1}^{m} \boldsymbol{v}_i^{\mathrm{T}}(t)\dot{\boldsymbol{v}}_i(t) \\ &= \sum_{i=1}^{m} \sum_{j=1}^{m} a_{ij}[\boldsymbol{x}_j(t) - \boldsymbol{x}_i(t)]^{\mathrm{T}}[\boldsymbol{v}_j(t) - \boldsymbol{v}_i(t)] \\ &\quad + \sum_{i=1}^{m} \sum_{j=m+1}^{n} a_{ij}[\boldsymbol{x}_j(t) - \boldsymbol{x}_i(t)]^{\mathrm{T}}[\dot{\boldsymbol{x}}_j(t) - \boldsymbol{v}_i(t)] \\ &\quad + \sum_{i=m+1}^{n} \sum_{j=1}^{m} a_{ij}[\boldsymbol{x}_j(t) - \boldsymbol{x}_i(t)]^{\mathrm{T}}[\boldsymbol{v}_j(t) - \dot{\boldsymbol{x}}_i(t)] \end{aligned}$$

$$+ \sum_{i=m+1}^{n} \sum_{j=m+1}^{n} a_{ij} [\boldsymbol{x}_j(t) - \boldsymbol{x}_i(t)]^{\mathrm{T}} [\dot{\boldsymbol{x}}_j(t) - \dot{\boldsymbol{x}}_i(t)]$$

$$+ 2 \sum_{i=1}^{m} \boldsymbol{v}_i^{\mathrm{T}}(t) \left\{ \sum_{j=1}^{n} a_{ij} [\boldsymbol{x}_j(t) - \boldsymbol{x}_i(t)] - k_1 \boldsymbol{v}_i(t) \right\} \tag{4.21}$$

由于 $\boldsymbol{A}$ 是对称矩阵,有

$$\sum_{i=1}^{m} \sum_{j=1}^{m} a_{ij} [\boldsymbol{x}_j(t) - \boldsymbol{x}_i(t)]^{\mathrm{T}} [\boldsymbol{v}_j(t) - \boldsymbol{v}_i(t)] = -2 \sum_{i=1}^{m} \sum_{j=1}^{m} a_{ij} [\boldsymbol{x}_j(t) - \boldsymbol{x}_i(t)]^{\mathrm{T}} \boldsymbol{v}_i(t)$$

$$\sum_{i=m+1}^{n} \sum_{j=1}^{m} a_{ij} [\boldsymbol{x}_j(t) - \boldsymbol{x}_i(t)]^{\mathrm{T}} [\boldsymbol{v}_j(t) - \dot{\boldsymbol{x}}_i(t)] = \sum_{i=1}^{m} \sum_{j=m+1}^{n} a_{ij} [\boldsymbol{x}_j(t) - \boldsymbol{x}_i(t)]^{\mathrm{T}} [\dot{\boldsymbol{x}}_j(t) - \boldsymbol{v}_i(t)]$$

$$\sum_{i=m+1}^{n} \sum_{j=m+1}^{n} a_{ij} [\boldsymbol{x}_j(t) - \boldsymbol{x}_i(t)]^{\mathrm{T}} [\dot{\boldsymbol{x}}_j(t) - \dot{\boldsymbol{x}}_i(t)] = 2 \sum_{i=m+1}^{n} \sum_{j=m+1}^{n} a_{ij} [\boldsymbol{x}_j(t) - \boldsymbol{x}_i(t)]^{\mathrm{T}} \dot{\boldsymbol{x}}_j(t)$$

$$\tag{4.22}$$

因此,

$$\begin{aligned}
\dot{W}(t) &= -2k_1 \sum_{i=1}^{m} \boldsymbol{v}_i^{\mathrm{T}}(t) \boldsymbol{v}_i(t) + 2 \sum_{i=1}^{m} \sum_{j=m+1}^{n} a_{ij} [\boldsymbol{x}_j(t) - \boldsymbol{x}_i(t)]^{\mathrm{T}} \dot{\boldsymbol{x}}_j(t) \\
&\quad + 2 \sum_{i=m+1}^{n} \sum_{j=m+1}^{n} a_{ij} [\boldsymbol{x}_j(t) - \boldsymbol{x}_i(t)]^{\mathrm{T}} \dot{\boldsymbol{x}}_j(t) \\
&= -2k_1 \sum_{i=1}^{m} \boldsymbol{v}_i^{\mathrm{T}}(t) \boldsymbol{v}_i(t) + 2 \sum_{i=1}^{n} \sum_{j=m+1}^{n} a_{ij} [\boldsymbol{x}_j(t) - \boldsymbol{x}_i(t)]^{\mathrm{T}} \dot{\boldsymbol{x}}_j(t) \\
&= -2k_1 \sum_{i=1}^{m} \boldsymbol{v}_i^{\mathrm{T}}(t) \boldsymbol{v}_i(t) - 2 \sum_{i=m+1}^{n} \dot{\boldsymbol{x}}_i^{\mathrm{T}}(t) \sum_{j=1}^{n} a_{ij} [\boldsymbol{x}_j(t) - \boldsymbol{x}_i(t)] \\
&= -2k_1 \sum_{i=1}^{m} \| \boldsymbol{v}_i(t) \|^2 - \frac{2}{k_2} \sum_{i=m+1}^{n} \| \dot{\boldsymbol{x}}_i(t) \|^2 \\
&\leqslant 0
\end{aligned} \tag{4.23}$$

定义不变集 $\boldsymbol{S} = \{ (\boldsymbol{x}_1, \boldsymbol{v}_1, \cdots, \boldsymbol{x}_m, \boldsymbol{v}_m, \boldsymbol{x}_{m+1}, \cdots, \boldsymbol{x}_n) \mid \dot{W}(t) = 0 \}$。注意, $\dot{W}(t) = 0$ 意味着 $\boldsymbol{v}_i = \boldsymbol{0}$ $(i = 1, 2, \cdots, m)$, $\dot{\boldsymbol{x}}_i = \boldsymbol{0}$ $(i = 1, 2, \cdots, n)$, 这反过来又意味着 $\sum_{j=1}^{n} a_{ij} (\boldsymbol{x}_j - \boldsymbol{x}_i) = \boldsymbol{0}$ $(i = 1, 2, \cdots, n)$。显然, $\sum_{i=1}^{n} \boldsymbol{x}_i^{\mathrm{T}} \sum_{j=1}^{n} a_{ij} (\boldsymbol{x}_j - \boldsymbol{x}_i) = 0$ 成立。由于 $\boldsymbol{G}$ 是无向连通的,则 $\sum_{i=1}^{n} \sum_{j=1}^{n} a_{ij} \| \boldsymbol{x}_j - \boldsymbol{x}_i \|^2 = 0$, 这表明对于所有 $i, j = 1, 2, \cdots, n$ 都有 $\boldsymbol{x}_i = \boldsymbol{x}_j$ 成立。由 Lasalle 不变集原理可知:

$$\begin{aligned}
&\lim_{t \to \infty} \| \boldsymbol{x}_i(t) - \boldsymbol{x}_j(t) \| = 0, \quad i, j = 1, 2, \cdots, n \\
&\lim_{t \to \infty} \| \boldsymbol{v}_i(t) \| = 0, \quad i = 1, 2, \cdots, m
\end{aligned} \tag{4.24}$$

证毕。

4.4.3 仿真分析

考虑场景：在通信拓扑不变的情况下，6 个智能体在 X 方向运动，到某个位置集结，即 $n = 6$，$q = 1$。图 4.12 为异构智能体间的通信拓扑，其中智能体 1 至智能体 4 为二阶模型，智能体 5 和智能体 6 为一阶模型。

图 4.12 中的通信拓扑所对应的拉普拉斯矩阵为

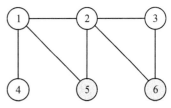

$$L = \begin{bmatrix} 3 & -1 & 0 & -1 & -1 & 0 \\ -1 & 4 & -1 & 0 & -1 & -1 \\ 0 & -1 & 2 & 0 & 0 & -1 \\ -1 & 0 & 0 & 1 & 0 & 0 \\ -1 & -1 & 0 & 0 & 2 & 0 \\ 0 & -1 & -1 & 0 & 0 & 2 \end{bmatrix}$$

图 4.12 无向连通的异构智能体通信拓扑

给定智能体的初始状态为 $\boldsymbol{x}_i(0) = 0.2i - 0.1$，$\boldsymbol{v}_i(0) = 0.05i$（$i = 1, 2, \cdots, 6$）。取 $k_1 = k_2 = 1$。

图 4.13 显示在图 4.12 所描述的通信拓扑作用下，6 个模型不完全相同的智能体状态轨迹变化。可以看出，异构多智能体系统实现了一致性。

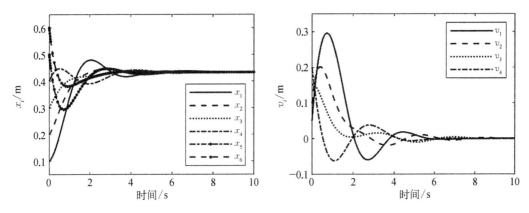

图 4.13 异构智能体的状态轨迹

4.5 通用模型的一致性理论

4.5.1 基本算法

假设多智能体系统中有 n 个基于通用模型的智能体。每个智能体的通用模型如下：

$$\dot{\boldsymbol{x}}_i(t) = \boldsymbol{A}\boldsymbol{x}_i(t) + \boldsymbol{B}\boldsymbol{u}_i(t), \quad i = 1, 2, \cdots, n \tag{4.25}$$

式（4.25）中，$\boldsymbol{x}_i(t) \in \boldsymbol{R}^q$ 和 $\boldsymbol{u}_i(t) \in \boldsymbol{R}^p$ 分别表示 t 时刻智能体 i 的状态变量和信息输入变量。

给出多智能体系统(4.25)一致性算法[8]为

$$\boldsymbol{u}_i(t) = -c\boldsymbol{K}\sum_{j=1}^{n}\alpha_{ij}\big[\boldsymbol{x}_i(t) - \boldsymbol{x}_j(t)\big] \tag{4.26}$$

式(4.26)中,α_{ij} 为图 G 对应的邻接矩阵 $\boldsymbol{A} \in \boldsymbol{R}^{n \times n}$ 的第 (i, j) 项元素,$c > 0$,$\boldsymbol{K} \in \boldsymbol{R}^{p \times q}$ 为待设计的反馈增益矩阵。令 $\boldsymbol{x}(t) = [\boldsymbol{x}_1^{\mathrm{T}}(t), \boldsymbol{x}_2^{\mathrm{T}}(t), \cdots, \boldsymbol{x}_n^{\mathrm{T}}(t)]^{\mathrm{T}}$。将式(4.25)代入式(4.26)中,可以写成如下矩阵形式:

$$\dot{\boldsymbol{x}}(t) = (\boldsymbol{I}_n \otimes \boldsymbol{A} - c\boldsymbol{L} \otimes \boldsymbol{B}\boldsymbol{K})\boldsymbol{x}(t) \tag{4.27}$$

式(4.27)中,$\boldsymbol{L} \in \boldsymbol{R}^{n \times n}$ 为图 G 对应的拉普拉斯矩阵,$\otimes$ 代表 Kronecker 积。

4.5.2 一致性分析

定义 4.14 如果对于任意的初始状态 $\boldsymbol{x}(0)$ 以及所有的 $i, j = 1, 2, \cdots, n$,当 $t \to \infty$ 时,$\| \boldsymbol{x}_i(t) - \boldsymbol{x}_j(t) \| \to 0$,则称多智能体系统(4.25)实现一致性。

定理 4.9 当图 G 含有一个有向生成树且 $(\boldsymbol{A}, \boldsymbol{B})$ 是可镇定的,对于任意给定的常数 $c > 0$,设计反馈增益矩阵 $\boldsymbol{K}$ 满足 $\boldsymbol{K} = \boldsymbol{B}^{\mathrm{T}}\boldsymbol{P}$,其中对称正定矩阵 $\boldsymbol{P} \in \boldsymbol{R}^q$ 满足:

$$\boldsymbol{A}^{\mathrm{T}}\boldsymbol{P} + \boldsymbol{P}\boldsymbol{A} - 2c\lambda_2(\boldsymbol{L})\boldsymbol{P}\boldsymbol{B}\boldsymbol{B}^{\mathrm{T}}\boldsymbol{P} < 0 \tag{4.28}$$

则在算法(4.26)的作用下,多智能体系统(4.25)能够实现一致性,且对于所有 $i = 1, \cdots, n$,当 $t \to \infty$ 时有

$$\boldsymbol{x}_i(t) \to (\boldsymbol{r}^{\mathrm{T}} \otimes \mathrm{e}^{At})\begin{bmatrix} \boldsymbol{x}_1(0) \\ \vdots \\ \boldsymbol{x}_n(0) \end{bmatrix} \tag{4.29}$$

其中,$\boldsymbol{r} \in \boldsymbol{R}^{n \times 1}$ 满足 $\boldsymbol{r}^{\mathrm{T}}\boldsymbol{L} = \boldsymbol{0}$ 和 $\boldsymbol{r}^{\mathrm{T}}\mathbf{1}_n = 1$。

证明: 选取辅助变量,

$$\boldsymbol{\delta}(t) = \boldsymbol{x}(t) - (\mathbf{1}_n\boldsymbol{r}^{\mathrm{T}} \otimes \boldsymbol{I}_q)\boldsymbol{x}(t) \tag{4.30}$$

式(4.30)中,$\boldsymbol{\delta}(t) = [\boldsymbol{\delta}_1^{\mathrm{T}}(t), \cdots, \boldsymbol{\delta}_n^{\mathrm{T}}(t)]^{\mathrm{T}}$,$\boldsymbol{r}^{\mathrm{T}} = [r_1, \cdots, r_n] \in \boldsymbol{R}^{1 \times n}$ 为拉普拉斯矩阵 $\boldsymbol{L}$ 零特征根所对应的左特征向量,其满足 $\boldsymbol{r}^{\mathrm{T}}\mathbf{1}_n = 1$。式(4.30)等价于

$$\boldsymbol{\delta}(t) = (\boldsymbol{F} \otimes \boldsymbol{I}_q)\boldsymbol{x}(t) \tag{4.31}$$

其中,

$$\boldsymbol{F} = \boldsymbol{I}_n - \mathbf{1}_n\boldsymbol{r}^{\mathrm{T}} = \begin{bmatrix} 1 - r_1 & -r_2 & \cdots & -r_n \\ -r_1 & 1 - r_2 & \cdots & -r_n \\ \cdots & \cdots & \cdots & \cdots \\ -r_1 & -r_2 & \cdots & 1 - r_n \end{bmatrix}$$

显然,0 是 $\boldsymbol{F}$ 的简单特征根,其对应的右特征向量为 $\mathbf{1}_n$,1 是 $\boldsymbol{F}$ 的 $n - 1$ 重根。由式

(4.31)可知，$\boldsymbol{\delta}(t) = \mathbf{0}$ 当且仅当 $\boldsymbol{x}_1(t) = \cdots = \boldsymbol{x}_n(t)$。因此多智能体系统(4.25)一致性问题被实现当且仅当 $t \to \infty$ 时 $\boldsymbol{\delta}(t) \to 0$。

令矩阵 $\boldsymbol{U} \in \boldsymbol{R}^{n \times (n-1)}$，$\boldsymbol{W} \in \boldsymbol{R}^{(n-1) \times n}$，$\boldsymbol{T} \in \boldsymbol{R}^{n \times n}$ 和上三角矩阵 $\boldsymbol{\Delta} \in \boldsymbol{R}^{(n-1) \times (n-1)}$ 满足：

$$\boldsymbol{T} = \begin{bmatrix} \mathbf{1}_n & \boldsymbol{U} \end{bmatrix}, \quad \boldsymbol{T}^{-1} = \begin{bmatrix} \boldsymbol{r}^{\mathrm{T}} \\ \boldsymbol{W} \end{bmatrix}, \quad \boldsymbol{T}^{-1} \boldsymbol{L} \boldsymbol{T} = \boldsymbol{J} = \begin{bmatrix} \mathbf{0} & \mathbf{0}_{1 \times n} \\ \mathbf{0}_{n \times 1} & \boldsymbol{\Delta} \end{bmatrix} \tag{4.32}$$

式(4.32)中，$\boldsymbol{\Delta}$ 的对角元素为 $\boldsymbol{L}$ 的非零特征根。引入变换：

$$\boldsymbol{\varepsilon}(t) = (\boldsymbol{T}^{-1} \otimes \boldsymbol{I}_q) \boldsymbol{\delta}(t) \tag{4.33}$$

式(4.33)中，$\boldsymbol{\varepsilon}(t) = \begin{bmatrix} \boldsymbol{\varepsilon}_1^{\mathrm{T}}(t), & \cdots, & \boldsymbol{\varepsilon}_n^{\mathrm{T}}(t) \end{bmatrix}^{\mathrm{T}}$。则结合式(4.30)~式(4.33)，式(4.27)可转换为如下系统：

$$\dot{\boldsymbol{\varepsilon}}(t) = (\boldsymbol{I}_n \otimes \boldsymbol{A} - c\boldsymbol{J} \otimes \boldsymbol{B}\boldsymbol{K}) \boldsymbol{\varepsilon}(t) \tag{4.34}$$

由式(4.30)可知，

$$\boldsymbol{\varepsilon}_1(t) = (\boldsymbol{r}^{\mathrm{T}} \otimes \boldsymbol{I}_q) \boldsymbol{\delta}(t) = \begin{bmatrix} (\boldsymbol{r}^{\mathrm{T}} \boldsymbol{F}) \otimes \boldsymbol{I}_q \end{bmatrix} \boldsymbol{x}(t) \equiv \mathbf{0} \tag{4.35}$$

注意，式(4.34)的状态矩阵是分块对角矩阵或者分块上三角矩阵。因此，$\boldsymbol{\varepsilon}_i(t)$ $(i = 2, \cdots, n)$ 渐近收敛于 0 当且仅当沿着对角线的 $n-1$ 个子系统 $\dot{\boldsymbol{\varepsilon}}_i(t) = (\boldsymbol{A} - c\lambda_i \boldsymbol{B}\boldsymbol{K}) \boldsymbol{\varepsilon}_i(t)$ $(i = 2, \cdots, n)$ 是渐近稳定的，即所有矩阵 $\boldsymbol{A} - c\lambda_i \boldsymbol{B}\boldsymbol{K}$ $(i = 2, \cdots, n)$ 是 Hurwitz 的。通过上述变换，多智能体系统(4.25)的一致性问题等价于子系统 $\dot{\boldsymbol{\varepsilon}}_i(t) = (\boldsymbol{A} - c\lambda_i \boldsymbol{B}\boldsymbol{K}) \boldsymbol{\varepsilon}_i(t)$ $(i = 2, \cdots, n)$ 的渐近稳定问题。

对每个子系统 $\dot{\boldsymbol{\varepsilon}}_i(t) = (\boldsymbol{A} - c\lambda_i \boldsymbol{B}\boldsymbol{K}) \boldsymbol{\varepsilon}_i(t)$ $(i = 2, \cdots, n)$，选取 Lyapunov 函数：

$$W_i = \boldsymbol{\varepsilon}_i^{\mathrm{T}}(t) \boldsymbol{P} \boldsymbol{\varepsilon}_i(t) \tag{4.36}$$

其中，$\boldsymbol{P} > 0$ 为对称正定矩阵。对式(4.36)求导，有

$$\begin{aligned} \dot{W}_i &= \boldsymbol{\varepsilon}_i^{\mathrm{T}}(t) (\boldsymbol{P}\boldsymbol{A} + \boldsymbol{A}^{\mathrm{T}}\boldsymbol{P} - c\lambda_i \boldsymbol{P}\boldsymbol{B}\boldsymbol{K} - c\lambda_i \boldsymbol{K}^{\mathrm{T}}\boldsymbol{B}^{\mathrm{T}}\boldsymbol{P}) \boldsymbol{\varepsilon}_i(t) \\ &= \boldsymbol{\varepsilon}_i^{\mathrm{T}}(t) (\boldsymbol{P}\boldsymbol{A} + \boldsymbol{A}^{\mathrm{T}}\boldsymbol{P} - 2c\lambda_i \boldsymbol{P}\boldsymbol{B}\boldsymbol{B}^{\mathrm{T}}\boldsymbol{P}) \boldsymbol{\varepsilon}_i(t) \\ &\leqslant \boldsymbol{\varepsilon}_i^{\mathrm{T}}(t) (\boldsymbol{P}\boldsymbol{A} + \boldsymbol{A}^{\mathrm{T}}\boldsymbol{P} - 2c\lambda_2 \boldsymbol{P}\boldsymbol{B}\boldsymbol{B}^{\mathrm{T}}\boldsymbol{P}) \boldsymbol{\varepsilon}_i(t) \end{aligned} \tag{4.37}$$

由于 $\boldsymbol{P}$ 满足式(4.28)，则 $\dot{W}_i < 0$ $(i = 2, \cdots, n)$。因此，所有子系统 $\dot{\boldsymbol{\varepsilon}}_i(t) = (\boldsymbol{A} - c\lambda_i \boldsymbol{B}\boldsymbol{K}) \boldsymbol{\varepsilon}_i(t)$ $(i = 2, \cdots, n)$ 都是渐近稳定的，此时多智能体系统(4.25)能够实现一致性。

接下来，证明式(4.29)。式(4.27)的解析解为

$$\begin{aligned} \boldsymbol{x}(t) &= \mathrm{e}^{(\boldsymbol{I}_n \otimes \boldsymbol{A} - c\boldsymbol{L} \otimes \boldsymbol{B}\boldsymbol{K})t} \boldsymbol{x}(0) \\ &= (\boldsymbol{T} \otimes \boldsymbol{I}_n) \mathrm{e}^{(\boldsymbol{I}_n \otimes \boldsymbol{A} - c\boldsymbol{J} \otimes \boldsymbol{B}\boldsymbol{K})t} (\boldsymbol{T}^{-1} \otimes \boldsymbol{I}_n) \boldsymbol{x}(0) \\ &= (\boldsymbol{T} \otimes \boldsymbol{I}_q) \begin{bmatrix} \mathrm{e}^{\boldsymbol{A}t} & \mathbf{0}_{q \times (n-1)q} \\ \mathbf{0}_{(n-1)q \times q} & \mathrm{e}^{(\boldsymbol{I}_{n-1} \otimes \boldsymbol{A} - c\boldsymbol{\Delta} \otimes \boldsymbol{B}\boldsymbol{K})t} \end{bmatrix} (\boldsymbol{T}^{-1} \otimes \boldsymbol{I}_q) \boldsymbol{x}(0) \end{aligned} \tag{4.38}$$

由于所有矩阵 $\boldsymbol{A} - c\lambda_i\boldsymbol{BK}$ $(i = 2, \cdots, n)$ 是 Hurwitz 的，可知 $\boldsymbol{I}_{n-1} \otimes \boldsymbol{A} - c\boldsymbol{\Delta} \otimes \boldsymbol{BK}$ 是 Hurwitz 的。因此，当 $t \to \infty$ 时，

$$\mathrm{e}^{(\boldsymbol{I}_n \otimes \boldsymbol{A} - c\boldsymbol{\Delta} \otimes \boldsymbol{BK})t} \to (\boldsymbol{1}_n \otimes \boldsymbol{I}_q)\mathrm{e}^{\boldsymbol{A}t}(\boldsymbol{r}^{\mathrm{T}} \otimes \boldsymbol{I}_q) = (\boldsymbol{1}_n\boldsymbol{r}^{\mathrm{T}}) \otimes \mathrm{e}^{\boldsymbol{A}t} \tag{4.39}$$

由式(4.38)可知，当 $t \to \infty$ 时，

$$\boldsymbol{x}(t) \to (\boldsymbol{1}_n\boldsymbol{r}^{\mathrm{T}}) \otimes \mathrm{e}^{\boldsymbol{A}t}\boldsymbol{x}(0) \tag{4.40}$$

故对所有 $i = 1, \cdots, n$ 有式(4.29)成立。证毕。

4.5.3 仿真分析

考虑场景：在通信拓扑不变的情况下，6 个智能体在二维平面 XOY 内运动，到某个地点集结，即 $n = 6$，$q = 2$。令每个智能体的状态为 $\boldsymbol{x}_i = [x_i, y_i]^{\mathrm{T}}$。图 4.14 为智能体间的通信拓扑，该通信拓扑是有向强连通平衡图。

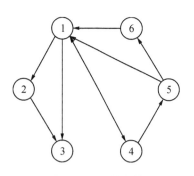

图 4.14　通信拓扑

基于图 4.14 给出的通信拓扑，其对应的拉普拉斯矩阵为

$$\boldsymbol{L} = \begin{bmatrix} 3 & 0 & 0 & -1 & -1 & -1 \\ -1 & 1 & 0 & 0 & 0 & 0 \\ -1 & -1 & 2 & 0 & 0 & 0 \\ -1 & 0 & 0 & 1 & 0 & 0 \\ 0 & 0 & 0 & -1 & 1 & 0 \\ 0 & 0 & 0 & 0 & -1 & 1 \end{bmatrix}$$

$\boldsymbol{L}$ 的非零特征根为 1、1.337 6 + 0.562 3i、1.337 6 − 0.562 3i、2 和 3.324 7。假设多智能体系统(4.26)的系统矩阵和输入矩阵分别为

$$\boldsymbol{A} = \begin{bmatrix} -2 & 2 \\ -1 & 1 \end{bmatrix}, \quad \boldsymbol{B} = \begin{bmatrix} 1 \\ 0 \end{bmatrix}$$

选取 $c = 1$。由定理 4.9 可设计得到正定对称矩阵：

$$\boldsymbol{P} = \begin{bmatrix} 5.034\ 9 & -6.653\ 6 \\ -6.653\ 6 & 10.884\ 2 \end{bmatrix}$$

其对应的反馈增益为

$$\boldsymbol{K} = \begin{bmatrix} 5.034\ 9 & -6.653\ 6 \end{bmatrix}$$

给定智能体的初始状态为 $x_i(0) = 0.2i - 0.1$，$y_i(0) = 0.2i$ $(i = 1, 2, \cdots, 6)$。

图 4.15 显示了多智能体系统(4.26)采用一致性算法(4.27)时的状态轨迹变化。显然，多智能体系统(4.26)实现了一致。

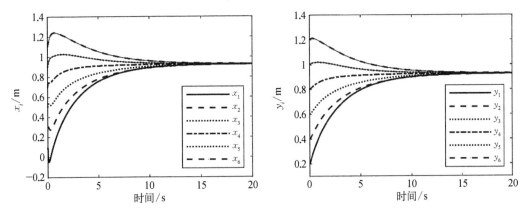

图 4.15 通用多智能体系统的状态轨迹

4.6 基于事件触发的一致性理论

在多智能体系统的一致性理论研究中,为使多个智能体能够实现状态的同步,所采取的网络化控制系统一般被设定为连续系统或者具有一定采样间隔的离散系统。无论是连续系统还是离散系统的相关研究,均默认智能体具有高频获取和计算的能力,都要求系统拥有充足的计算资源和理想的通信环境。随着多智能体系统的规模扩大、任务复杂性的提高,这种假设在现实中往往是不易实现的。

传统的网络化控制系统一般多采用周期性采样,要求时间间隔在允许范围内尽可能地小以避免部分有效信息的丢失。在工程应用中,多智能体系统的通信协议一般多采用传输控制协议(transmission control protocol, TCP)和用户数据报协议(user datagram protocol, UDP)。TCP 的传输机制类似打电话先拨号的过程,能够保证传输数据按序到达,提供可靠的服务;UDP 则尽最大努力交付,虽然效率高、适用于高速传输和实时性较高的通信传输,但不保证可靠交付。很明显,周期性采样或者两类具体的数据传输协议都会导致通信和计算资源的过度消耗。在多智能体系统中,高频的数据传输和控制输入更新会导致成本上升、通信堵塞,出现长延迟、丢包、带宽限制等现象,最终影响系统的稳定性和可靠性,使得系统表现不佳、无法实现一致性。

注意,在规模较小、复杂度不高时,连续或离散系统通信的物理实现多采用离散模拟,实际的物理模拟效果与理论研究是相一致的。这是因为系统利用了能够实现并维持系统性能的数据。这一点表明,多智能体系统利用的所有数据并不是都对系统的性能有着至关重要的影响,只要在关键节点获取有效数据就仍能保持系统原有的控制性能。因此在多智能体系统的一致性研究中,如何设计一个合适的控制方案,使得系统在满足控制表现的前提下,"机会性主义"地进行数据采样和控制输入更新,将是有效减少通信和计算资源消耗的关键。

基于上述的思想,一种与系统实时状态相关的数据采样更新模式被提出,此模式仅仅在必要的时候执行采样或更新动作来保证系统的性能,被称为事件触发采样。这种策略可以极大地提高系统的资源利用率。在分布式多智能体系统中应用事件触发采样的思想,智能体会在相关状态取值不能使系统实现一致的时刻,进行控制器的采样更新或建立智能体之间的通信连接。相比于连续通信或者周期通信的控制方案,事件触发一致性方案能够根据事件内容使控制器更新或者通信连接进行稀疏、有效、灵活地响应。事件触发一致性控制是从大规模通信、资源消耗问题的内在因素出发,在保证一致性实现的前提下,减少个体之间数据传输频率,克服通信和资源的限制并提高通信传输效率,与此同时,稀疏通信传输也能使通信网络攻击难度提高,进而提高数据的安全性。因此,事件触发一致性控制方案是复杂大规模情况下有利于系统一致性表达和资源节省的重要手段。

4.6.1 基本算法

假设一阶多智能体系统中有 n 个智能体。每个智能体的一阶模型如下:

$$\dot{\boldsymbol{x}}_i(t) = \boldsymbol{u}_i(t), \quad i = 1, 2, \cdots, n \tag{4.41}$$

式(4.41)中, $\boldsymbol{x}_i(t) \in \boldsymbol{R}^q$ 和 $\boldsymbol{u}_i(t) \in \boldsymbol{R}^q$ 分别表示 t 时刻智能体 i 的状态变量和信息输入变量。

用 t_0^i, t_1^i, $\cdots$ 表示智能体 i ($i = 1, 2, \cdots, n,$)事件触发时间序列。给定分布式事件触发一致性算法:

$$\boldsymbol{u}_i(t) = -\sum_{j=1}^{n} a_{ij}[\boldsymbol{x}_i(t_k^i) - \boldsymbol{x}_j(t_{k'(t)}^j)] \tag{4.42}$$

式(4.42)中, a_{ij} 为图 $\boldsymbol{G}$ 对应的邻接矩阵 $\boldsymbol{A} \in \boldsymbol{R}^{n \times n}$ 的第 (i, j) 项元素, $t_{k'(t)}^j \triangleq \arg\min_{l \in N}\{t - t_l^j \mid t > t_l^j\}$ 为每个 $t \in [t_k^i, t_{k+1}^i)$ 时智能体 j 的最新触发时刻。

将式(4.42)代入式(4.41)有

$$\dot{\boldsymbol{x}}(t) = -(\boldsymbol{L} \otimes \boldsymbol{I}_q)\hat{\boldsymbol{x}}(t) \tag{4.43}$$

式(4.43)中, $\hat{\boldsymbol{x}}(t) = [\hat{\boldsymbol{x}}_1^{\mathrm{T}}(t), \cdots, \hat{\boldsymbol{x}}_n^{\mathrm{T}}(t)]^{\mathrm{T}}$, $\hat{\boldsymbol{x}}_i(t) = \boldsymbol{x}_i(t_{k'(t)}^i)$ 代表智能体 i 的最新触发时刻对应的状态。

在算法(4.42)中,分布式事件触发机制设计的基础目标如图 4.16 所示,其工作过程为:事件检测器 i 对本地传感器和外部通信网络传输的信息进行采集,根据所定义的事件进行解算,判断是否满足事件触发的条件,在此基础上对触发信息的传输与否进行决策。由于在相邻的触发间隔内,多智能体系统会采用零阶保持器使得控制的输出保持为固定

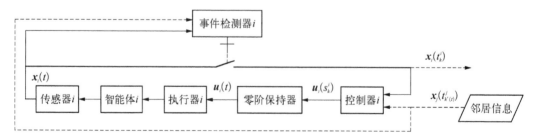

图 4.16 分布式事件触发机制

数值,因此实际上执行器 i 会得到一个分段连续的控制信号。我们将在下一小节,对具体的事件触发方案进行设计。

4.6.2　事件触发方案设计

考虑有向图 $\boldsymbol{G}$ 是强连通且平衡的情况。事件触发设计的基本要求是在算法(4.42)作用下,多智能体系统(4.41)的收敛特性仍然能被实现。因此,可以基于对多智能体系统(4.41)的动态理论分析提出合适的事件触发函数。此处,选取如下形式的 Lyapunov 函数:

$$W[\boldsymbol{x}(t)] = \frac{1}{2}[\boldsymbol{x}(t) - \bar{\boldsymbol{x}}(t)]^{\mathrm{T}}[\boldsymbol{x}(t) - \bar{\boldsymbol{x}}(t)] \tag{4.44}$$

式(4.44)中,$\bar{\boldsymbol{x}}(t) = \frac{1}{N}(\boldsymbol{1}_n^{\mathrm{T}}\boldsymbol{1}_n) \otimes \boldsymbol{I}_q \boldsymbol{x}(t)$ 为智能体状态的平均值。注意,W 是分段连续可微的,且 $\dot{W}$ 的不连续点对应于智能体事件触发时刻。对式(4.44)求导有

$$\begin{aligned}\dot{W} &= \boldsymbol{x}^{\mathrm{T}}(t)\dot{\boldsymbol{x}}(t) - \bar{\boldsymbol{x}}^{\mathrm{T}}(t)\dot{\boldsymbol{x}}(t) \\ &= -\boldsymbol{x}^{\mathrm{T}}(t)(\boldsymbol{L} \otimes \boldsymbol{I}_q)\hat{\boldsymbol{x}}(t) + \bar{\boldsymbol{x}}^{\mathrm{T}}(t)(\boldsymbol{L} \otimes \boldsymbol{I}_q)\hat{\boldsymbol{x}}(t) \\ &= -\boldsymbol{x}^{\mathrm{T}}(t)(\boldsymbol{L} \otimes \boldsymbol{I}_q)\hat{\boldsymbol{x}}(t)\end{aligned} \tag{4.45}$$

注意,式(4.45)的推导中利用了强连通平衡有向图的性质。

1. 连续检测的分布式事件触发设计

假设在每个时刻进行事件检测。定义智能体 i $(i = 1, 2, \cdots, n)$ 的测量误差为 $\boldsymbol{e}_i(t) = \hat{\boldsymbol{x}}_i(t) - \boldsymbol{x}_i(t)$,令 $\boldsymbol{e}(t) = [\boldsymbol{e}_1^{\mathrm{T}}(t), \cdots, \boldsymbol{e}_n^{\mathrm{T}}(t)]^{\mathrm{T}}$ 表示所有智能体的误差向量。式(4.45)可以表示为

$$\dot{W} = -\hat{\boldsymbol{x}}^{\mathrm{T}}(t)(\boldsymbol{L} \otimes \boldsymbol{I}_q)\hat{\boldsymbol{x}}(t) + \boldsymbol{e}^{\mathrm{T}}(t)(\boldsymbol{L} \otimes \boldsymbol{I}_q)\hat{\boldsymbol{x}}(t) \tag{4.46}$$

展开式(4.46)有

$$\dot{W} = -\sum_{i=1}^{n}\sum_{j=1}^{n}\left[\frac{1}{2}a_{ij}\|\hat{\boldsymbol{x}}_i(t) - \hat{\boldsymbol{x}}_j(t)\|^2 - a_{ij}\boldsymbol{e}_i^{\mathrm{T}}(t)(\hat{\boldsymbol{x}}_i(t) - \hat{\boldsymbol{x}}_j(t))\right] \tag{4.47}$$

利用 Young 不等式,有

$$\begin{aligned}\dot{W} &\leqslant -\sum_{i=1}^{n}\sum_{j=1}^{n}a_{ij}\left[\frac{1}{2}\|\hat{\boldsymbol{x}}_i(t) - \hat{\boldsymbol{x}}_j(t)\|^2 - \frac{\|\boldsymbol{e}_i(t)\|^2}{2\beta_i} - \frac{\beta_i\|\hat{\boldsymbol{x}}_i(t) - \hat{\boldsymbol{x}}_j(t)\|^2}{2}\right] \\ &= -\frac{1}{2}\sum_{i=1}^{n}\sum_{j=1}^{n}a_{ij}\left[(1-\beta_i)\|\hat{\boldsymbol{x}}_i(t) - \hat{\boldsymbol{x}}_j(t)\|^2 - \frac{\|\boldsymbol{e}_i(t)\|^2}{\beta_i}\right]\end{aligned} \tag{4.48}$$

式(4.48)中,$\beta_i > 0$ 为常数。不难发现,保证 Lyapunov 函数 W 是单调减函数的充分条件是对所有 $i = 1, 2, \cdots, n$,有

$$\sum_{j=1}^{n}a_{ij}\left[(1-\beta_i)\|\hat{\boldsymbol{x}}_i(t) - \hat{\boldsymbol{x}}_j(t)\|^2 - \frac{\|\boldsymbol{e}_i(t)\|^2}{\beta_i}\right] > 0 \tag{4.49}$$

即

$$\| \boldsymbol{e}_i(t) \|^2 \leqslant \frac{\beta_i(1-\beta_i)}{\sum\limits_{j=1}^{n} a_{ij}} \sum_{j=1}^{n} a_{ij} \| \hat{\boldsymbol{x}}_i(t) - \hat{\boldsymbol{x}}_j(t) \|^2 \qquad (4.50)$$

观察式(4.50)，可设计函数：

$$f_i[\boldsymbol{e}_i(t)] = \| \boldsymbol{e}_i(t) \|^2 - \sigma_i \frac{1}{4\deg_{in}(i)} \sum_{j=1}^{n} a_{ij} \| \hat{\boldsymbol{x}}_i(t) - \hat{\boldsymbol{x}}_j(t) \|^2 \qquad (4.51)$$

式(4.51)中，$\sigma_i \in (0, 1)$ $(i = 1, 2, \cdots, n)$。注意，当每个智能体 i $(i = 1, 2, \cdots, n)$ 使得 $f_i[\boldsymbol{e}_i(t)] \leqslant 0$ 在任意时刻成立时，有

$$\dot{W} \leqslant - \sum_{i=1}^{n} \frac{1-\sigma_i}{4} \sum_{j=1}^{n} a_{ij} \| \hat{\boldsymbol{x}}_i(t) - \hat{\boldsymbol{x}}_j(t) \|^2 \qquad (4.52)$$

为了最大幅度地减少触发频率，应在 $f_i[\boldsymbol{e}_i(t)] = 0$ 时使智能体 i 进行触发。但随着多智能体系统(4.41)的收敛特性实现，$\phi_i(t) = \sum\limits_{j=1}^{n} a_{ij} \| \hat{\boldsymbol{x}}_i(t) - \hat{\boldsymbol{x}}_j(t) \|^2$ 会逐渐趋向于 0，这会导致智能体 i 在自身实现一致性后进行连续地触发，使得事件触发条件的设计无效。因此，可将智能体 i 的事件触发条件设计为

$$f_i[\boldsymbol{e}_i(t)] > 0 \quad \text{或者} \quad f_i[\boldsymbol{e}_i(t)] > 0, \phi_i(t) \neq 0 \qquad (4.53)$$

当不满足式(4.53)中的任意一个条件时，智能体 i 将向邻居智能体 j 广播自身状态。由式(4.53)可知，智能体 i 的触发时刻与邻居智能体 j 的最新触发时刻状态相关。为此，在触发条件(4.53)基础上，引入邻居触发机制，即对于时刻 $t > t_k^i$，智能体 i 接收到来自邻居智能体 j 的最新触发信息，智能体 i 立刻广播自身状态，如果

$$t \in (t_k^i, t_k^i + \varepsilon_i) \qquad (4.54)$$

式(4.54)中，$\varepsilon_i > 0$ 是一个待设计参数，该参数的选择需要满足条件：

$$\varepsilon_i < \sqrt{\frac{\sigma_i}{4\deg_{in}(i) a_i^{\max} |N_i|}}$$

其中，$a_i^{\max} = \max\limits_{j \in N_i} a_{ij}$，$|N_i|$ 表示智能体 i 的邻居集合的基数。

综上所述，由触发条件(4.53)和条件(4.54)构建的多智能体系统(4.41)的分布式事件触发通信及控制算法，可描述如下。

算法 4.1[9] 在任意时刻 t，对所有智能体 i $(i = 1, 2, \cdots, n)$ 执行。

步骤 1：如果式(4.53)满足，则智能体 i 广播状态信息 $\boldsymbol{x}_i(t)$ 并更新控制信号 $\boldsymbol{u}_i(t)$。进入步骤 2。

步骤 2：如果智能体 i 接收到来自邻居智能体 $j \in N_i$ 的最新信息 $\boldsymbol{x}_j(t)$，则进入步骤

3;否则,返回步骤1。

步骤3:如果智能体 i 在任一时刻 $t' \in (t - \varepsilon_i, t)$ 已经广播过自身状态信息,则进入步骤4;否则,进入步骤5。

步骤4:智能体 i 广播信息 $\boldsymbol{x}_i(t)$,进入步骤5。

步骤5:更新控制信号。返回步骤1。

2. 分段检测的分布式事件触发设计

连续检测的分布式事件触发控制方案不符合实际的实时系统工作情况,因此提出基于分段检测的分布式事件触发机制。在该方案中,假设只在以 $h > 0$ 为间隔的采样时刻 $t_l(l = 1, 2, 3, \cdots)$ 进行事件检测并决定是否向邻居广播触发状态,其中 $t_{l+1} = t_l h + h$。显然,事件触发的最小间隔为 h。故设计如下算法。

算法 4.2[9]　在每个时刻 $t \in \{0, h, 2h, \cdots\}$,对所有智能体 i $(i = 1, 2, \cdots, n)$ 执行。

步骤1:如果式(4.53)满足,则智能体 i 广播状态信息 $\boldsymbol{x}_i(t)$ 并更新控制信号 $\boldsymbol{u}_i(t)$。进入步骤2。

步骤2:如果智能体 i 接收到来自邻居智能体 $j \in \boldsymbol{N}_i$ 的最新信息 $\boldsymbol{x}_j(t)$,则进入步骤3;否则,返回步骤1。

步骤3:更新控制信号。返回步骤1。

4.6.3　一致性分析

定理 4.10　假设有向图 $\boldsymbol{G}$ 是强连通且平衡的。在分布式事件触发协议(4.42)及分布式事件触发通信及控制算法4.1的作用下,多智能体系统(4.41)的状态指数地收敛于初始状态的平均值,即 $\lim\limits_{t \to \infty} \boldsymbol{x}(t) = \bar{\boldsymbol{x}}(0)$。

证明:由4.6.2节推导可知,事件触发条件(4.53)能够确保,

$$\dot{W} \leqslant \sum_{i=1}^{n} \frac{\sigma_i - 1}{4} \phi_i(t) \tag{4.55}$$

定义 $\sigma_{\max} = \max\limits_{i \in \{1, \cdots, n\}} \sigma_i$,则

$$\dot{W} \leqslant \frac{\sigma_{\max} - 1}{4} \sum_{i=1}^{n} \phi_i(t) = \frac{\sigma_{\max} - 1}{2} \hat{\boldsymbol{x}}^{\mathrm{T}}(t)(\boldsymbol{L} \otimes \boldsymbol{I}_q)\hat{\boldsymbol{x}}(t) \tag{4.56}$$

由于有向图 $\boldsymbol{G}$ 是强连通且平衡的,则矩阵 $\boldsymbol{L}_s = \dfrac{1}{2}(\boldsymbol{L} + \boldsymbol{L}^{\mathrm{T}})$ 是半正定的对称矩阵,0 是矩阵 $\boldsymbol{L}_s$ 的简单特征根。对所有 $\boldsymbol{x}(t)$,显然有

$$\boldsymbol{x}^{\mathrm{T}}(t)(\boldsymbol{L} \otimes \boldsymbol{I}_q)\boldsymbol{x}(t) \geqslant \lambda_2(\boldsymbol{L}_s) \| \boldsymbol{x}(t) - \bar{\boldsymbol{x}}(t) \|^2 \tag{4.57}$$

利用式(4.44)和式(4.57)可知:

$$W \leqslant \frac{1}{2\lambda_2(\boldsymbol{L}_s)} \boldsymbol{x}^{\mathrm{T}}(t)(\boldsymbol{L} \otimes \boldsymbol{I}_q)\boldsymbol{x}(t)$$

$$= \frac{1}{2\lambda_2(\boldsymbol{L}_s)}[\hat{\boldsymbol{x}}(t) - \boldsymbol{e}(t)]^{\mathrm{T}}(\boldsymbol{L} \otimes \boldsymbol{I}_q)[\hat{\boldsymbol{x}}(t) - \boldsymbol{e}(t)]$$

$$= \frac{1}{2\lambda_2(\boldsymbol{L}_s)}[\hat{\boldsymbol{x}}^{\mathrm{T}}(t)(\boldsymbol{L} \otimes \boldsymbol{I}_q)\hat{\boldsymbol{x}}(t) - 2\hat{\boldsymbol{x}}^{\mathrm{T}}(t)(\boldsymbol{L}_s \otimes \boldsymbol{I}_q)\boldsymbol{e}(t) + \boldsymbol{e}^{\mathrm{T}}(t)(\boldsymbol{L} \otimes \boldsymbol{I}_q)\boldsymbol{e}(t)]$$

$$(4.58)$$

同式(4.57),有

$$\boldsymbol{e}^{\mathrm{T}}(t)(\boldsymbol{L} \otimes \boldsymbol{I}_q)\boldsymbol{e}(t) \leqslant \lambda_N(\boldsymbol{L}_s)\parallel \boldsymbol{e}(t)\parallel^2 \leqslant \lambda_N(\boldsymbol{L}_s)\frac{\sigma_{\max}}{2\deg_{in}^{\min}}\hat{\boldsymbol{x}}^{\mathrm{T}}(t)(\boldsymbol{L} \otimes \boldsymbol{I}_q)\hat{\boldsymbol{x}}(t)$$

$$\hat{\boldsymbol{x}}^{\mathrm{T}}(t)(\boldsymbol{L}_s \otimes \boldsymbol{I}_q)\boldsymbol{e}(t) \leqslant \parallel(\boldsymbol{L}_s \otimes \boldsymbol{I}_q)\hat{\boldsymbol{x}}(t)\parallel\parallel\boldsymbol{e}(t)\parallel$$

$$\leqslant \sqrt{\lambda_N(\boldsymbol{L}_s)\hat{\boldsymbol{x}}^{\mathrm{T}}(t)(\boldsymbol{L} \otimes \boldsymbol{I}_q)\hat{\boldsymbol{x}}^{\mathrm{T}}(t)}\sqrt{\frac{\sigma_{\max}}{2\deg_{in}^{\min}}\hat{\boldsymbol{x}}^{\mathrm{T}}(t)(\boldsymbol{L} \otimes \boldsymbol{I}_q)\hat{\boldsymbol{x}}^{\mathrm{T}}(t)}$$

$$= \sqrt{\lambda_N(\boldsymbol{L}_s)\frac{\sigma_{\max}}{2\deg_{in}^{\min}}\hat{\boldsymbol{x}}^{\mathrm{T}}(t)(\boldsymbol{L} \otimes \boldsymbol{I}_q)\hat{\boldsymbol{x}}^{\mathrm{T}}(t)} \qquad (4.59)$$

式(4.59)中,$\deg_{in}^{\min} = \min\limits_{i \in \{1,\cdots,n\}}\deg_{in}(i)$。将式(4.59)代入式(4.58)可得

$$W \leqslant \gamma\hat{\boldsymbol{x}}^{\mathrm{T}}(t)(\boldsymbol{L} \otimes \boldsymbol{I}_q)\hat{\boldsymbol{x}}(t) \qquad (4.60)$$

式(4.60)中,$\gamma = \dfrac{1}{2\lambda_2(\boldsymbol{L}_s)}\left(1 + \sqrt{\lambda_N(\boldsymbol{L}_s)\dfrac{\sigma_{\max}}{2\deg_{in}^{\min}}}\right)^2$。结合式(4.57)和式(4.60),有

$$\dot{W} \leqslant \frac{\sigma_{\max} - 1}{2}\hat{\boldsymbol{x}}^{\mathrm{T}}(t)(\boldsymbol{L} \otimes \boldsymbol{I}_q)\hat{\boldsymbol{x}}(t) \leqslant \frac{\sigma_{\max} - 1}{2\gamma}W \qquad (4.61)$$

应用微分比较原理,有

$$W[\boldsymbol{x}(t)] \leqslant \mathrm{e}^{\frac{\sigma_{\max}-1}{2\gamma}t}W[\boldsymbol{x}(0)] \qquad (4.62)$$

因此,多智能体系统(4.41)的状态指数地收敛到初始状态的平均值。

定理 4.11[9] 假设有向图 $\boldsymbol{G}$ 是强连通且平衡的。令 $h > 0$ 满足:

$$\sigma_{\max} + 4ha_{\max}\mid N_{\max}\mid \leqslant 1 \qquad (4.63)$$

其中,$\sigma_{\max} = \max\limits_{i \in \{1,\cdots,n\}}\sigma_i$,$a_{\max} = \max\limits_{i \in \{1,\cdots,n\}}a_i^{\max}$,$\mid N_{\max}\mid = \max\limits_{i \in \{1,\cdots,n\}}\mid N_i\mid$。则在分布式事件触发协议(4.42)及分布式事件触发通信及控制算法 4.2 的作用下,多智能体系统(4.41)指数地收敛于初始状态的平均值。

4.6.4 可行性验证

事件触发一致性控制方案设计的关键就是在保证多智能体系统一致性的同时,避免

Zeno 行为的发生。所谓 Zeno 行为是指在有限时间内发生无限次触发;一旦 Zeno 行为发生,事件会在某个有限时间内发生连续触发,这就违背了引入事件触发的目的,因此应该尽量避免 Zeno 行为。

定理 4.12[9]（无 Zeno 行为）　假设有向图 G 是强连通且平衡的。在分布式事件触发协议(4.42)及分布式事件触发通信和控制算法 4.1 的作用下,多智能体系统(4.41)的事件不会在有限时间内发生无限次触发。

显然,基于分段检测的分布式事件触发算法 4.2 不会使得多智能体系统(4.41)发生 Zeno 行为。

4.6.5　仿真分析

考虑场景:在通信拓扑不变的情况下,5 个智能体在 X 方向运动,到某个位置集结,即 $n = 5$, $q = 1$。图 4.17 为智能体间的通信拓扑。

基于图 4.17 给出的通信拓扑,其对应的拉普拉斯矩阵为

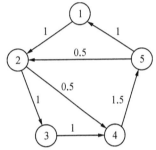

$$L = \begin{bmatrix} 1 & 0 & 0 & 0 & -1 \\ -1 & 1.5 & 0 & 0 & -0.5 \\ 0 & -1 & 1 & 0 & 0 \\ 0 & -0.5 & -1 & 1.5 & 0 \\ 0 & 0 & 0 & -1.5 & 1.5 \end{bmatrix}$$

给定智能体的初始状态为 $x(0) = [-1, 0, 2, 2, 1]^{\mathrm{T}}$。

图 4.18 显示了在连续检测的分布式事件控制方案作用

图 4.17　通信拓扑图

下智能体的实时状态和触发状态轨迹,以及 Lyapunov 函数 W 和事件触发总次数 N_E 的数值变化,其参数 $\sigma_i = 0.999$ $(i = 1, \cdots, 5)$。从图 4.18(a)和图 4.18(c)可以看出,分布式事件触发控制方案能够使得多智能体系统(4.41)实现一致性;图 4.18(b)给出了实际控制输入所采用的分段连续的触发状态变化,表明虽然每个智能体只进行了必要的触发采样,但其触发状态具有与智能体状态相同的收敛趋势,并且能够收敛到初始状态的平均值;在图 4.18(c)中,当 $t = 4\,\mathrm{s}$ 时 5 个智能体的总触发次数不超过 40 次,表明了在一致性中引入事件触发机制可以有效地减少网络通信的传输次数和控制输入的更新频率。

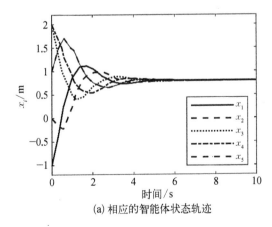

(a) 相应的智能体状态轨迹

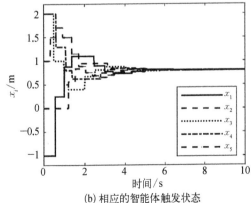

(b) 相应的智能体触发状态

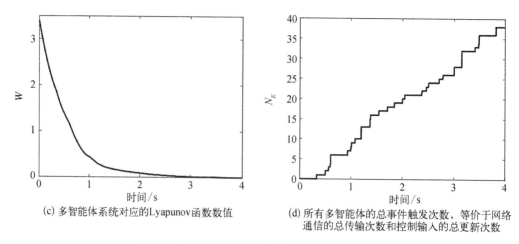

(c) 多智能体系统对应的Lyapunov函数数值

(d) 所有多智能体的总事件触发次数，等价于网络通信的总传输次数和控制输入的总更新次数

图 4.18　连续检测的分布式事件触发控制方案

图 4.19 显示了在分段检测的分布式事件控制方案作用下智能体的实时状态和触发状态轨迹，以及 Lyapunov 函数 W 和事件触发总次数 N_E 的数值变化，其分段事件检测间隔为 $h = 0.01$，参数 $\sigma_i = \sigma$ （$i = 1$，$\cdots$，5）。可以看出，算法 4.2 能够使得多智能体系统

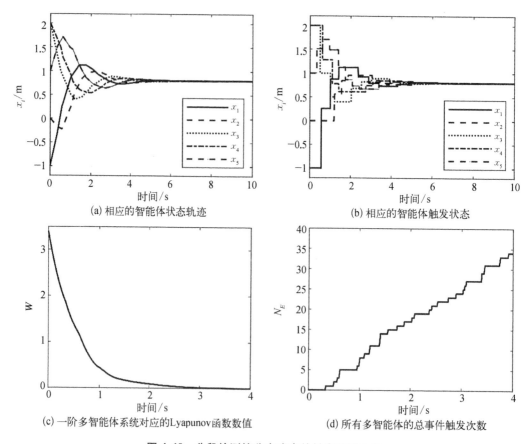

(a) 相应的智能体状态轨迹

(b) 相应的智能体触发状态

(c) 一阶多智能体系统对应的Lyapunov函数数值

(d) 所有多智能体的总事件触发次数

图 4.19　分段检测的分布式事件触发控制方案

(4.41)在实现一致性的同时,减少网络通信的传输次数和控制输入的更新频率。与此同时,还比较了分段检测的事件触发控制方案与周期采样的一致性控制方案的控制表现和事件触发总次数,如图4.20所示。图4.20表明,相比于周期采样的一致性控制方案,分段检测的事件触发控制方案能够进一步减少网络传输次数和控制输入更新频率,但其收敛速度会小幅度降低;当选取越小的 σ 时,事件触发总次数会增大,而其控制效果会相对提高。注意,即使采样间隔为 $h = 0.3$ 的一致性算法也能得到与一般一致性算法一样的结果,并且要求一个数量更少的通信传输与控制更新,但其采样间隔的选择一般依赖于初始条件,一旦采样间隔过大就会导致智能体状态的发散。

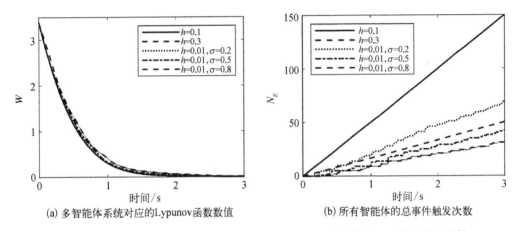

(a) 多智能体系统对应的Lypunov函数数值　　　(b) 所有智能体的总事件触发次数

图 4.20　分段检测的分布式事件触发采样与周期采样对应的控制和触发效果比较

从上述分析中可知,无论是对于连续检测还是分段检测的分布式事件触发控制方案的参数选择,均需要在一致性控制性能和触发效率之间进行权衡。

4.7　本　章　小　结

本节介绍了多智能体系统的一致性问题,主要研究包括时不变通信拓扑下基于一阶、二阶、异构和通用模型的多智能体一致性算法。针对一阶模型的多智能体系统,还给出了时变通信拓扑下的一致性算法。另外,还给出了基于事件触发机制的一致性算法设计思路和一致性分析过程。本章多智能体系统的一致性理论结果主要来自文献[4-9]。

4.8　课　后　练　习

(1)通过本章节的学习,谈一谈你对一致性的理解,并说明拉普拉斯矩阵在多智能体一致性算法中所扮演的角色和作用。

(2)在多智能体系统中,基于通用模型的一致性理论与基于一阶、二阶,甚至更高阶模型的一致性理论之间存在着哪些异同?

(3)判断基于一阶模型的多智能体系统采用如图4.21所示的通信拓扑时,能否在式

(4.7)的作用下实现一致? 如果能,请做出当通信拓扑不变的情况下,智能体在三维空间内运动(初始状态任意选取)的仿真结果,并分析拓扑结构对智能体收敛状态的影响。

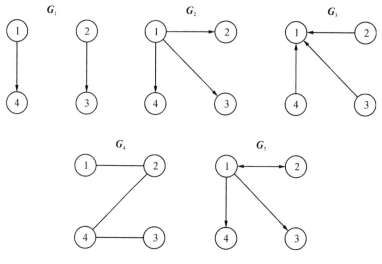

图 4.21 通信拓扑图

(4)考虑无人机飞行高度保持不变的任务场景。简单的无人机运动学模型可表示为

$$
\begin{aligned}
\dot{x}_i &= v_i \cos \theta_i \\
\dot{y}_i &= v_i \sin \theta_i \\
\dot{\theta}_i &= \omega_i
\end{aligned}
\tag{4.64}
$$

式(4.64)中,x_i 和 y_i 为惯性系下无人机 i 的坐标;$\theta_i \in (-\pi, \pi]$ 为无人机 i 的航向角;v_i 和 ω_i 分别为无人机 i 的线速度和角速度。不考虑相关的状态约束。请自行查阅动态反馈线性化技术,利用该技术对模型(4.64)进行处理,并使用 4.3 节的理论进行一致性算法的设计及仿真实现。仿真实验所使用的通信拓扑可从图 4.21 中任意选择,初始状态不限。

(5)请复现 4.4 节中的仿真结果。

(6)假设基于通用模型的多智能体系统含有 10 个智能体,每个智能体 i 的通用模型为

$$
\dot{x}_i(t) = \begin{bmatrix} 1 & 2 \\ 3 & 1 \end{bmatrix} x_i(t) + \begin{bmatrix} 1 \\ 0 \end{bmatrix} u_i(t)
\tag{4.65}
$$

请你为该多智能体系统设定合适任务场景,尝试设计其相应的通信拓扑网络和一致性算法,并做仿真。

(7)在本章的 4.4 节、4.5 节和 4.6 节中,多智能体系统的一致性算法均通过选取合适的 Lyapunov 函数,并应用定理 4.1 或定理 4.3 实现算法的一致性分析。请你尝试使用同样的方法,分析时不变通信拓扑情况下基于一阶模型和二阶模型的多智能系统一致性算法,给出具体的推导过程及结论。

(8)请自行查阅并了解任意一种多智能体系统事件触发一致性控制方案,搞清楚其

工作原理,并画出流程图。

(9) 请了解时变通信拓扑的设定给多智能体系统一致性算法的设计和分析带来哪些难点? 如果在 4.6 节中考虑时变通信拓扑的情况,算法 4.1 和算法 4.2 可能会有哪些变动?

(10) 一致性是多智能体系统协同控制的基础问题。请通过查阅文献书籍等方式,了解一致性的衍生理论及其实际应用。

参考文献

[1] HORN R A, JOHNSON C R. 矩阵分析[M]. 2 版. 北京:人民邮电出版社,2015.

[2] GODSIL C, ROYLE G. Algebraic graph theory[M]. New York:Springer, 2001.

[3] KHALIL H K. 非线性系统[M]. 北京:电子工业出版社,2019.

[4] REN W, BEARD R W. 多航行体协同控制中的分布式一致性[M]. 北京:电子工业出版社,2014.

[5] OLFATI-SABER R, MURRAY R M. Consensus problems in networks of agents with switching topology and time-delays[J]. IEEE Transactions on Automatic Control, 2004, 49(9):1520 – 1533.

[6] YU W W, CHEN G R, CAO M. Some necessary and sufficient conditions for second-order consensus in multi-agent dynamical systems[J]. Automatica, 2010, 46(6):1089 – 1095.

[7] ZHENG Y S, ZHU Y, WANG L. Consensus of heterogeneous multi-agent systems[J]. IET Control Theory and Applications, 2011, 5(16):1881 – 1888.

[8] LI Z K, DUAN Z S, CHEN G R, et al. Consensus of multiagent systems and synchronization of complex networks:a unified viewpoint[J]. IEEE Transactions on Circuits and Systems I-Regular Papers, 2010, 57(1):213 – 224.

[9] NOWZARI C, CORTÉS J. Distributed event-triggered coordination for average consensus on weight-balanced digraphs[J]. Automatica, 2016, 68:237 – 244.

第 5 章
无人机集群任务分配技术

  无人机集群任务分配是集群协同作战的关键技术,通过集群任务分配能够发挥无人机低成本、机动灵活、易于配置、协同作战等优势。本章将从无人机集群任务分配典型场景出发,建立任务分配模型,结合协同作战任务执行过程中的特点介绍两种典型的集群任务分配问题,即集中式任务分配和分布式任务分配。本章具体安排如下:5.1 节给出了集群任务分配典型场景;5.2 节介绍了集群任务分配多数学模型;5.3 节介绍了集中式任务分配问题和算法;5.4 节介绍了分布式任务分配问题和算法;5.5 节为本章的小节;5.6 节给出了本章的课后练习题。

【学习要点】
- 掌握:① 集群任务分配的应用场景;② 集群任务分配问题的数学模型。
- 熟悉:① 集中式任务分配算法;② 基于合同网的分布式任务分配算法。
- 了解:集中式任务分配的其他算法以及分布式任务分配的其他算法。

5.1 集群任务分配场景描述

5.1.1 典型任务场景

  无人机集群系统采用了先进的"网络中心战"概念,具备在复杂战场环境下多机智能组网、自主搜索识别目标、区域压制封控、精确饱和攻击等协同作战能力。集群在任务区域内持续飞行,各无人机通过自身传感器实时获取战场信息并通过无线通信链路与其他无人机进行信息交换,整个作战过程中由地面指控平台对集群进行状态监控和毁伤评估。集群的典型任务场景包括:灰色区域侦察-打击-评估、防空阵地封控压制、关键目标的集群饱和攻击。

5.1.1.1 灰色区域侦察-打击-评估

  图 5.1 展示载机和多架无人机于灰色区域侦察-打击-评估(察打评一体)任务的场景,载机携带多架察打评一体无人机,无人机采用复合式传感器和模块化战斗部,执行目标区域协同搜索、侦察识别、目标定位、协同打击、引导攻击和毁伤评估任务,并将高价值

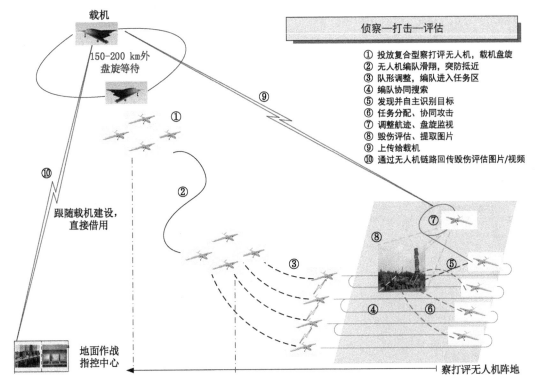

图 5.1　灰色区域侦察打击评估示意图

目标定位信息、侦察与评估图片和视频通过载机回传至远程作战指挥中心。

第一阶段：载机投放自主识别察打评无人机,集群编队飞抵目标区域,载机盘旋等待任务执行。

第二阶段：察打评无人机集群到达指定区域集结,自主完成灰色区域内目标协同侦察、准确定位、攻击决策、协同攻击和评估任务。

第三阶段：集群对战场态势和毁伤效果进行侦察评估,通过载机将侦察评估图片和视频回传到远程管控中心,透明化战场态势,实时掌握集群系统作战效果。

5.1.1.2　防空阵地封控压制

图 5.2 展示载机和多架无人机对敌方防空阵地封控-压制任务的场景,作战集群由多架电子侦察型无人机和多架察打评型无人机对敌防空系统执行防空压制作战,为后续载机空中进攻和空地打击开辟安全通道。

第一阶段：载机隐身突防到威胁区域防区外,投放电子侦察引导型无人机实现雷达目标定位,缩小目标区域,载机滞空盘旋等待。

第二阶段：载机收到电子侦察引导型无人机目标定位信息,经任务规划投放察打评型无人机集群,并由电子侦察引导型无人机引导其飞抵最新目标区域。

第三阶段：察打评型无人机集群编队搜索、组网侦察、自主检测辨别和协同攻击目标完成防空火力压制,并对战场态势和毁伤效果进行评估。通过电子侦察引导型无人机中继战场态势信息至载机,再经载机发送到远程管控中心,透明化战场态势,经指控人员辅

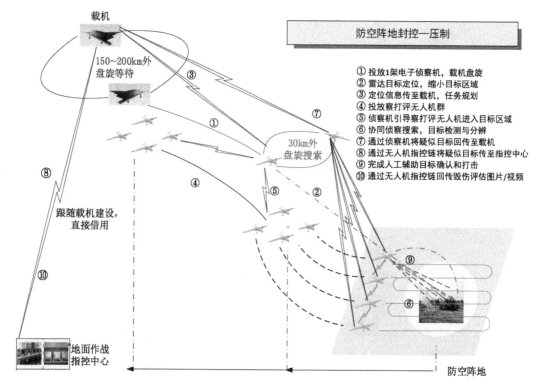

图 5.2 防空阵地封控压制作战示意图

助确认后实现对目标的精确打击,实时掌握对敌防空阵地封控压制作战效果。

5.1.1.3 关键目标集群饱和攻击

图 5.3 展示无人机集群对敌方关键目标饱和攻击的场景,载机携带多架自主识别打击型无人机对敌隐蔽的机场、弹药库、指挥中心等关键目标实施集群饱和攻击。无人机采用红外成像/毫米波主动雷达传感器,战斗载荷为机载弹药,负责目标区域协同搜索、自主侦察定位、集群饱和打击和集群毁伤评估。

第一阶段:载机投放多架自主识别打击型无人机,并编队飞抵目标区域,载机返航。

第二阶段:集群到达指定区域完成集结,从不同方向自主完成对关键目标组网侦察、自主识别、动态决策、饱和打击和毁伤评估任务。

5.1.2 任务特性分析

通过对集群任务典型场景描述,可以看出集群任务具有其自身的特性。由于作战任务和战场环境的复杂性,要实现"出现能发现""发现即打击""打击能捣毁"的作战效果,就必须要满足如下一些特性,包括:作战空间的协同、作战时间的协同、作战任务的协同[1],具体描述如下。

1. 作战空间的协同

载机和无人机集群执行任务过程中在同一空域飞行。一方面,战场空间中存在多种威胁,若仅有一架无人机执行任务,则在空间威胁区中暴露时间过长,当采用无人机集群

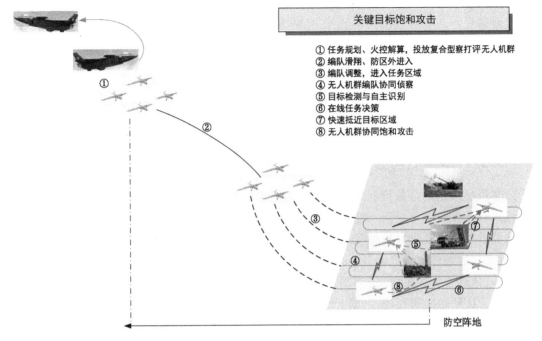

图 5.3　关键目标饱和攻击示意图

执行任务时,可划分集群为集群一对目标进行精确定位后将信息分发给集群二执行协同打击任务,从而降低无人机在威胁空间中暴露的风险,突破敌方防御系统的成功率也得到显著提高;另一方面,集群任务执行过程中为保证各个无人机状态的可靠性,无人机之间应满足避碰约束,充分利用地形实现对目标的多角度侦察、饱和打击和评估,使战术设计更为灵活。

2. 作战时间的协同

无人机集群协同作战的过程中,某些任务往往会有一些任务时间协同要求。一方面,由于战场环境具有高度的变化性,如敌方目标位置状态的变更、太阳光照对传感器视角的影响及我方无人机的意外坠毁等情况,从而影响到任务执行计划和任务执行时间。另一方面,某些目标存在多波次打击的任务需求,当集群压制目标实现多波次打击时,前次打击遗留下的爆炸烟雾等因素会对后一波次的打击效果产生影响,因此打击任务之间应存在一定的时间间隔。同时为了协同打击效果,协同时间间隔也不能超过一定的上限。

3. 作战任务的协同

无人机集群协同作战任务由一系列任务序列组成,某些任务之间具有一定的时序关系,前序任务的完成方可进行后续任务。以察打评一体任务为例,无人机需要先侦察定位完成后才可以进行协同打击,打击任务结束才可开始评估任务。当采用多架无人机执行任务时,任务的执行均有一定的失败概率,如未完成对目标的精确定位,为此考虑到任务的可靠性,需要进一步扩大侦察范围甚至多次侦察定位等,直到获得目标的精确位置,再动态规划实现对目标的协同打击,因此作战过程中任务是个动态变化的过程,充分考虑作战任务的协同才能发挥集群效能最大化。

通过上述描述可以看出,战场环境的复杂化与动态化使得追求作战任务指标的全局最优通常是不现实的,当要求对变化的战场环境做出敏捷性响应时,需要在任务指标的最优性和算法计算快速性间找到一个平衡点,战场态势的变化也要求集群实时调整其任务计划,具备动态规划能力和反馈机制。

5.2　集群任务分配数学模型

5.2.1　集群任务分配模型

多目标规划的任务分配问题是无人机集群协同研究的重要内容之一,其目的是对无人机进行任务调度与划分,使得整个集群任务智能效能最高,作战代价最小。任务分配根据集群发射与否可分为发射前的预分配和发射后的在线分配。集群实际作战环境十分复杂,目标和战场环境具有动态不确定性,多无人机平台及其配套设备的智能化程度存在较大差异,依赖于某种模型完全实现集群作战的所有任务细节并不实际,为界定问题便于集群任务分配问题的研究,做出如下假设[2]。

（1）战场有限,实时通信拓扑结构已知,无人机可以实时获得自身位置、速度等信息并可以通过数据链广播给其他无人机和地面指控平台。

（2）无人机可以根据任务需要配置不同的任务载荷,暂不考虑无人机做某些大机动作时的性能限制。

（3）无人机集群进行协同侦察和协同打击任务时,考虑协同效能增益。

（4）目标属于地面静止或运动目标,其攻击力不会由于无人机集群协同对其执行任务而消减。

5.2.1.1　无人机平台模型

1. 无人机运动模型

设无人机集合 $\boldsymbol{V} = \{V_1, V_2, \cdots, V_n\}$,任意一架无人机 V_i 的运动模型均可用五元组 $\langle \boldsymbol{X}_i, h_i, \boldsymbol{C}_i, \boldsymbol{P}_i, D_{i\max} \rangle$ 来描述,其中 $\boldsymbol{X}_i = (x_i, y_i, z_i, v_i, \theta_i, \psi_i)$ 为无人机 V_i 当前状态,$\boldsymbol{pos}_i = (x_i, y_i, z_i)$ 为无人机当前位置坐标点,v_i 为无人机当前速度大小,θ_i 为俯仰角,ψ_i 为偏航角,$h_i \in \{0, 1\}$ 反映无人机当前健康情况,$h_i = 1$ 代表 V_i 状态健康,否则 $h_i = 0$,$\boldsymbol{C}_i = \{C_i^1, C_i^2, \cdots, C_i^{n_i}\}$ 为无人机 V_i 当前所处网络状态内可连接到的其他无人机的物理编号,$\boldsymbol{P}_i = \{P_i^{srh}, P_i^{ack}, P_i^{eva}\}$ 表示 V_i 任务载荷能力,$P_i^{srh} \in \{0, 1\}$ 反映侦察任务能力,$P_i^{ack} \in \{0, 1\}$ 反映打击任务能力,P_i^{eva} 反应评估任务能力,V_i 具备侦察能力值为1,否则值为0。$D_{\max}^i$ 为无人机 V_i 的最大航程约束,其值由无人机自身推进能力、所带燃料重量以及自身载荷重量决定。

设无人机 V_i 执行完成整个任务的时间为 $[0, t_m]$,对该段时间进行等时间间隔采样,采样时间为 Δt,则无人机执行任务的时间可以离散为 $\{0, \Delta t, \cdots, k\Delta t, (k+1)\Delta t, \cdots, t_m\}$,在此基础上,假设无人机速度方向与机体纵轴重合且速度滚转角 $\gamma_v = 0$,则三维空间无人机的运动方程[3]可以离散为

$$
\begin{cases}
x_i(k+1) = x_i(k) + v_i(k) \cdot \Delta t \cdot \cos[\psi_i(k) + \Delta\psi_i(k)] \cdot \cos[\theta_i(k) + \Delta\theta_i(k)] \\
y_i(k+1) = y_i(k) + v_i(k) \cdot \Delta t \cdot \sin[\theta_i(k) + \Delta\theta_i(k)] \\
z_i(k+1) = z_i(k) - v_i(k) \cdot \Delta t \cdot \sin[\psi_i(k) + \Delta\psi_i(k)] \cdot \cos[\theta_i(k) + \Delta\theta_i(k)] \\
\psi_i(k+1) = \psi_i(k) + \Delta\psi_i(k) \\
\theta_i(k+1) = \theta_i(k) + \Delta\theta_i(k) \\
-\Delta\psi_{max} \leqslant \Delta\psi_i(k) \leqslant \Delta\psi_{max} \\
-\Delta\theta_{max} \leqslant \Delta\theta_i(k) \leqslant \Delta\theta_{max} \\
v_{min} \leqslant v_i(k) \leqslant v_{max}
\end{cases}
\tag{5.1}
$$

其中，$\Delta\theta_i$ 和 $\Delta\psi_i$ 为一段采样时间间隔 Δt 内俯仰角和偏航角的变化量；$\Delta\theta_{max}$ 和 $\Delta\psi_{max}$ 为一时间间隔 Δt 内俯仰角和偏航角所允许的最大变化量；v_{min} 和 v_{max} 为无人机调速能力内所允许的最小速度和最大速度，由无人机平台自身的任务能力决定。

2. 侦察载荷模型

在协同侦察任务过程中，无人机侦察任务载荷是无人机获取目标信息的主要设备，其能力直接决定了目标信息的准确程度和后续的规划效果，因此，无人机侦察任务载荷需要具备以下能力：

（1）侦察任务载荷可以对指定区域进行覆盖式侦察，发现区域内的目标和潜在目标；

（2）侦察任务载荷可以精确定位目标位置状态，从而为后续的协同目标分配和协同打击任务提供精准的目标情报及制导信息；

（3）执行毁伤评估任务。当对敌方目标实施打击后，无人机通过机载传感器进一步获取目标状态信息，并根据所得情报进行目标毁伤评估，为后续任务的执行提供决策依据。

现代无人机的传感器载荷种类多种多样，典型的传感器包括：SAR 雷达、光电/红外（EO/IR）、激光测距仪、可见光探测设备等。不同传感器的工作方式和任务能力有所不同，无人机在执行侦察任务的过程中，其载荷模型直接反映平台对目标的探测与定位能力，决定任务分配的约束条件。例如，当无人机集群执行对特定目标的定位确认任务时，其任务计划的制定必须满足传感器发现目标的条件，即目标位于机载传感器的探测范围内。

传感器的侦察范围取决于无人机的飞行状态和传感器的安装及性能参数，其具体模型如图 5.4 所示。在水平状态下无人机高度为 H，传感器最大作用范围为 $R_{s,\,max}$，传感器安装角度为 α，传感器搜索角分别为 φ_{max} 和 ϕ_{max}（左右方向、俯仰方向）。设集群能够对发现目标并准确定位的条件是该目标位于传感器的探测范围内，以无人机所处位置为原点，若任意一点 (x, y) 满足式（5.2），则该点位于传感器的探测范围内。

$$
\begin{cases}
\sqrt{x^2 + y^2 + H^2} \leqslant R_{s,\,max} \\
\arcsin \dfrac{|y|}{\sqrt{x^2 + y^2 + H^2}} \leqslant \varphi_{max} \\
\alpha - \phi_{max} \leqslant \arctan \dfrac{x}{H} \leqslant \alpha + \phi_{max}
\end{cases}
\tag{5.2}
$$

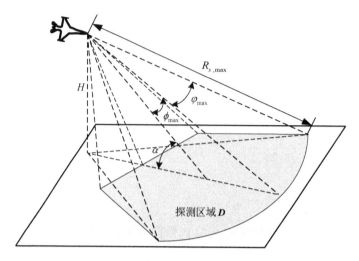

图 5.4　传感器探测范围示意图

3. 打击载荷模型

打击载荷是无人机集群执行任务的关键载荷,打击载荷描述了无人机对目标实施打击所需的各种条件,如发射距离、发射高度、发射速度和发射离轴角等,这些约束条件直接影响集群任务分配的进行。当集群对特定目标执行打击任务时,任务分配必须满足打击载荷的适用条件,因此通过无人机攻击区建模对打击载荷做综合性描述。假设无人机能够对指定目标实施打击的条件时目标位于无人机的攻击区域内。

根据无人机使用特点,从便于解决任务分配问题的角度出发,假设无人机在进入攻击区后飞行高度 H 和飞行速度 v 保持恒定,允许的最大和最小发射距离为 r_{max} 和 r_{min},最大的发射离轴角为 φ_{max},机载导弹导引头瞄准和制导的最大作用距离为 d_{max},水平面内最大探测角为 $\pm\phi_{max}$,制导设备瞄准目标所需时间为 t_a,无人机最小转弯半径为 R_{min}。以目标为原点,无人机速度方向的反方向为 X 轴,建立 TXZ 坐标系,如图 5.5 所示。

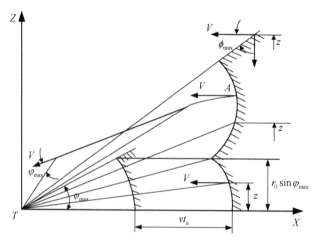

图 5.5　无人机攻击区示意图

设无人机相对目标的侧向偏差为 z, 则可攻击区边界到目标的距离为

$$D(z) = \begin{cases} \max\left(\sqrt{r_{\min}^2 + (vt_a)^2 + 2vt_a\sqrt{r_{\min}^2 - z^2}}, \dfrac{z}{\sin\phi_{\max}}\right), & 0 \leqslant z \leqslant r_{\min}\sin\varphi_{\max} \\[3ex] \max\left(\begin{array}{l}\sqrt{r_{\min}^2 + (vt_a)^2 + 2vt_a\sqrt{r_{\min}^2 - z^2}} \\ \quad + 2R_{\min}(z - r_{\min}\sin\varphi_{\max})\end{array}, \dfrac{z}{\sin\phi_{\max}}\right), & z > r_{\min}\sin\varphi_{\max} \end{cases}$$

$$(5.3)$$

进一步考虑传感器的探测距离 $d_{\max}$ 后, 可知无人机相对目标的侧向误差 z 与无人机到目标的距离 $D = \sqrt{x^2 + z^2}$ 满足式(5.4)关系时, 目标位于无人机可攻击区域内。

$$\begin{cases} \max\left(\sqrt{r_{\min}^2 + (vt_a)^2 + 2vt_a\sqrt{r_{\min}^2 - z^2}}, \dfrac{z}{\sin\phi_{\max}}\right) \leqslant D \leqslant d_{\max t}, & 0 \leqslant z \leqslant r_{\min}\sin\varphi_{\max} \\[3ex] \max\left(\begin{array}{l}\sqrt{r_{\min}^2 + (vt_a)^2 + 2vt_a\sqrt{r_{\min}^2 - z^2}} \\ \quad + 2R_{\min}(z - r_{\min}\sin\varphi_{\max})\end{array}, \dfrac{z}{\sin\phi_{\max}}\right) \leqslant D \leqslant d_{\max z}, & z > r_{\min}\sin\varphi_{\max} \end{cases}$$

$$(5.4)$$

当目标位于上述的可攻击区内时, 一方面机载武器能够发现、瞄准目标, 另一方面, 无人机可在机载传感器所提供的目标信息引导下, 自主地进行火控解算, 实现对敌目标的精确打击。

5.2.1.2　敌方威胁实体模型

集群任务分配过程需考虑威胁约束, 其威胁空间由三大因素组成, 即威胁源、威胁半径和威胁盲区, 集群任务执行的过程中主要面对两类威胁, 即探测威胁和火力威胁, 假设敌方威胁中心坐标为 $O_{threat}(x_{threat}, y_{threat}, z_{threat})$, 威胁作用距离为 r_{threat}。本节考虑探测威胁中的雷达威胁, 火力威胁考虑为高炮威胁。

1. 雷达威胁建模

雷达威胁是最常见的对无人机编队突防威胁最大的一种探测威胁。雷达从运行目的上可分为火控雷达和预警雷达, 它通过接受目标的电磁波反射进行分析来确定目标位置。雷达探测性能易受环境和信号的影响, 考虑各种因素状态下描述雷达威胁的探测特性比较困难, 本书假设雷达威胁建立在平坦的地形上, 其探测区域边界的水平距离与探测高度的关系为[4]

$$h_B = K_B \cdot L_B^2 \tag{5.5}$$

其中, h_B 为雷达探测高度; L_B 为雷达探测水平距离; K_B 是表示雷达探测性能的参数。由上式可以计算出雷达探测边界上的雷达探测区域的最大距离:

$$d_{\max} = \sqrt{h_B^2 + L_B^2} \tag{5.6}$$

雷达探测盲区一般在离地很近的区域, 假设雷达天线能够全方位扫描探测, 由式(5.5)和式(5.6)可以看出, 当无人机距离雷达越远, 雷达探测概率越低, 设目标距离雷达

的距离为 d_R，则雷达探测目标的概率 $P_R(d_R)$ 可由式(5.7)近似表示出：

$$P_R(d_R) = \begin{cases} 0, & d_R > d_{R\max} \\ 1/d_R^4, & d_{R\min} \le d_R \le d_{R\max} \\ 1, & d_R < d_{R\min} \end{cases} \tag{5.7}$$

2. 高炮威胁建模

高炮，又称高射速炮，是指由地面发射，主要针对低空、超低空武装如无人机、战斗机及直升机等空中目标进行战略拦截的一类作战武器。

1）高炮的有效威胁空间

高炮的有效威胁空间是指高炮炮弹可以到达的有效区域，高炮的威胁空间的大小建模取决于高炮的长度射程、高度射程及高炮系统的发射角度能力约束。如图5.6所示，能保证所要求的命中精度且对目标具有一定的毁伤能力的空域称作为高炮的有效威胁空间，保证攻击有效性的高炮最远射击范围称作最远射程 $d_{A\max}$，所以高炮的有效命中范围为以高炮位置 O_{threat} 为球心，以最远射程 $d_{A\max}$ 围成的一个半球[5]。

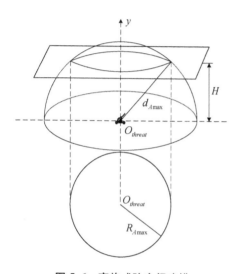

图 5.6 高炮威胁空间建模

2）高炮的有效威胁平面区域

在高炮的有效威胁空间内，以无人机飞行高度 H 可以截其威胁空间为一圆平面，称为高炮的有效威胁平面区域。该圆区域的半径称为高度 H 上的高炮的有效杀伤距离 $R_{A\max}$，该距离与最远射程 $d_{A\max}$ 和高度 H 的关系如下：

$$R_{A\max} = \sqrt{d_{A\max}^2 - H^2} \tag{5.8}$$

高炮炮弹发射后不受控，容易受到外界环境干扰，有效杀伤距离只能体现炮弹在该范围内的毁伤能力，不能体现命中概率指标，同时考虑到无人机的地形遮蔽作用，对杀伤概率模型做简化处理，无人机与高炮阵地距离为 d_A，高度为 H 时的命中概率 $P_A(d_A)$ 近似表示为[6]

$$P_A(d_A) = \begin{cases} 1/d_A, & d_A \le d_{A\max} \\ 0, & d_A > d_{A\max} \end{cases} \tag{5.9}$$

5.2.2 动态任务分配模型

集群执行任务过程中，战场态势动态变化，任务执行过程中会涉及新的目标或者是新的任务，对于这些新目标、新任务如何实现动态任务分配非常关键。无人机集群动态任务分配问题是从集群实际作战角度出发，对多个未知目标的任务分配进行一体化研究的过程，具有高度的对抗性、动态性和不确定性，需要综合考虑无人机的实时位置、机载载荷及目标的火力防御等属性。实现"出现能发现""发现即打击"的动态任务需求,使得集群作战收益最大化、代价最小化是动态任务分配研究过程中的关键问题。

动态任务分配为下一步更好地进行动态航迹规划奠定了基础,当任务规划系统接受战场态势变化信息,包括目标的变化情况(位置移动或销毁)、无人机集群变化情况(无人机位置、速度变化、任务能力等)、威胁变化(数量及动态覆盖范围)、禁飞区变化(增加或减少)等,判断是否满足动态任务分配条件,若满足则根据战场动态态势进行任务重分配。再根据任务分配结果动态规划更新集群飞行航迹。

对 n 架无人机对任务区域内的 m 个目标执行协同作战在线任务分配问题涉及的相关元素可用六元组 $\langle \boldsymbol{E}, \boldsymbol{V}, \boldsymbol{T}, \boldsymbol{F}, \boldsymbol{M}, \boldsymbol{C} \rangle$ 表示。其中 $\boldsymbol{E}$ 为战场环境,$\boldsymbol{V} = \{V_1, V_2, \cdots, V_n\}$ 为无人机集合,包括无人机的运动模型和载荷模型,$\boldsymbol{T} = \{T_1, T_2, \cdots, T_m\}$ 为动态目标集合,$\boldsymbol{F} = \{F_1, F_2, \cdots, F_{N_F}\}$ 为战场威胁实体和禁飞区集合,$\boldsymbol{C}$ 为任务分配过程中需要考虑的约束集,$\boldsymbol{M} = \{M_1, M_2, \cdots, M_{N_M}\}$ 为战场任务集合,N_M 为任务总数量任务,M_k 为目标 T_j 的第 p 个任务,Mt_p^j 为该任务类型。任务类型集合中包含多类任务,如侦察、攻击、封控和毁伤评估等,由此可将任务表示如下:

$$M_k = \{T_i, Mt_p^j\}, \quad T_i \in \boldsymbol{T}, \, Mt_p^j \in \boldsymbol{Mt}_i \tag{5.10}$$

其中,$\boldsymbol{Mt}_i$ 为目标 T_i 待执行任务集合。

5.2.2.1 约束模型

约束模型是无人机集群协同关系的具体体现,是动态任务分配建模基础。无人机集群协同任务执行过程中,除了满足无人机平台飞行性能约束,更重要的是相互之间多类协同约束的满足,包括空间协同约束、顺序协同约束和时间协同约束。

定义 5.1(空间协同约束) 无人机集群动态任务执行过程中,任意时刻各无人机之间必须满足一定的安全间隔 d_s,设 $\boldsymbol{pos}_i(t)$ 为无人机 V_i 在 t 时刻的位置,即

$$\| \boldsymbol{pos}_i(t) - \boldsymbol{pos}_j(t) \| \geqslant d_s, \quad i, j = 1, 2, \cdots, n; \, i \neq j \tag{5.11}$$

定义 5.2(任务能力约束) 动态任务分配过程中首要考虑飞行动力学约束,如飞行过载、最小转弯半径和飞行总航程等。在动态任务分配过程中,不同无人机携带的任务载荷不同,单个无人机个体能力有限,只能执行自己任务范围内的任务,超出自身能力范围的任务必须通过数据链路交由其他无人机执行。设 V_i 所能执行的任务类型集合为 $\mathrm{MissionKind}(V_i)$,则 V_i 能够执行任务 M_k 必须满足如下的类型能力约束:

$$Mt_p^j = \mathrm{MissionKind}(V_i) \tag{5.12}$$

无人机执行任务过程中,侦察、封控、评估等任务载荷资源不随时间或使用次数而减少,打击载荷资源随打击目标次数消耗而减少。

定义 5.3(任务时序约束) 任务时序约束通常存在于多种不同类型的任务之间,如对某一目标的定位确认、打击、毁伤评估三类任务之间存在着相互的顺序约束,打击任务的执行必须以目标的定位确认为前提,毁伤评估任务则只有在打击任务执行之后才能执行。如果不同的任务 M_i 和 M_j 之间存在特定的先后顺序,则称任务存在时序约束。任

务时序约束是一种偏序关系,如果任务 M_i 必须在 M_j 之前执行,则称 M_i 为 M_j 的前序任务,记作 $\mathrm{prev}(M_j)$, M_j 为 M_i 的后序任务,记作 $\mathrm{next}(M_i)$,具体表达为

$$\begin{cases} \mathrm{Enforce}\big[\,(\,|\,\mathrm{prev}(M_i),\,M_i\,|,\,<)\,\big] \\ \mathrm{Enforce}\big[\,(\,|\,M_j,\,\mathrm{next}(M_j)\,|,\,<)\,\big] \\ i = (1,\,2,\,\cdots,\,N_M) \end{cases} \tag{5.13}$$

其中, $\mathrm{Enforce}[\,|\cdot|,\,<]$ 表示任务相对时序关系。

定义 5.4(协同任务约束) 对一个目标区域进行搜索或打击任务可能需要无人机集合 $\boldsymbol{V}_{need} = \{V_i,\,V_{i+1},\,\cdots,\,V_j\}$ 协同完成,为了建模该协同任务约束,设 $x_i \in \{0,\,1\}$ 为针对任务 M_k 的执行变量,当无人机集合 $\boldsymbol{V}_{need}$ 被分配执行完成任务 M_k 时, $x_i = 1$,否则 $x_i = 0$。

定义 5.5(顺序协同约束) 在协同任务中,无人机集群必须按照特定顺序抵达各自目标执行任务,设 $\forall V_i \in \boldsymbol{V}$ 抵达目标的时间为 AT_i, $\boldsymbol{P}(V_i)$ 为必须于 V_i 前抵达目标 T_j 的无人机集合, $\boldsymbol{N}(V_i)$ 为于 V_i 后抵达目标 T_j 的无人机集合,则有

$$AT_m < AT_i < AT_n,\ \forall V_m \in \boldsymbol{P}(V_i),\ \forall V_n \in \boldsymbol{N}(V_i) \tag{5.14}$$

定义 5.6(起始时间约束) 在一些特殊的任务中,集群执行任务的时间往往存在一定的时间窗 $[ET_i,\,LT_i]$ 限制。该时间窗由两方面因素决定:一方面, V_i 抵达目标执行任务的时间必须满足固定时间窗 $[ET_i^*,\,LT_i^*]$;另一方面, V_i 执行任务起始时间还受到与其存在顺序协同关系的其余无人机执行任务时间的影响。例如,在多批次打击任务中,受前次打击所形成的爆炸烟雾和保持打击持续性等因素的影响,后一批次的打击通常要求在前一批次打击完成后的特定时间段内完成,因此,多无人机时间协同关系可表达如下:

$$\begin{aligned} ET_{i,j}(AT_j) &= \begin{cases} \max\big[AT_j + \Delta t_{\min}^{(i,j)},\,ET_i^*\big],\text{若 } V_j \in \boldsymbol{P}(V_i) \\ \max\big[AT_j - \Delta t_{\min}^{(i,j)},\,ET_i^*\big],\text{若 } V_j \in \boldsymbol{N}(V_i) \end{cases} \\ LT_{i,j}(AT_j) &= \begin{cases} \min\big[AT_j + \Delta t_{\max}^{(i,j)},\,LT_i^*\big],\text{若 } V_j \in \boldsymbol{P}(V_i) \\ \min\big[AT_j - \Delta t_{\max}^{(i,j)},\,LT_i^*\big],\text{若 } V_j \in \boldsymbol{N}(V_i) \end{cases} \\ ET_i &= \max_{j \neq i}\big[ET_{i,j}(AT_j)\big] \\ LT_i &= \min_{j \neq i}\big[LT_{i,j}(AT_j)\big] \end{aligned} \tag{5.15}$$

其中, $ET_{i,j}(AT_j)$ 和 $LT_{i,j}(AT_j)$ 分别为 V_i 满足与 V_j 顺序和时间协同约束时的最早和最晚抵达目标时间; $\Delta t_{\min}^{(i,m)}$ 和 $\Delta t_{\max}^{(i,m)}$ 分别为 V_i 抵达目标时间与 $V_m \in \boldsymbol{P}(V_i)$ 抵达目标时间的最小和最大时间间隔。

定义 5.7(任务执行时间约束) 一些特殊的任务往往约束任务执行时间,如为保证对某个动态目标的准确定位,预定侦察任务时间不少于某一时间阈值 Δt_{req},设任务 M_k 的起始时间为 ST_k,完成时间为 FT_k,任务的执行时间约束可表示如下:

$$FT_k - ST_k \geqslant \Delta t_{req}^k \tag{5.16}$$

其中, Δt_{req}^k 为任务 M_k 的最短任务执行时间。

定义 5.8(集群数据链约束) 采用图论来描述无人机的通信状态,将每个无人机看

作一个节点,无人机之间的通信关系看作边,则用 $\boldsymbol{G} = (\boldsymbol{S}, \boldsymbol{E})$ 表示一个集群的无向图,其中 $\boldsymbol{S} = \{s_1, s_2, \cdots, s_n\}$ 为节点集合,$\boldsymbol{E} = \{e_{i,j} = (s_i, s_j) \in \boldsymbol{S} \times \boldsymbol{S}, i \neq j\}$ 为节点边的集合,对于无向图而言,V_i 和 V_j 可以互相接受对方发出的消息,即 $(s_i, s_j) \in \boldsymbol{E} \Leftrightarrow (s_j, s_i) \in \boldsymbol{E}$。$\boldsymbol{A} = [a_{ij}]_{n \times n}$ 为网络拓扑的邻接权重矩阵,元素定义如下:

$$a_{ij} = \begin{cases} 1, & (s_i, s_j) \in \boldsymbol{E} \\ 0, & (s_i, s_j) \notin \boldsymbol{E} \end{cases} \tag{5.17}$$

5.2.2.2 指标模型

在动态任务分配过程中,评价效能指标采用集群内无人机完成任务的总路径长度和规划完成的任务总数两类指标进行衡量。设 V_i 的任务执行计划为

$$\begin{cases} \boldsymbol{M}_{task}^i = \{M_1^i, M_2^i, \cdots, M_{N_i}^i\} \\ \boldsymbol{M}_k^i = \{Mt_k^i, R_k^i, t_k^i, f_k^i\} \end{cases} \tag{5.18}$$

其中,N_i 为无人机 V_i 任务执行数目;$\boldsymbol{M}_k^i$ 为 V_i 执行的第 k 个任务;Mt_k^i 为该步骤的任务类型;t_k^i 为该任务执行时间;f_k^i 为完成该任务对应的奖励价值,可表示为

$$f_k^i = F_k \times \mathrm{e}^{-\beta_j \cdot t_k^i} \tag{5.19}$$

式中,F_k 为 $\boldsymbol{M}_k^i$ 对应的初始时刻任务价值;β_j 为任务价值衰减系数;t_k^i 为 V_i 完成任务 $\boldsymbol{M}_k^i$ 时间;V_i 执行任务奖励效能 J_1^i 计算方法为

$$J_1^i = \sum_{k=1}^n f_k^i \tag{5.20}$$

集群任务分配过程中覆盖任务奖励价值的多少直接反映任务的完成程度,集群总任务奖励 J_1 为

$$J_1 = \sum_{i=1}^{n_u} J_1^i \tag{5.21}$$

在约束条件下的无人机集群任务规划的优化评价指标之一就是使得 J_1 最大即无人机集群覆盖任务奖励最大化。在实际应用和仿真计算指标中,通常将该指标转换为未完成任务奖励值最小化,对效能指标 J_1 进行归一化处理如下:

$$J_1^* = \frac{\sum_{k=1}^{n_M} f_k - J_1}{\sum_{k=1}^{n_M} f_k} = 1 - \frac{\sum_{i=1}^{n_u} J_1^i}{\sum_{k=1}^{n_M} f_k} \tag{5.22}$$

设 L_i 为 V_i 执行完成所有任务的预估航程值,$L_{\max}^i$ 为 V_i 的最大航程约束,则集群的飞行航程效能指标 J_2 为

$$J_2 = \frac{\sum_{i=1}^{n_u} L_i}{\sum_{i=1}^{n_u} L_{max}^i} = \frac{\sum_{i=1}^{n_u} v_i \times t_i}{\sum_{i=1}^{n_u} L_{max}^i} \tag{5.23}$$

其中, v_i 为无人机 V_i 的速度; t_i 为 V_i 任务执行所花费的时间,任务分配的目标是在满足集群各类约束条件下使得效能指标最小化,该问题效能函数为

$$J = \omega_1 J_1^* + \omega_2 J_2 \tag{5.24}$$

其中, ω_1 和 ω_2 分别为两项任务指标的权重系数,通过调整权重系数可以获得不同的任务执行效果。

5.3 集中式任务分配算法

5.3.1 集中式任务分配算法概述

集中式任务分配就是集群中的无人机之间的通信、信号的传输和计算均由唯一的一个中心节点来进行,其求解方法又可以分为最优化方法和启发式方法[7]。

5.3.1.1 最优化方法

典型的最优化方法如图 5.7 所示,包括穷举法(宽度优先或深度优先)、整数规划(integer programming,IP)法、约束规划(constraint programming,CP)法、图论法等。

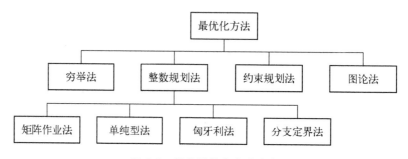

图 5.7 部分最优化方法分类

穷举法是指为了求得问题的最优解,而列举出可行解域内的全部可行解。这种方法适用于离散且问题规划较小的情况,随着问题规模的增加,使用该方法会使问题长时间得不到解决。

整数规划法是根据既定目标和目的,通过建立目标函数和约束条件的方法对规模较小的任务分配问题进行求解的一种最优化方法。矩阵作业法[8]、单纯型法、匈牙利法、分支定界法等是常见的整数规划法,这一方法将任务分配问题看作 0-1 整数线性规划问题,模型简单,求解效率高,但只能处理单任务情况,任务增多时,算法的计算量呈指数增长。而集中式任务分配问题需要根据当前环境的动态演化情况,每一个时间步长都需重新进行任务分配,因此整数规划方法通常难以满足任务分配问题中的计算的实时性要求。

约束规划法由变量集和约束集两者组成,变量集内的所有变量都有自己对应的值域,且变量的取值也只能从其值域中选取,是求解组合优化问题的常用方法。

基于图论的任务分配方法将任务和智能体的特征用图示形式表达,并利用图论方法建立任务和智能体之间的匹配,从而产生有效的任务分配方案。典型的基于图论的任务分配方法有网络流模型和偶图匹配模型。该方法能够直观地表达任务和执行者之间的结构关系,但对于任务的数量和系统成员数量较多的情况不能得到有效的求解,局限性较大。

一般而言,最优化算法具有描述简洁、直接等特点,可以灵活调整约束条件来求解实际问题,具有理论最优解,但规模不宜过大,一般可用于无人机集群离线式任务分配。

5.3.1.2　启发式方法

启发式方法的基本思想是在算法时间和求解结果之间进行调节,在能够接受的时间内求得局部最优解或满意解,列表规划(list scheduling,LS)算法、聚类算法和智能类算法是三种常见的启发式算法,如图 5.8 所示。

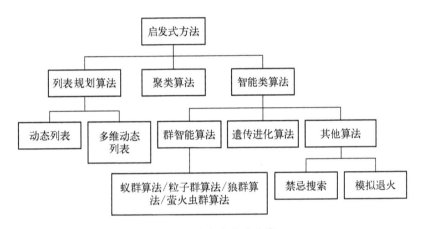

图 5.8　启发式方法分类

在启发式方法中,列表规划算法的步骤是首先建立任务的优先权函数,对任务处理次序进行排列,随后按照求得的任务处理次序将任务分发给系统内各成员。最常见的列表规划算法由动态列表规划(dynamic list scheduling,DLS)法、多维动态列表规划(multi-dimensional dynamic list scheduling,MDLS)等。

聚类算法将每个任务作为一个簇进行聚类,直到满足任务簇与系统成员数目达到一致时停止聚类,从而实现任务分配的一种启发式方法。将关键路径上的任务进行聚类,然后从任务图中将这些已聚类任务节点移除是一种常见的聚类方法,现有研究已经证明了聚类方法在处理多机任务规划、资源调度方向有很好的应用前景[9]。

智能类算法是近年来广泛应用的一系列新的启发式方法。此类方法利用现在智能优化算法对任务分配问题进行优化求解,与精确方法的全局搜索不同的是,它的目的是在能够接受的时间范围内求得自己的满意解,在求解的时间和解质量之间进行调节。此类方法的优点是比较容易实现,计算不是很复杂,解质量比较高。在集中式任务分配问题中,智能类算法可分为群智能算法、遗传进化算法和其他算法。

（1）群智能算法（swarm intelligence algorithm）模拟的是各种群体动物的自组织行为，基于行为总结发明了许多创新型、实用型算法。其中使用较多的包括粒子群算法（particle swarm optimization，PSO）[10]、蚁群算法（ant colony algorithm，ACA）[11]等。PSO 算法是源于对鸟群觅食、鱼群和人类社会行为的研究启发衍生出的优化算法，其运行机理不是依赖个体的自然进化规律，而是对生物群体的社会行为的模拟，刚开始仅仅是解决连续优化问题，现在已广泛应用于多组合优化问题。ACA 模拟的是蚂蚁族群捕获食物的过程，在许多离散优化问题中得到成功应用。

（2）遗传进化算法。随着计算机技术的快速发展，不断涌现出各种遗传进化算法，主要有遗传算法（genetic algorithm，GA）[12]、遗传规划（genetic programming，GP）、进化策略（evolution strategy，ES）等。遗传进化算法是一种具有智能性和并行性等特点的全局优化算法，适合求解作战任务分配、资源分配等大规模优化问题。

（3）其他智能优化方法还包括禁忌搜索（tabu search，TS）算法、模拟退火（simulated annealing，SA）算法、人工免疫（artificial immune，AI）算法等，在集群任务分配求解中也有较广泛的应用空间。

启发式方法在解决大规模集中式任务分配问题中收敛速度较快，求解效率高，具有较好的分配结果和较强的稳定性。但是需要基于不同的假设和约束条件设计新的启发式规则，算法灵活性和可拓展性较差，容易陷入局部收敛。启发式方法一般没有对应的深刻的、具有普遍意义的理论分析，数学机理解释薄弱，缺乏规范化的、针对算法优化性能的评价准则。上述的启发式算法虽然可以在比较短的时间内求得问题的可行解，但却不能保证可以求得问题的最优解，存在一定的局限性，尽管如此，这些方法及其改进算法依然广泛应用于集群任务分配研究。

5.3.2 基于蚁群的动态任务分配算法

蚂蚁是自然界中社会昆虫的一种，其个体结构和行为十分简单，独自完成的动作有限，其中大多是相互之间的信息传递，但是由这些简单个体构成的整个群体——蚁群却能完成很多情况下远远超出单个蚂蚁个体任务能力的复杂任务，具有高度结构化的社会特性。受蚂蚁觅食过程中的启发，意大利学者 Dorigo 等[13]于 1996 年首先提出了一种新型随机搜索模拟进化方法——蚁群算法（ACA），ACA 算法已经广泛应用于求解多旅行商（multiple traveling salesman problem，MTSP）问题，实验证明蚁群算法存在着很强的问题发现解能力。

5.3.2.1 蚁群算法基本原理

为了说明蚂蚁算法的基本原理，首先引入 MTSP 问题，设 $C = \{c_1, c_2, \cdots, c_n\}$ 是 n 个城市的集合，$L = \{l_{ij} \mid c_i, c_j \in C\}$ 为城市集合 C 内两两元素（城市）连成的边集合，(x_i, y_i) 为城市 c_i 的坐标点，d_{ij} 为两元素（城市）之间的长度（距离），其大小为

$$d_{ij} = \sqrt{(x_i - x_j)^2 + (y_i - y_j)^2} \tag{5.25}$$

MTSP 的求解目的就是从有向图 $G = (C, L)$ 中找出对应长度最短的 Hamiltonian 圈，即遍历每个城市 c_i 且只访问一次的最短封闭曲线。在求解 MTSP 的蚁群算法中，问题解

是蚂蚁经过的城市序列,设蚁群为 $\boldsymbol{AC} = \{a_1, a_2, \cdots, a_m\}$, m 为蚂蚁的个数,蚂蚁在城市间移动的代价(距离)为 d_{ij},每只蚂蚁相互独立,在完成一次循环前,蚂蚁只能在相互连通的城市之间进行转移且不允许重复访问,建立禁忌表 $tabu$,当蚂蚁 a_k 访问过城市 c_i 后,就将城市 c_i 加入 a_k 的禁忌表 $tabu_k$ 中,ACA 的算法流程如下。

步骤 1:初始化蚁群 $\boldsymbol{AC}$,将初始蚁群中的 m 只蚂蚁随机放置在 n 个城市中。

步骤 2:计算启发信息即两城市间距离,初始化路径上的信息素量为一较小常数。

步骤 3:对 $\forall a_k \in \boldsymbol{AC}$,判断当前指定蚂蚁是否构造了完整解。

步骤 4:在 t 时刻,蚂蚁 a_k 由城市 c_i 状态转移到城市 c_j 的概率 $P_{ij}^k(t)$ 的计算方法如下:

$$P_{ij}^k(t) = \begin{cases} \dfrac{\tau_{ij}^\alpha(t)\eta_{ij}^\beta(t)}{\displaystyle\sum_{s \in allowed_k}^\alpha \tau_{ij}^\alpha(t)\eta_{is}^\beta(t)}, & j \in allowed_k \\[2mm] 0, & \text{其他} \end{cases} \tag{5.26}$$

其中,$allowed_k = C - tabu_k$,α,β 分别代表信息素和启发因子所对应的重要程度,启发因子 η_{ij} 的计算如下:

$$\eta_{ij} = \frac{1}{d_{ij}} \tag{5.27}$$

步骤 5:当所有蚂蚁 a_k 均构造出完整解,需要根据更新规则更新各路径上的信息素:

$$\begin{cases} \tau_{ij}(t+1) = (1-\rho) \cdot \tau_{ij}(t) + \Delta\tau_{ij}(t, t+1) \\[2mm] \Delta\tau_{ij}(t, t+1) = \displaystyle\sum_{k=1}^m \Delta\tau_{ij}^k(t, t+1) \end{cases} \tag{5.28}$$

其中,$\rho \in [0, 1)$ 为信息素挥发系数,$(1-\rho)$ 为信息素残留系数。当 $\rho = \rho_{local}$ 时为局部信息素挥发系数,$\rho = \rho_{global}$ 时为全局信息素挥发系数。

根据信息素更新规则的不同,Dorigo 提出了三种不同的蚁群算法模型,分别是蚁量系统、蚁周系统和蚁密系统模型,$\Delta\tau_{ij}^k(t, t+1)$ 的计算规则分别如下。

蚁量系统模型中:

$$\Delta\tau_{ij}^k(t, t+1) = \begin{cases} Q, & \text{本次循环中蚂蚁 } a_k \text{ 经过路径}(i, j) \\[2mm] 0, & \text{其他} \end{cases} \tag{5.29}$$

蚁周系统模型中:

$$\Delta\tau_{ij}^k(t, t+1) = \begin{cases} \dfrac{Q}{L_k}, & \text{本次循环中蚂蚁 } a_k \text{ 经过路径}(i, j) \\[2mm] 0, & \text{其他} \end{cases} \tag{5.30}$$

蚁密系统模型中:

$$\Delta\tau_{ij}^k(t, t+1) = \begin{cases} \dfrac{Q}{d_{ij}}, & \text{本次循环中蚂蚁 } a_k \text{ 经过路径}(i, j) \\[2mm] 0, & \text{其他} \end{cases} \tag{5.31}$$

其中，Q 为一正常数，表示信息素强度；L_k 为 a_k 在此次迭代中走的路径总长度。

步骤 6：记录当前代最短路径 R_{local}，若当代最优解 R_{local} 优于全局最优解 R_{global}，更新全局最优解 $R_{local} \rightarrow R_{global}$。

步骤 7：判断算法是否满足结束条件，若不满足，则将蚁群重新随机放置在初始城市节点并从步骤 3 重新执行新一步迭代计算，若满足则输出当前全局最优解 R_{global}。

5.3.2.2 基于分工机制的蚁群算法的动态任务分配

随着集群规模的增加，任务分配问题的复杂度呈指数上升，采用传统的蚁群算法求解协同任务分配问题存在困难。将分工机制引入蚁群算法中，提升算法的优化能力，在有限的迭代次数内获得较优的任务分配序列[14]。本节结合分工机制的特点，考虑无人机集群察打一体动态规划数学模型和多种约束模型求解动态任务分配问题，并且将察打一体动态任务分配问题完全与算法进行融合。

1. 分工机制蚁群算法的建立

在多无人机任务规划问题中，每架无人机承担的任务及次序不完全相同，因此可以将每架无人机均映射为一个独立的蚂蚁子群，子群对应着其任务分配执行计划，相互基于信息素分布的信息交流完成任务协同。

定义 5.9（人工蚂蚁子群）　人工蚁群中，具有可执行相同任务能力的蚂蚁所组成的集合称为人工蚂蚁子群 AC_i，设人工蚁群为 $AC = \{AC_1, AC_2, \cdots, AC_{n_{AC}}\}$，$n_{AC}$ 为人工蚂蚁子群的数量，满足 $n_{AC} = n$，n 为集群内无人机数量，无人机 V_i 所对应的人工蚂蚁子群 $AC_i = \{Ant_{i,1}, Ant_{i,2}, \cdots, Ant_{i,m_i}\}$，$m_i$ 为该蚂蚁子群对应的蚂蚁数量，$Ant_{i,j}$ 为第 i 个子群 AC_i 对应的第 j 个人工蚂蚁，蚂蚁子群之间存在如下关系：

$$\begin{cases} AC_i \cap AC_j = \varnothing, i \neq j \\ \bigcup_{i=1}^{n_M} AC_i = AC \\ m_1 = m_2 = \cdots = m_n = m \end{cases} \tag{5.32}$$

其中，m 为人工蚂蚁子群中蚂蚁数量的常数。人工蚂蚁群 AC 与无人机集合 V 的映射关系如图 5.9 所示。

与自然界中真实蚁群觅食行为相似，每个人工蚂蚁 $Ant_{i,j}$ 从无人机 V_i 的初始位置出发，在无人机集群任务分配约束条件下，找到最合理的任务执行序列。无人机集合 V 的任务分配结果由来自不同蚂蚁子群的 n 个蚂蚁的任务执行序列组成。

定义 5.10（人工蚂蚁簇）　构成无人机集合的一个满足各种约束条件的来自不同蚂蚁子群的 n 个人工蚂蚁，称为人工蚂蚁簇 AG_j，$j = 1, 2, \cdots, m$，AG_j 为蚁群中构造无人机集合完整任务分配计划的最小蚂蚁簇，即 AG_j 中每个无人机只对应一个蚂蚁个体，人工蚂蚁簇之间存在如下关系：

$$\begin{cases} AG_j = \{Ant_{1,j}, Ant_{2,j}, \cdots, Ant_{n_M,j}\} \\ \bigcup_{j=1}^{m} AG_j = AC \\ AG_j \cap AG_k = \varnothing \end{cases} \tag{5.33}$$

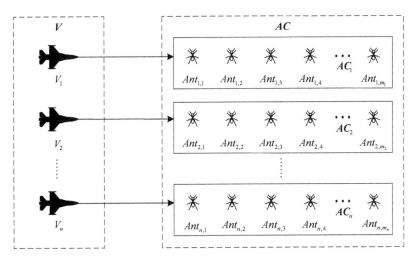

图 5.9　无人机与蚂蚁子群映射关系图

综上所述,蚂蚁种群可由图 5.10 中的蚂蚁矩阵 $\boldsymbol{AC} = \{Ant_{i,j},\ i = 1, 2, \cdots, n_M, j = 1,$ $2, \cdots, m\}$ 来进行描述,其中人工蚂蚁种群对应矩阵的行,人工蚂蚁簇对应矩阵的列,无人机集群与蚂蚁种群之间的映射关系如表 5.1 所示。

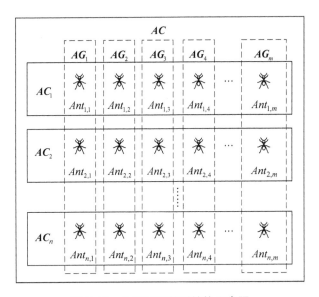

图 5.10　分工机制蚁群结构示意图

表 5.1　无人机集群协同任务分配与分工机制蚁群映射关系

无人机集群协同任务分配	基于分工机制的蚁群算法
无人机集合 V	全体蚂蚁集合 $\boldsymbol{AC}$
无人机 V_i	人工蚂蚁子群 $\boldsymbol{AC}_i$
任务集合 M	人工蚂蚁待访问城市集合 C

无人机集群协同任务分配	基于分工机制的蚁群算法
无人机 V_i 的任务序列	人工蚂蚁 $Ant_{i,j}$，$j = 1, 2, \cdots, m$ 所构造的可行解
无人机集合 V 的任务序列集合	人工蚂蚁簇 AG_j 所构造的可行解的集合

2. 基于任务能力的问题解的构造

在无人机集群任务分配问题求解过程中，基于分工机制的蚁群算法构造的无人机集合 V 的求解基本部落是人工蚂蚁簇，即一个人工蚂蚁簇与问题求解过程中无人机的一个可行解相对应，在算法运行过程中有 m 组人工蚂蚁簇在同时进行结果优化。

人工蚂蚁簇 AG_j 在构造无人机集群任务分配解的过程中，每一步都选择一只人工蚂蚁 $Ant_{i,j}$ 进行状态转移确定后续任务，该人工蚂蚁依照人工蚂蚁簇中的蚂蚁的个体任务能力大小来进行选择，若某人工蚂蚁其个体任务执行能力强，则被选择的概率就大，被选中的概率可表示如下：

$$P_{i,j}^k(c) = \frac{Cap_{i,j}^k(c)}{\sum\limits_{l=1}^{n_M} Cap_{l,j}^k(c)} \qquad (5.34)$$

其中，$P_{i,j}^k(c)$ 为人工蚂蚁簇 AG_j 中的 $Ant_{i,j}$ 在第 c 次迭代过程中进行第 k 次状态转移时被选中的概率；$Cap_{i,j}^k(c)$ 为此时对人工蚂蚁 $Ant_{i,j}$ 的任务执行能力评估；$\sum\limits_{l=1}^{n_M} Cap_{i,j}^k(c)$ 为人工蚂蚁簇 AG_j 中所有人工蚂蚁的任务执行能力总和，其计算方法如下：

$$\begin{cases} Cap_{i,j}^k(c) = L_{i,j}^k(c) \times \max\limits_{s \in allowed_{i,j}} \left[\tau(z, s) \right] \times M_{i,j}^k(c) \\[2mm] L_{i,j}^k(c) = \dfrac{MaxL(V_i) - CurL_{i,j}^k(c)}{MaxL(V_i)} \\[2mm] M_{i,j}^k(c) = \dfrac{\| allowed_{i,j} \|}{n_M} \times RemM_{i,j}^k(c) \\[2mm] RemM_{i,j}^k(c) = MaxM(V_i) - CurM_{i,j}^k(c) \end{cases} \qquad (5.35)$$

其中，$L_{i,j}^k(c) \in [0, 1]$ 为无人机 V_i 对应的蚂蚁 $Ant_{i,j}$ 的当前剩余航程权重系数；$allowed_{i,j}$ 为 $Ant_{i,j}$ 在当前状态转移的候选集合（即 $Ant_{i,j}$ 对应的无人机 V_i 基于其本身的任务能力可分配的任务集合）；$\| allowed_{i,j} \|$ 为该集合中任务数量的总数；$\max\limits_{s \in allowed_{i,j}} \left[\tau(z, s) \right]$ 为候选集合中的下一转移目标点路径上的信息素浓度最大值，反映出蚁群搜索过程中的先前问题求解经验；$M_{i,j}^k(c)$ 为 $Ant_{i,j}$ 对应的无人机 V_i 当前任务能力；$MaxL(V_i)$ 为无人机 V_i 当前时刻的剩余航程估计；$CurL_{i,j}^k(c)$ 为无人机 V_i 当前时刻消耗的航程距离；$MaxM(V_i)$ 为无人机 V_i 所能执行的任务数量的最大值；$CurM_{i,j}^k(c)$ 为当前时刻任务分配计划中包含的任务总数；n_M 为任务总数量。通过人工蚂蚁任务能力评估的方式

可以在任务转移过程中有效地平均各无人机的任务负担,保证集群资源的有效利用,提高任务分配结果质量和算法效率。

3. 基于任务代价的状态转移计算

根据蚁群算法的基本原理可知,状态转移是指蚂蚁按照城市间路径上的信息素分布和启发信息从一个城市访问至另一个城市,采用分工机制的蚁群算法求解无人机集群的任务分配问题时,蚂蚁个体的状态转移表示无人机执行完当前任务向下一任务转移策略,无人机向下一任务转移时花费的代价为蚂蚁个体状态转移时的启发信息。

在 c 时刻,$\forall Ant_{i,j} \in \boldsymbol{AC}$,$i = 1, 2, \cdots, n$,$j = 1, 2, \cdots, m$ 按照蚁群算法的状态转移规则,由当前任务 M_u 转移到下一任务 M_v 可按照下式进行状态转移:

$$s = \begin{cases} \arg \max_{v \in allowed_{i,j}} \left\{ \left[\tau_{u,v}^{\alpha}(c) \right] \times \left[\eta_{u,v}^{\beta}(c) \right] \right\}, & q \leq q_0 \\ S, & \text{其他} \end{cases} \tag{5.36}$$

$$\begin{cases} P_{u,v}(c) = \begin{cases} \dfrac{\tau_{u,v}^{\alpha}(c) \eta_{u,v}^{\beta}(c)}{\sum\limits_{s \in allowed_{i,j}} \tau_{u,s}^{\alpha}(c) \eta_{u,s}^{\beta}(c)}, & v \in allowed_{i,j} \\ 0, & \text{其他} \end{cases} \\ \eta_{u,v}(c) = \dfrac{1}{C_{u,v}(c)} \end{cases} \tag{5.37}$$

其中,$q_0 \in (0, 1)$ 为使用先验知识和概率探索的分界线;$\tau_{u,v}(c)$ 为当前时刻 M_u 转移到 M_v 路径上的信息素量;$\eta_{u,v}(c)$ 为 $Ant_{i,j}$ 状态转移时的启发因子;α、β 分别为信息素和启发因子所对应的重要程度;S 为由式(5.37)给出的概率分布的随机变量。可以看出 $Ant_{i,j}$ 当前时刻从 M_u 转移到 M_v 的启发因子 $\eta_{u,v}(c)$ 为无人机 V_i 在两任务之间进行状态转移代价 $C_{u,v}(c)$ 的倒数,$C_{u,v}(c)$ 直接反映无人机 V_i 在执行完 M_u 后继续执行 M_v 的难易程度,其计算方法为

$$\begin{cases} Cd_{u,v} = \dfrac{L(R_{u,v}) - L_{\min}}{L_{\max} - L_{\min}}, & v \in allowed_{i,j} \\ L_{\max} = \max_{\substack{l,k = 1, 2, \cdots, n_{Ta} \\ l \neq k}} \left[L(R_{l,k}) \right] \\ L_{\min} = \min_{\substack{l,k = 1, 2, \cdots, n_{Ta} \\ l \neq k}} \left[L(R_{l,k}) \right] \end{cases} \tag{5.38}$$

$$\begin{cases} Ct_{u,v} = \begin{cases} 1, \text{若 } M_v \text{ 没有时间约束} \\ \boldsymbol{1}, \ arrivet_{i,j,v} \leq ET_v \\ \dfrac{LT_v - arrivet_{i,j,v}}{LT_v - ET_v}, \text{ 其他} \end{cases} \\ arrivet_{i,j,v} = t_{i,j,u} + \dfrac{L(R_{u,v})}{V_{u,v}} \end{cases} \tag{5.39}$$

$$C_{u,v}(c) = \omega_1 Cd_{u,v} + \omega_2 Ct_{u,v}(c) \tag{5.40}$$

其中，$L(R_{u,v})$ 为无人机从任务 M_u 转移至 M_v 所需的航程；L_{max}、L_{min} 分别为任务列表中执行前后续任务之间所需航程的最大值和最小值；$arrivet_{i,j,v}$ 为无人机 V_i 开始转移至 M_v 的时刻；$t_{i,j,u}$ 为无人机 V_i 执行完成任务 M_u 的时刻；ET_v、LT_v 为执行任务 M_v 的最早时间约束和最晚时间约束；ω_1、ω_2 为状态转移权重参数，满足 $0 \leqslant \omega_1$，$\omega_2 \leqslant 1$ 且 $\omega_1 + \omega_2 = 1$。由上述公式可以看出，在决定后续访问任务时，与当前任务之间航程短、任务时间约束阈值小的任务将被优先选择。

4. 算法流程

基于以上分工蚁群算法的建立、问题解的构造、局部优化策略和状态转移计算，基于蚁群算法基本流程，本节提出分工蚁群算法的算法流程如下。

输入：无人机集合 $\boldsymbol{V}$，目标集合 $\boldsymbol{T}$，任务集合 $\boldsymbol{M}$，基本参数 ω_1、ω_2、α、β、q_0、ρ_{local}、ρ_{global}，ρ_{local} 和 ρ_{global} 分别为信息素的局部和全局挥发系数。

输出：全局最优解，即无人机集合 $\boldsymbol{V}$ 的任务执行序列 $Project = \{Project_1, Project_2, \cdots, Project_{n_M}\}$。

步骤 1：初始化规模为 $n_M \times m$ 的蚁群，建立人工蚂蚁子群 $\boldsymbol{AC}_i$，$i = 1, 2, \cdots, n$ 和人工蚂蚁簇 $\boldsymbol{AG}_j$，$j = 1, 2, \cdots, m$，并设置蚁群算法的初始迭代计数器 $c = 0$ 和迭代最大次数 c_{max}。

步骤 2：对人工蚂蚁簇 $\forall \boldsymbol{AG}_j$，$j = 1, 2, \cdots, m$ 执行以下操作。

（1）根据式（5.34）和式（5.35）逐步选择 $Ant_{i,j} \in \boldsymbol{AG}_j$，$i = 1, 2, \cdots, n$ 根据式（5.36）所示的状态转移规则构造各自无人机任务分配计划。

（2）当人工蚂蚁簇 $\boldsymbol{AG}_j$ 中的所有个体 $Ant_{i,j}$ 构造出无人机序列的任务分配计划时，对 $\boldsymbol{AG}_j$ 形成的任务分配计划 $Project$ 按照式（5.28）中的局部信息素更新方法进行更新。

（3）按照式（5.24）中的任务分配指标来计算当前迭代状态下任务分配效果的评价值。

步骤 3：令 $\rho = \rho_{global}$，根据局部优化结果对 AG_j 形成的任务分配计划 $Project$ 按照如下式中的全局信息素更新方法进行更新。

$$\begin{cases} \tau_{uv}(c) = (1 - \rho_{global}) \times \tau_{uv}(c) + \rho_{global} \Delta \tau_{uv} \\ \Delta \tau_{uv} = \begin{cases} (L_{global})^{-1}, & \text{若路径 } M_u \to M_v \text{ 属于全局最优路径} \\ 0, & \text{其他} \end{cases} \end{cases} \tag{5.41}$$

其中，L_{global} 为蚁群算法迭代到当代的最优解的路径长度。

步骤 4：根据式（5.24）当前迭代得出的任务分配结果的最优分配指标并与全局最优任务分配指标进行比较，若优于全局最优任务分配指标，则更新全局最优任务分配计划及任务分配指标，否则保持全局最优结果。

步骤 5：$c = c + 1$，如果 $c > c_{max}$，则终止算法输出无人机全局最优任务分配序列，否则转步骤 2 继续进行算法计算。

5.3.2.3 算法仿真与分析

为验证任务分配模型以及采用蚁群算法求解动态任务分配模型的有效性，设计典型的察打一体任务算例,蚁群算法的初始参数设置如表 5.2 所示。

表 5.2　蚁群算法参数配置表

参　数　类　别	数　　据	参　数　类　别	数　　据
侦察任务执行时间 t_{search}	5 s	最大迭代次数 c_{max}	200
信息素重要程度 α	1	启发因子重要程度 β	5
信息素释放强度系数 Q	80	人工蚂蚁簇个数 m	20
局部信息素挥发系数 ρ_{local}	0.007 5	全局信息素挥发系数 ρ_{local}	0.15
先验知识概率探索分界线 q_0	0.3	迭代稳定终止次数 c_n	100
状态转移系数 ω_1	0.6	状态转移系数 ω_2	0.4
航程相关系数 ξ_1	0.3	剩余任务数相关系数 ξ_2	0.7

算例初始场景如图 5.11 所示,场景中共设敌方目标 4 个,且每个目标均需要执行侦察打击一体化任务,不同目标由于态势信息的不同所要求的协同打击次数不同,初始目标想定配置数据如表 5.3 所示,我方共出动 6 架无人机且均具有侦察和打击效能,无人机信息配置数据如表 5.4 所示,任务时序约束和任务时间约束如表 5.5 和表 5.6 所示。

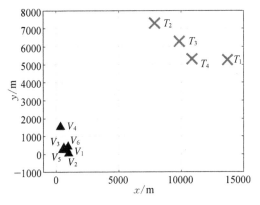

图 5.11　无人机与目标初始位置设置图

表 5.3　任务目标信息想定表

目标编号	目标位置/m	执　行　任　务		
		侦察	打击	打击次数
T_1	(13 691, 5 243)	√	√	3
T_2	(7 868, 7 300)	√	√	1
T_3	(9 868, 6 300)	√	√	1
T_4	(10 868, 5 300)	√	√	1

表 5.4　无人机信息配置表

无人机编号	初始位置/m	最大航程/m	巡飞速度/(m/s)	任务能力	
				侦察	打击
V_1	(884, 236)	30 000	30	√	√
V_2	(1 009, 48)	30 000	30	√	√
V_3	(537, 248)	30 000	30	√	√

续　表

无人机编号	初始位置/m	最大航程/m	巡飞速度/(m/s)	任务能力	
				侦察	打击
V_4	(361，1 532)	30 000	30	√	√
V_5	(621，362)	30 000	30	√	√
V_6	(961，432)	30 000	30	√	√

表 5.5　任务时序关系

前　序　任　务		后　序　任　务	
目标编号	任务类型	目标编号	任务类型
T_1	Search	T_1	Attack
T_2	Search	T_2	Attack
T_3	Search	T_3	Attack
T_4	Search	T_4	Attack
T_2	Attack	T_3	Attack
T_2	Attack	T_4	Attack

表 5.6　任务时间约束

目标编号	任务类型	最早时间约束	最晚时间约束
T_1	Attack	Search 完成+0	Search 完成+20
T_2	Attack	Search 完成+0	Search 完成+20

　　基于以上场景想定数据和蚁群算法配置数据,设置蚁群算法最大迭代代数为 200 代,得到结果以(任务目标编号,任务类型,任务执行时刻)格式进行表示,任务分配结果如表 5.7、图 5.12 和图 5.13 所示。

表 5.7　协同任务分配结果

无人机编号	任务总航程/m	执行任务数量	任务分配结果/s
V_1	15 105.45	2	$(T_3,$ Search, 366.30)$\rightarrow(T_1,$ Attack, 503.51)
V_2	14 294.42	2	$(T_4,$ Search, 377.35)$\rightarrow(T_1,$ Attack, 476.47)
V_3	11 650.09	1	$(T_4,$ Attack, 388.34)
V_4	9 767.04	2	$(T_2,$ Search, 320.56)$\rightarrow(T_2,$ Attack, 325.56)
V_5	11 139.39	1	$(T_3,$ Attack, 371.31)
V_6	13 908.77	2	$(T_1,$ Search, 458.63)$\rightarrow(T_1,$ Attack, 463.63)

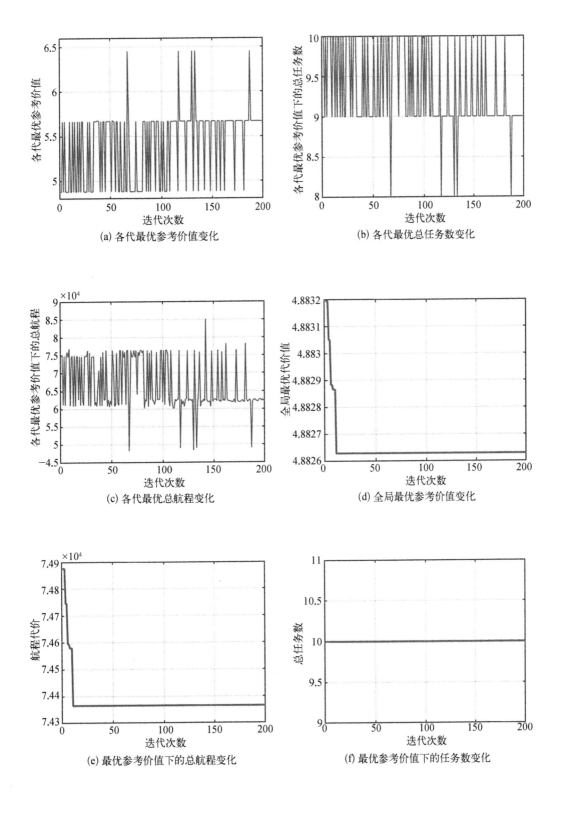

(a) 各代最优参考价值变化

(b) 各代最优总任务数变化

(c) 各代最优总航程变化

(d) 全局最优参考价值变化

(e) 最优参考价值下的总航程变化

(f) 最优参考价值下的任务数变化

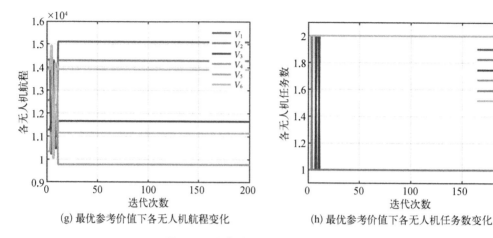

(g) 最优参考价值下各无人机航程变化   (h) 最优参考价值下各无人机任务数变化

图 5.12 任务分配评价指标变化曲线图

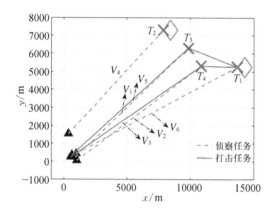

图 5.13 MTSP 问题任务分配结果

由上述分配结果可以看出,蚁群算法可以有效解决任务分配问题,图 5.12(e)和图 5.12(f)为全局最优任务代价下无人机集群总航程变化和各无人机的总航程变化,可以看出随着迭代无人机的总航程代价迅速减少到最优值,图 5.12(g)和图 5.12(h)为全局最优任务代价下集群的总任务数和各无人机的任务数变化,可以看出算法逐代调整任务分配计划以得到全局最优代价下的任务分配结果,任务分配结果的优化程度不断提高。

5.4 分布式任务分配算法

5.4.1 分布式任务分配算法概述

分布式任务分配系统与集中式任务分配系统不同的是实现信号传输的方式,前者无人机能够在集群内互相通信,具有较好的灵活性。分布式结构相比集中式结构来说对无人机的要求更高,要求无人机具备独立计算、分析和决策的能力。分布式任务分配系统以其更好的实时性、容错性和开放性受到越来越多研究者的重视,基于分布式系统结构的任务分配方法主要包括基于空闲链的方法、多 Agent 理论方法、群智能方法、类市场机制(合同/竞拍)方法等,如图 5.14 所示。

5.4.1.1 基于空闲链的方法

空闲链(vacancy chains)方法最早于 1970 年提出并用于研究组织结构变化问题,后被广泛应用于资源分配问题。其基本思想是当系统出现一个空闲资源或空缺任务时,需要对该空缺进行重新分配,当该空缺被填充时,会导致系统中出现新的空缺,从而产生空闲

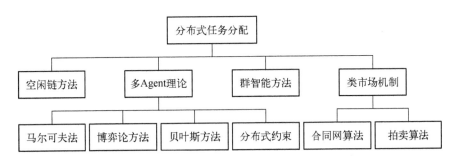

图 5.14　分布式任务分配方法

链,带动整个系统实现动态再分配。

基于空闲链方法在多智能体任务分配问题过程中首先确定任务 M_j 的任务效能 v_j,确定第 i 组智能体在执行任务 M_j 时的处理频率 $c_{i,j}$。用当前智能体组与上一个分配给该任务的智能体组的任务处理频率之差 $c_{i,j} - c_{i-1,j}$ 和 v_j,确定填补该空缺对整个系统效能的贡献 $J_{i,j}$,目标函数为系统内 $J_{i,j}$ 之和,以使得系统任务分配效能最优。当某智能体组失效移除时,只要其空缺端口的 $J_{i,j}$ 高于其他被占用的端口值时,则该空缺被重新分配,否则分配方案不变。基于空闲链的任务分配方法在智能体失效或优先级改变时,能够表现出较好的动态任务分配效果。但该方法仍存在限制条件:如智能体可重复使用,且同一时刻只能执行一个任务;智能体对任务来说必须是稀缺的,等等。

5.4.1.2　多 Agent 理论

多 Agent 理论已广泛应用于机器人领域,其中一致性问题是多智能体协同控制的根本问题。随着应用样式的多样化,多 Agent 理论衍生出很多分支,针对无人机集群与不确定任务因素之间的矛盾,提出包括博弈论方法、分布式马尔可夫方法、分布式贝叶斯方法等用于解决多 Agent 任务分配问题。

博弈论(game theory)是研究多个自主性个体在利益相关情形下决策行为的理论[15],可以清楚地展示多智能体系统中个体交互状态和策略的演化趋势,进而确定系统可以到达的稳定状态。基于稳定状态的研究可以得到影响任务分配的因素并提炼出相关的促进机制,因此博弈论为任务分配问题提供了强有力的理论框架。分布式约束方法将任务分配约束形式化为一个约束网,网中变量有各自离散值域,且各自约束相互联系,求解过程即是求出变量的某个组合使得所有约束值相加获得极值。

5.4.1.3　群智能方法

群居昆虫的一个重要特点是在解决各种问题时具有灵活性和鲁棒性,灵活性可以使它们根据环境的变化实时做出调整,鲁棒性使得个体的失效不影响整体问题的解决。因此,群智能方法不仅适用于集中式任务分配问题,同样也能解决规模较大但个体行为简单的动态分布式多智能体系统任务分配问题。目前,在分布式任务分配问题中应用较为广泛的群智能方法是阈值响应法。

阈值响应法基本原理是每项任务 M_j 均有一个激励值 s_j,如果智能体 i 自身阈值小于 s_j,则智能体 i 立即开始执行 M_j。当智能体 i 没有执行或没能有效执行时,s_j 会增大,从而吸引其他智能体来执行该任务。从宏观角度看,阈值响应法是一种自组织方法,智能体之间采用隐式通信方式即可完成任务分配,因此通信负载较小,但解的质量依赖于阈值的选择和激励值的确定机制,该方法在隐式通信模式下的多智能体系统中得到了广泛应用。

5.4.1.4 类市场机制方法

受经济学和人们对市场机制研究的启发,有学者提出一种称为"类市场机制"的分布式控制机制。运用"类市场机制"求解任务分配问题的本质是多智能体系统中的智能体为求得自身利益或者整体利益的最大值,在某种协议的基础上与其他智能体之间通过对话、协商来动态分配任务。目前,"类市场机制"被广泛地应用于多智能体系统及相关领域的任务分配问题,已成为多智能体系统协调技术中相对成熟的协商机制,有着广阔的应用前景。

基于"类市场机制"算法主要包括拍卖方法和合同网方法两种。

(1)拍卖方法是实现系统资源配置的一种类市场机制方法,其概念是在买方清楚了解拍卖规则的前提下,采用公开竞拍的方式决定特定物品的价格,也就是将要拍卖的物品用公开竞价的方式转卖给应价最高(最低)者的一种交易方式。一个拍卖主要由参与方、拍卖品、收益函数和应价策略等要素组成。在无人机集群任务分配问题中,将无人机需要执行的任务视为拍卖品,无人机的任务分配方和任务接收方共同组成拍卖参与者,且均有各自对应的收益函数和应价策略。拍卖方法是一种协商协议,用明确的规则引导买卖双方进行交互,可操作性强,能在较短时间内将资源合理分配,得到问题的最优解或较优解,已广泛应用于无人机集群任务分配和资源分配问题中。

(2)合同网(contract net)方法是应用范围最广的一种分布式任务分配方法,它的核心是为防止产生冲突,对每个问题的求解用通信的方式进行处理。合同网方法包含发布者和竞标者两个角色,由"招标-投标-中标-确认"4 个交互阶段组成,在合同网协作方法中,系统成员的角色不用提前规定,任何系统成员可以是管理者,也可以是工作者,区别只在于成员是发布任务通知还是应答任务通知,于是任务能够被层次地分解分派。此类方法适用于分布式架构的集群,相较于启发式算法具有灵活性、鲁棒性、运算速度快等优点,只需要获取局部信息即可实现任务协同,可扩展性强,能处理有限通信、时间窗等复杂约束的协同任务分配,并在动态任务分配中得到广泛应用。

5.4.2 基于合同网的分配算法

合同网协议(contract net protocol,CNP)是分布式环境下广泛使用的、相对较为成熟的协商机制,1980 年由学者 Smith 和 Davis 在研究分布式问题求解过程中提出去控制多智能体系统。其主要思想是,当一个任务可以被执行时,这个任务就被公开"招标",等待执行该任务的所有个体参与投标,最后中标的个体为最适合完成该任务的个体并作为执行者。现存的大部分基于自由市场的多智能体合作模型都是以此为基础建立。

5.4.2.1 合同网算法基本概念

从系统决策角度来看,基于 CNP 的任务分配过程主要包括四个阶段:招标阶段、投标阶段、中标阶段和执行阶段,通过个体间通信与协商,实现任务分配优化。传统合同网协议过程烦琐,不具备任务并发机制,适用于单回合任务分配,对于多约束下时序任务分配缺乏有效处理,需要兼顾复杂任务约束进行扩展。基于合同网算法的集群任务分配流程如图 5.15 所示。

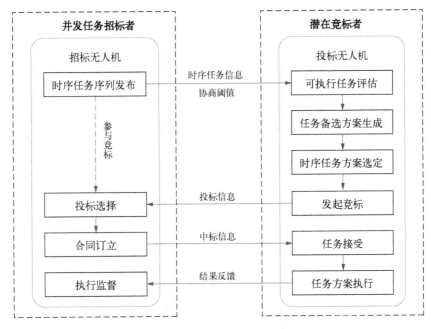

图 5.15 合同网算法任务分配的基本流程

基于所研究问题"多参与者——多任务"特点,从 2 个方面对合同网进行扩展:① 多中标者确定机制;② 基于竞标的多任务分配机制。具体内容如下。

1. 多中标者确定机制

以单任务招标为例,主要有以下两点拓展。

招标者竞标机制。允许招标者参与竞标。招标者根据是否满足能力约束和时间约束,决定是否投标。该机制赋予招标者在任务分配中的能动性,增广了竞标者集合,提供了更多可行的分配方案。

竞标者预选机制。引入协商阈值作为附加信息预选竞标者,减小协商规模,降低通信资源消耗,提升分配效率。运行过程如图 5.16 所示。

以同层次无人机的任务分配为例,建立多中标者确定机制的模型。设招标者为 V_i,任务为 M_k,与 V_i 存在局部通信的同层次无人机组成潜在竞标者集合 $\{V_j \mid w_{ij} = w_{ji} = 1, j \neq i\}$。为自适应调整协商阈值,选取协商阈值 Th 为招标者竞标值;若招标者不投标,则 Th 为 0。考虑 V_i 满足执行 M_k 的各项约束,决定投标,竞标值为 B_{ik},选取 Th 为 B_{ik}。无人机 V_i 将 M_k 信息和协商阈值 B_{ik} 向潜在竞标者发送。潜在竞标者 V_j 针对 M_k 的竞标值为 B_{jk}。当 $B_{jk} > B_{ik}$ 时,V_j 决定投标并将 B_{jk} 向 V_i 反馈。此时,参与 M_k 分配的全部竞标者集合为

$$V_{b,k} = \{V_j \mid w_{ij} = w_{ji} = 1, j \neq i; B_{jk} > B_{ik}\} \cup \{V_i\} \tag{5.42}$$

若招标者 V_i 不参与竞标即 $B_{ik} = \varnothing$,则

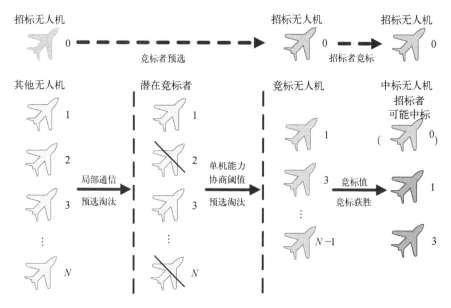

图 5.16 多中标者确定机制

$$V_{b,k} = \{ V_j \mid w_{ij} = w_{ji} = 1, j \neq i; B_{jk} > 0 \} \tag{5.43}$$

综上,经协商阈值预选后,参与 M_k 分配的全部竞标者集合可表示为

$$V_{b,k} = \begin{cases} \{ V_j \mid w_{ij} = w_{ji} = 1, j \neq i; B_{jk} > 0 \}, & B_{ik} = \varnothing \\ \{ V_j \mid w_{ij} = w_{ji} = 1, j \neq i; B_{jk} > B_{ik} \} \cup \{ V_i \}, & B_{ik} \neq \varnothing \end{cases} \tag{5.44}$$

考虑任务 M_k 的协同约束,设 M_k 需要 $N_{p,k}$ 架无人机参与,则竞标值集合 $\{B_{jk}\}$ 中最大的前 $N_{p,k}$ 个竞标值组成中标值集合(回报集合):

$$B_k = \{ B_{(1),k}, B_{(2),k}, \cdots, B_{(N_{p,k}),k} \} \tag{5.45}$$

其中, $B_{(x),k}$ 表示 $\{B_{jk}\}$ 中的元素按降序排列的第 x 个次序量。相应地,中标者集合 $Winner_j$ 为

$$Winner_k = \underset{j}{Index} [B_{(1),k}, B_{(2),k}, \cdots, B_{(N_p,j),k}] \tag{5.46}$$

目标层分配过程与上文描述类似。不同在于考虑目标 T_k 仅由一个分组执行。设各分组的竞标值集合为 $\{B_{g,jk}\}$,选取最大值及对应的分组作为中标值(回报) $B_{g,j}$ 和中标者 $Winner_{g,j}$,数学表达为

$$\begin{aligned} B_{g,j} &= \max\{B_{g,ij}\} \\ Winner_{g,j} &= \arg\max_i (B_{g,ij}) \end{aligned} \tag{5.47}$$

2. 基于竞标的多任务分配机制

类比自由市场交易,不再限制每次仅对一项任务进行竞标分配,而是由招标者集合同时发布各个待分配任务的信息,将时间窗约束拓展。竞标者接收任务信息后,依据协商阈

值、单机能力约束和现有执行时序,确定可执行任务,并进行排列组合,生成无时间窗冲突的备选序列。根据中标情况,选取最优序列为最终签约序列。运行流程如图 5.17 所示。

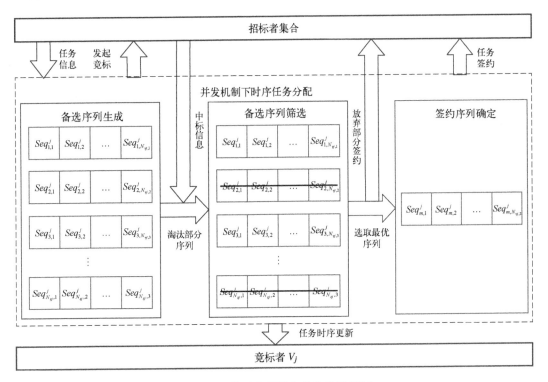

图 5.17　基于竞标的多任务分配机制

以同层次无人机的子任务分配为例,建立多任务分配机制数学模型。设招标者集合为 $\{V_i\}$,并发任务集合 $M^{new} = \{M_1^{new}, \cdots, M_{N_M}^{new}\}$,竞标者为 V_j。考虑协商阈值、单机能力、局部通信约束和现有执行时序,V_j 可执行并决定竞标的任务集合 $M^{a,j}$ 为

$$M^{a,j} = \{M_k^{a,j} \mid k = 1, 2, \cdots, N_{a,j}\} \subseteq M^{new} \tag{5.48}$$

其中,$N_{a,j}$ 为集合 $M^{a,j}$ 的任务数量。定义从编号集合 $\{1, 2, \cdots, N_{a,j}\}$ 中任取 $N_{vj,m}$ 个元素构成的组合为 $Comb_m(N_{a,j}, N_{vj,m})$,其中 $N_{vj,m} \leqslant N_{a,j}$。

定义 5.11(执行备选序列)　对于 $\forall k \in Comb_m(N_{a,j}, N_{vj})$,使得对 $\forall \bar{k} \in Comb_m(N_{a,j}, N_{vj}) - \{k\}$,均有 $TimeBar_k \cap TimeBar_{\bar{k}} = \varnothing$,则称 $Comb_m(N_{a,j}, N_{vj})$ 为一个备选组合。$TimeBar_k$ 表示任务 $M_k^{a,j}$ 的时间窗。$Comb_m(N_{a,j}, N_{vj})$ 对应的执行备选序列定义为

$$\begin{aligned} Seq_m^j &= \{M_k^{a,j} \mid k \in Comb_m(N_{a,j}, N_{vj})\}, \quad m \leqslant N_{sj} \\ Seq_m^j &\subseteq M^{a,j} \end{aligned} \tag{5.49}$$

其中,N_{sj} 为执行备选序列的数量。竞标完成后,未中标任务集合为 $M^{de,j}$,淘汰包含未中标任务的序列后,剩余备选序列构成的集合 $SeqSet_j$ 为

$$SeqSet_j = \{Seq_m^j | \ m \leqslant N_{sj}; \ \forall M_k^{a,j} \in Seq_m^j, \ M_k^{a,j} \notin M^{de,j}\} \quad (5.50)$$

设 V_j 针对 Seq_m^j 序列中的任一任务 $M_k^{a,j}$ 竞标值为 B_{jk}，其中，$Seq_m^j \in SeqSet_j$，则 Seq_m^j 各任务的竞标值总和为

$$B_{j,m} = \sum_k B_{j,k}, \ k \in Comb_m(N_{a,j}, \ N_{vj}) \quad (5.51)$$

则最终的签约序列 $Seq^{win,j}$ 为

$$Seq^{win,j} = Seq_{m_{best}}^j, \ m_{best} = \arg\max_m(B_{j,m}) \quad (5.52)$$

5.4.2.2 竞标函数设计

集群目标分配和任务分配均基于拓展合同网算法。针对目标分配，设计各个分组的竞标函数；针对任务分配，设计分组内部个体竞标函数。个体竞标函数由价值函数和惩罚函数构成。考虑无人机 V_i 参与任务 M_j 的竞标过程，时间间窗 $t_{task_j} \in [t_{s,j}, t_{e,j}]$。其中，$t_{task_j}$ 为任务执行开始时刻。$t_{s,j}$ 为最早开始时刻，$t_{e,j}$ 为最晚开始时刻。执行开始时刻影响执行效果，开始时刻 t_{task_j} 越临近最早开始时刻 $t_{s,j}$，V_i 执行该任务价值越高，反之越低，因此引入开始时刻 t_{task_j} 相关项。

考虑威胁 $\{O_k | \ k = 1, 2, \cdots, N_{threat}\}$ 影响，N_{threat} 为威胁数量，引入 V_i 的健康值估计 $h_{i,est}$，其表达式为

$$h_{i,est} = h_i \prod_{k=1}^{N_{app}} (1 - A_{k,app}) \quad (5.53)$$

其中，h_i 为无人机 V_i 健康值；$A_{k,app}$ 为临近的威胁 $O_{k,app} \in \{O_k\}$ 影响；N_{app} 为临近的威胁数量。V_i 执行 M_j 的价值函数设计为

$$Re_{ij} = h_{i,est} \cdot R_{x,j} \cdot e^{-\lambda \frac{t_{task_j} - t_{s,j}}{t_{e,j} - t_{s,j}}} \quad (5.54)$$

其中，$R_{x,j}$ 为 M_j 的最大价值；λ 为开始时刻 t_{task_j} 对任务价值的衰减作用因子。

惩罚函数由消耗惩罚和威胁惩罚组成。设 V_i 单位航程燃料消耗率为 F_i，执行任务 M_j 航程为 L_{ij}、健康值估计为 $h_{i,est}$，则惩罚函数设计为

$$Pe_{ij} = \frac{1}{h_{i,est}} \cdot F_i L_{ij} \quad (5.55)$$

综合价值函数和惩罚函数，V_i 针对 M_j 的个体竞标函数 B_{ij} 定义为

$$B_{ij} = Re_{ij} - Pe_{ij} = h_{i,est} \cdot R_{x,j} e^{-\lambda \frac{t_{task_j} - t_{s,j}}{t_{e,j} - t_{s,j}}} - \frac{1}{h_{i,est}} \cdot F_i L_{ij} \quad (5.56)$$

分组竞标函数建立在个体竞标函数基础上。对于目标 T_j，设分组 G_i 进行子任务预分配后得到的竞标值集合为 $\{B_1, B_2\}$，B_1、B_2 分别表示 G_i 执行侦察和打击子任务的竞标

值。分组竞标函数定义为 $\{B_1, B_2\}$ 的全部元素之和,表示为

$$B_{g,ij} = \sum B_1 + \sum B_2 \tag{5.57}$$

5.4.2.3　算法仿真与分析

假设集群由 1 个顶层领导者和 2 个分组共 11 架无人机组成。各分组包含 1 个侦察型领导者、2 个侦察型跟随者和 2 个攻击型跟随者。集群系统通信拓扑为

$$\boldsymbol{W} = \begin{bmatrix} 0 & 1 & 1 & 0 & 0 & 0 & 0 & 0 & 0 & 0 & 0 \\ 1 & 0 & 1 & 1 & 1 & 1 & 1 & 0 & 0 & 0 & 0 \\ 1 & 1 & 0 & 0 & 0 & 0 & 0 & 1 & 1 & 1 & 1 \\ 0 & 1 & 0 & 0 & 1 & 1 & 1 & 0 & 0 & 0 & 0 \\ 0 & 1 & 0 & 1 & 0 & 1 & 0 & 0 & 0 & 0 & 0 \\ 0 & 1 & 0 & 1 & 1 & 0 & 1 & 0 & 0 & 0 & 0 \\ 0 & 1 & 0 & 0 & 1 & 1 & 0 & 0 & 0 & 0 & 0 \\ 0 & 0 & 1 & 0 & 0 & 0 & 0 & 0 & 1 & 1 & 0 \\ 0 & 0 & 1 & 0 & 0 & 0 & 0 & 1 & 0 & 1 & 1 \\ 0 & 0 & 1 & 0 & 0 & 0 & 0 & 1 & 1 & 0 & 1 \\ 0 & 0 & 1 & 0 & 0 & 0 & 0 & 1 & 0 & 1 & 0 \end{bmatrix} \tag{5.58}$$

每架无人机最多能够执行 2 个子任务,每个子任务由 2 架无人机协同执行。采用人工势场法进行航迹规划,以实现考虑环境威胁规避的航程评估。想定场景下无人机和已知目标的态势信息如表 5.8 和表 5.9 所示。

表 5.10 为各目标分解后的任务的时间窗约束,任务的时间窗口随机生成。无人机集群需要在时间窗口内执行相应的任务。

表 5.8　无人机初始性能参数表

无人机	起始坐标/m	航程/m	速度/(m/s)	最大任务数量	任务能力 侦察	任务能力 打击
V_1	(0, 20, 30)	2 000	30	2	√	
V_2	(-400, 20, 30)	2 000	30	2	√	
V_3	(400, 20, 30)	2 000	30	2	√	
V_4	(-350, 20, 30)	2 000	30	2	√	
V_5	(-300, 20, 30)	2 000	30	2	√	
V_6	(-250, 20, 30)	1 500	40	2		√
V_7	(-200, 20, 30)	1 500	40	2		√
V_8	(350, 20, 30)	2 000	30	2	√	
V_9	(300, 20, 30)	2 000	30	2	√	
V_{10}	(250, 20, 30)	1 500	40	2		√
V_{11}	(200, 20, 30)	1 500	40	2		√

表 5.9　目标初始信息表

目　　标	坐标/m	任　务　类　型	
		侦察 S(前序任务)	攻击 A(后序任务)
T_1	(-245.20, 439.54, 0)	√	√
T_2	(-125.27, 473.52, 0)	√	√
T_3	(-212.90, 575.29, 0)	√	√
T_4	(288.12, 535.98, 0)	√	√
T_5	(107.37, 521.43, 0)	√	√
T_6	(-68.84, 483.15, 0)	√	√

表 5.10　任务时间窗约束

目　　标	侦察 S 任务时间窗		攻击 A 任务时间窗	
	最早/s	最晚/s	最早/s	最晚/s
T_1	83.66	103.66	108.66	133.66
T_2	237.46	257.46	262.46	287.46
T_3	330.27	350.27	355.27	380.27
T_4	513.83	533.83	538.83	563.83
T_5	549.63	569.63	574.63	599.63
T_6	527.03	547.03	552.03	577.03

　　假定已知我方集群针对 6 个敌方目标执行察打任务。各无人机、已知和未知环境威胁以及目标的初始分布如图 5.18 所示。

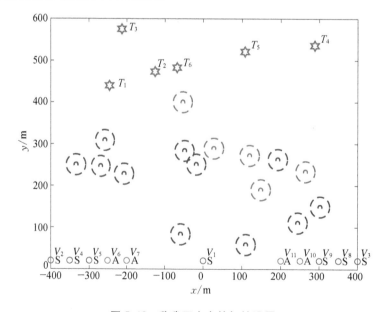

图 5.18　敌我双方态势初始设置

紫色威胁表示已知威胁,蓝色威胁表示未知威胁,坐标为随机生成。目标采用"T"进行标识;各无人机采用"V"进行标识,其中"S"表示侦察型无人机,"A"表示攻击型无人机。仿真过程中,选取无人机完成侦察子任务的最大价值为 100,完成攻击子任务的最大价值为 200,衰减因子 λ 为 0.9。

采用设计的无人机集群协同动态任务分配方法,针对已知目标的时序任务分配结果如表 5.11 所示。对于各无人机的任务执行计划,采用(任务目标,任务类型,任务执行开始时间,中标值)的格式进行表达。无人机集群任务执行时序如图 5.19 所示。

表 5.11　无人机集群时序任务分配结果

无人机	预计航程/m	执行任务数量	任务执行计划
V_1	0	0	——
V_2	0	0	——
V_3	0	0	——
V_4	700.50	2	$(T_3,\ S,\ 330.27,\ 44.95) \rightarrow (T_6,\ S,\ 527.03,\ 47.95)$
V_5	505.50	2	$(T_1,\ S,\ 83.66,\ 59.80) \rightarrow (T_2,\ S,\ 237.46,\ 53.50)$
V_6	516.00	2	$(T_1,\ A,\ 108.66,\ 70.40) \rightarrow (T_3,\ A,\ 355.27,\ 42.80)$
V_7	474.00	2	$(T_2,\ A,\ 262.46,\ 62.40) \rightarrow (T_6,\ A,\ 552.03,\ 58.00)$
V_8	0	0	——
V_9	663.36	2	$(T_4,\ S,\ 513.83,\ 50.17) \rightarrow (T_5,\ S,\ 549.63,\ 46.87)$
V_{10}	0	0	——
V_{11}	663.45	2	$(T_4,\ A,\ 538.83,\ 49.60) \rightarrow (T_5,\ A,\ 574.63,\ 50.93)$

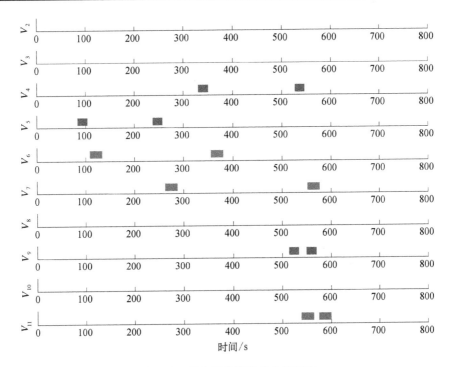

图 5.19　无人机集群任务执行时序

根据已知威胁信息和任务执行过程中侦察无人机探测的未知威胁信息,采用人工势场法,可实现任务执行过程中考虑威胁规避的航迹预规划。结合无人机集群任务分配结果、预规划航迹和任务执行时序,可以得到无人机集群任务执行示意如图 5.20 所示。

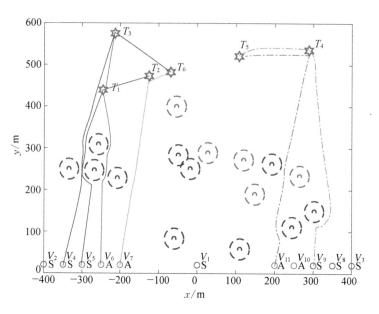

图 5.20　无人机集群任务执行示意图

从图 5.20 可看出,无人机集群采用协同任务分配方法,能够在考虑航迹规划耦合、任务时间窗约束的情况下,实现对已知目标的"侦察-打击"覆盖。

5.5　本 章 小 结

本章介绍了无人机集群任务分配问题,首先介绍了几种典型的集群任务分配的应用场景,其次建立了无人机集群的协同任务分配数学模型,最后分别给出了基于集中式任务分配算法和分布式任务分配算法求解无人机集群任务分配问题的过程。

5.6　课 后 练 习

1. 思考题

(1) 无人机集群的离线任务分配数学模型与在线任务分配数学模型有何不同?

(2) 阐述集中式任务分配算法的优缺点是什么?如何进行改进?

(3) 阐述分布式任务分配算法的优缺点是什么?如何进行改进?

(4) 除本章介绍的典型场景外,试举出无人机集群分布式任务分配的应用场景?

2. 程序设计题

异构集群由 2 架侦察型无人机和 5 架察打一体型无人机组成。任务区域中存在 5 个目标,分别需要被执行侦察任务和两次打击任务,无人机间通信范围为 5 km,战场空间中存在 2 处雷达威胁和 2 处高炮威胁,考虑目标的奖励价值及衰减,依据本章任务分配建模方法建立无人机异构集群的任务分配模型。

参考文献

[1] 程进,罗世彬,宋闯,等. 弹群协同与自主决策[M]. 北京:科学出版社,2020:1-215.

[2] 王孟阳. 网络化巡飞弹察打一体动态任务规划研究[D]. 西安:西北工业大学,2021:1-36.

[3] 李新国,方群. 有翼导弹飞行动力学[M]. 西安:西北工业大学出版社,2005:10-35.

[4] 茹常剑,魏瑞轩,戴静,等. 基于纳什议价的无人机编队自主重构控制方法[J]. 自动化学报,2013, 39(8):1349-1359.

[5] 马晓玉. 突发威胁下无人机航路规划方法研究[D]. 沈阳:沈阳航空航天大学,2019:25-40.

[6] 游尧. 面向无人机编队空面任务的 CNN/BN 参数学习与决策方法研究[D]. 长沙:国防科技大学, 2019:40-42.

[7] RASMUSSEN S, CHANDLER P, MITCHELL J, et al. Optimal vs. Heuristic assignment of cooperative autonomous unmanned air vehicles[C]. Austin:AIAA Guidance, Navigation, and Control Conference and Exhibit, 2003.

[8] LI D W, LU L J, WANG L. On network dynamic planar location problem based on matrix operation [C]. Zhangjiajie:2007 Chinese Control Conference, 2007.

[9] HOANG P, RABAEY J. Hierarchical scheduling of DSP programs onto multiprocessors for maximum throughput[C]. Berkeley:Proceedings of the International Conference on Application Specific Array Processors, 1992.

[10] 李爱国,覃征. 粒子群优化算法[M]. 哈尔滨:黑龙江人民出版社,2015:1-20.

[11] HU X X, MA H W, YE Q S, et al. Hierarchical method of task assignment for multiple cooperating UAV teams[J]. Journal of Systems Engineering and Electronics, 2015, 26(5):1000-1009.

[12] 杨毅. 基于多无人机多任务的决策算法研究[D]. 哈尔滨:哈尔滨工业大学,2020:20-43.

[13] DORIGO M, MANIEZZO V, COLORNI A. Ant system:optimization by a colony of cooperating agents [J]. IEEE Transactions on Systems, Man, and Cybernetics, Part B (Cybernetics), 1996, 26(1): 29-41.

[14] 苏菲,陈岩,沈林成. 基于蚁群算法的无人机协同多任务分配[J]. 航空学报,2008(S1):184-191.

[15] MYERSON R B. Game theory:analysis of conflict[M]. Cambridge:Harvard University Press, 1997: 1-35.

第6章
无人机集群航迹规划技术

　　航迹规划是指在综合考虑无人机集群任务时间、燃料消耗、威胁和飞行区域等因素的前提下,为无人机规划出一条最优的飞行航迹,以保证圆满完成预定任务。航迹规划是任务分配的基础,两者共同作为任务规划系统的主要功能占据重要地位。在防空技术日益先进、体系作战日益完善的现代化战争中,航迹规划是实现集群技术自动化、智能化的关键技术,是提高集群任务效能,实现多任务有序执行和远程精确打击的有效手段。

　　本章首先给出典型航迹规划场景,然后对航迹规划系统组成和系统数学模型进行介绍,接着按照无人机集群不同任务模式下的任务特性和需求实现航迹的有效生成,最后给出航迹平滑和检测方法。本章具体安排如下:6.1节介绍了航迹规划的场景;6.2节介绍了航迹规划系统框架和实现流程;6.3节建立航迹规划模型;6.4节介绍了航迹规划典型算法;6.5节介绍了航迹平滑和航迹检测多方法;6.6节是本章小结;6.7节给出了思考题和程序设计题。

【学习要点】
- 掌握:① 航迹规划系统框架及其实现流程;② 多约束下的航迹规划模型。
- 熟悉:① 典型航迹规划场景及其模型;② A^*、RRT等典型航迹规划算法原理。
- 了解:航迹平滑的相关算法和航迹检测的方法。

6.1　典型航迹规划场景

　　无人机集群协同航迹规划的目的是最大程度地利用地形、天气、威胁、禁飞区、情报等环境信息,通过无人机间的相互连通的数据链,以及集识别、通信、导航于一体的战术信息分配系统,实现飞行航迹上相互配合,协同有效地组织多架无人机以完成共同任务为目标,为无人机设计出从出发点到目标点满足各项机动性能约束的飞行航迹,并获得更高的作战效能和对资源的充分利用,达到比单架无人机更优的作战效果。战场中典型的航迹规划任务场景有:区域封锁任务、协同打击任务、异构协同任务,构建三种典型航迹规划场景,为后续无人机航迹规划研究提供模型基础。

6.1.1　区域封锁任务

当敌方阵地中敌方目标位置不清晰,对目标态势价值认知不足,则需对敌方重点区域进行封锁,规划无人机集群盘旋于该区域上空,执行该任务的无人机自带探测设备,循环往复对敌方区域进行搜索与压制,当探测到敌方目标出现时,即可对该目标进行实时打击。

当接收到封锁区域、重访周期、封锁时间等封锁作战任务要求后,规划控制模块需对封锁区域进行规则化或分区处理,便于后续规划,然后进行无人机集群与目标区域的匹配、航迹规划及侦察策略(含扫描策略)规划。进行封锁任务规划需综合考虑无人机飞行高度、飞行速度及传感器性能,满足封锁作战任务要求。

封锁任务场景如图 6.1 所示,按照航迹阶段可分为起飞调整段、编队保持段、队形调整段、区域封控段。无人机集群封锁航迹规划问题可描述如下:给定 n 架相同的无人机 V_i, $i = 1$, 2, $\cdots$, n, 每架无人机携带同种探测传感器,因此传感器性能约束及物理模型一致,对某个给定区域 P 进行封锁,规划集群航迹使得封锁效率最高且满足重访周期约束 T_{limit}。 首先根据无人机传感器探测约束,设计封控航迹规划策略,然后根据策略规划封锁航迹,最后评估航迹效能选择封锁效率最高的航迹为最终区域封锁航迹。

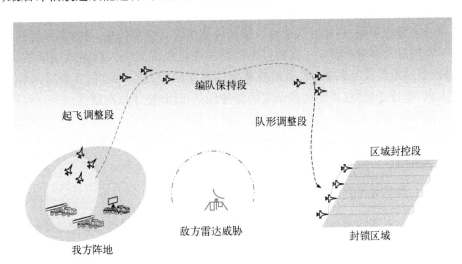

图 6.1　封锁任务场景图

在进行封锁任务的航迹规划时,针对封锁区域的形状,首先对其进行规则化,然后选择合理的无人机进入方向。根据机载传感器性能参数和飞行高度,以全局扫描效率为性能指标,对机载探测传感器扫描规律进行规划设计,得出最优扫描策略和最优扫描宽度,以此进行封锁任务的无人机数目确定与航迹规划,以满足重访周期 T_{limit} 要求。

6.1.2　协同打击任务

打击任务是指在收到目标位置信息、属性信息、时间要求、地形数据、战场态势信息后,由航迹规划算法规划出航迹点并装订,对目标实施打击。无人机协同打击任务是战场上典型的作战任务,根据目标是否存在打击方位角约束,分为有向打击和全向打击。例如,目标水平面360°范围内无地形遮挡或其他障碍物,为全向饱和打击;目标为山脚下的目标,或是洞穴内的目标,则存在打击方位角度约束,为定向序贯打击,无人机集群全向协同打击如图6.2所示,集群顺序定向打击如图6.3所示。

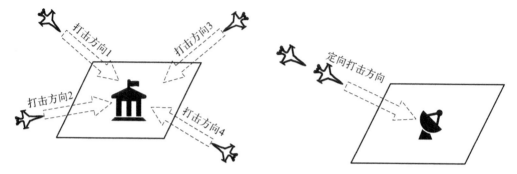

图6.2 无人机集群全向协同打击示意图　　　图6.3 无人机集群定向协同打击示意图

无人机集群协同对敌打击过程,主要集中表现为空中突防、对目标实施打击和敌方防空体系之间的对抗,可以在敌方前沿阵地进行,也可在敌后方的纵深进行,主要特点如下:

(1)协同打击任务是预先规划和主动进行的,因此需要在无人机执行打击任务之前进行充分的侦察和规划,必要时候还可以借助计算机进行模拟仿真,对方案进行评估;

(2)协同打击准确严密。一次的打击任务往往是由多架无人机组成编队共同完成,因此,必须通过地面控制系统(地面站或者指挥调度中心)统一调度,实现时间和空间上的多无人机、多任务协同,才能完成预定的打击任务,达到整体效能最优;

(3)地形环境的复杂性。由于无人机集群对敌打击过程中,仍需要飞行一段时间,复杂的地形条件对协同航迹规划提出了较高的要求;雨、雾等复杂气象条件也对协同打击航迹与制导系统的协调提出了要求。

6.1.3 异构协同任务

无人机搭载不同传感器设备,可执行不同作战任务,当搭载成像设备,可执行对目标的侦察,也可执行对目标毁伤情况的评估任务,当搭载通信设备后,可承担中继通信任务。因此,战场需求促使战场异构任务的产生,例如,侦察打击一体化任务,中继通信任务、电子干扰任务等。

6.1.3.1 侦察打击一体化任务

战场环境错综复杂,特别是对于时间敏感性目标(如敌方导弹阵地雷达,往往在实施打击时才开机,完成打击后即关闭),战机往往稍纵即逝,因此在实战中,无人机集群的侦察和打击任务往往是同时进行的。集群执行侦察打击一体化任务过程中,主要包含四种状态,如图6.4所示。

(1)自由飞行状态。从初始点开始到第一次进入目标区域前的阶段。这一阶段约束较少,但由于集群内个体初始状态的差异性(初始速度、速度方向、初始位置、初始姿态

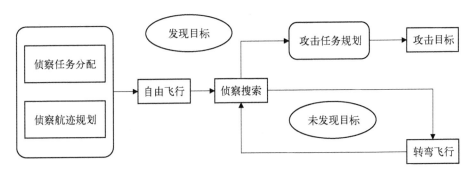

图 6.4　侦察打击一体化任务执行过程图

等)给侦察阶段航迹规划的可靠生成带来了一定困难。

（2）侦察搜索状态。这一状态无人机集群主要按照预规划航迹进行飞行,对目标区域进行协同搜索侦察定位目标。

（3）转弯飞行状态。由于在目标区域内集群不能一直直线飞行,但转弯又会给搜索带来一定的遗漏,因此可以针对不同任务特性进行选择。如果主要关注侦察搜索的覆盖率,则可将转弯的部分安排在目标区域以外,牺牲航程最优性;若更加关注集群航程,则可选择在侦察区域内转弯而适当牺牲侦察覆盖率。

（4）打击目标状态。一旦定位目标,将打击任务航迹更新到无人机,按照新的航迹对目标进行打击,直至完成对目标的打击任务。

6.1.3.2　中继通信任务

随着无人机技术的发展,任务趋于多样化,活动范围大幅度扩展,在此基础上出现的战场大范围通信迫切要求使得无人机作为战术通信中继平台成为可能,并显示出其独特的优势,而高空长航时和中空长航时无人机的出现,使上述可能变为现实。无人机集群不仅可以把敌目标信息传递给己方的地面作战部队和空中战机,还可以通过机载设备,实现与指控中心和空中战机之间的相互通信。无人机集群作为通信中继平台,具有平台机动性好、费效比低、易于部署和控制,通信组网方式灵活,设备更新换代方便等优势,中继通信任务如图 6.5 所示。

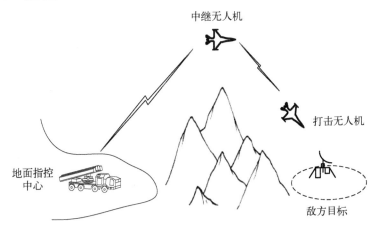

图 6.5　中继协同打击示意图

6.1.3.3 电子干扰任务

无人机集群实施电子干扰主要有两种方式：一种是主动式积极干扰，另一种是被动式消极干扰。主动式积极干扰型无人机本身携带干扰雷达或通信设备的干扰机，通过辐射电磁波干扰敌方；被动干扰型无人机多采用释放箔条和金属干扰丝干扰敌方。无人机集群电子干扰目的主要是掩护己方战斗型无人机突防和对敌打击。干扰重点是敌方警戒雷达、炮瞄雷达、制导雷达等。由于干扰距离近，无人机能以较小干扰功率获得极强干扰效果，还能直接作用于雷达波束主瓣，干扰扇面大，为己方争取和掌握主动权，减少伤亡和损耗发挥了重要作用。

6.2 航迹规划系统的组成

6.2.1 航迹规划系统框架

随着科学技术的发展和敌方防御系统的更新换代，无人机集群执行任务越来越困难，因此获得最优航迹也越来越复杂。集群的航迹规划问题是复杂的多学科多目标优化问题，主要体现在如下几个方面。

（1）集群航迹规划随着问题规模增大考虑的因素逐渐增多，不只需要考虑目标函数值的最优问题，还需要考虑环境的变化对参考航迹的影响，无人机动力学方面的约束等[1]。

（2）航迹规划涉及飞行力学、自动控制、导航、雷达、火控、作战效能分析、人工智能、运筹学、计算机和图像处理等多个学科和专业，是一个多学科的综合性的、难度很大的研究课题[2]。

（3）航迹规划的目标函数相互冲突，相互影响，相互制约。如集群飞行时要求生存概率越高越好，对威胁源的绕行使得集群航程会大幅增加，飞行时间也会相应增加，对快速攻击目标不利，且飞行时间的增加同样会增加被探测的概率和被击落的概率[3]。因此在进行航迹规划时，航迹优化需要有一个综合考虑的评价指标。

（4）航迹规划的实时通信要求越来越高。要求航迹规划系统将动态威胁源参数或目标参数通过卫星或其他通信手段实时传递给无人机集群，并根据这些参数对飞行航迹进行实时规划、装订更新。

根据以上分析可知有必要建立航迹规划实现方法的系统框架，在该框架下系统地研究航迹规划的实现问题，使得航迹规划问题实现系统化、通用化和模块化。因此建立一种通用、统一接口的战术级无人机集群航迹规划系统是十分必要的。航迹规划系统主要包含数据库管理模块、环境信息处理模块、任务分解模块、航迹规划算法模块、航迹评估模块等。

（1）数据库管理模块。数据库包括无人机数据库、地图数据库、威胁数据库、气象数据库、情报数据库、规划成果数据库等，因此管理模块应具备基本数据的导入导出、编辑、校验和检索等功能。

（2）环境信息处理模块。该模块具备从数据库里读出指定的数据，并进行指定的处理方式，并把处理结果存入相应的数据库。信息处理模块包含地形预处理模块、情报处理模块、武器数据处理模块等。地形预处理模块根据要求对数字地图进行一定的处理操作，并把处理的结果存入相应的数据库，以备使用；情报处理模块根据所获得的情报进行分类处理，更新情报数据库，并及时更新威胁源数据库；武器数据处理模块主要是当目前所能使用的武器发生变化时，及时更新武器数据库。

（3）任务分解模块。该模块主要根据下达的任务目标，选择合适的无人机及其攻击载荷、选择合理的航迹优化函数、确定各个代价值的加权因子、确定航迹规划的初始条件和优化模式等。

（4）航迹规划算法模块。包含各个优化算法，以备在确定任务之后选择合理的优化搜索算法。这就需要对模块与系统之间的接口标准化，以便对算法模块进行更换或更新。在航迹规划中采用哪一种算法，视整个系统的效率需求，并在效率和精度之间折中选择。

（5）航迹评估模块。包括航迹评价模块、航迹检验模块和航迹评估模块。航迹评价模块包括航迹的广义代价值的分类及计算方法，在选择航迹优化函数之后计算航迹的广义代价；航迹检验模块主要是对已经获得的参考航迹进行几何和动力学检验，以评估其是否适合飞行；航迹评估模块是在航迹检验模块的基础上对参考航迹进行更深一步的检验。

由上述模块组成的航迹规划系统框架如图 6.6 所示，各个模块之间的关系如图 6.7 所示。

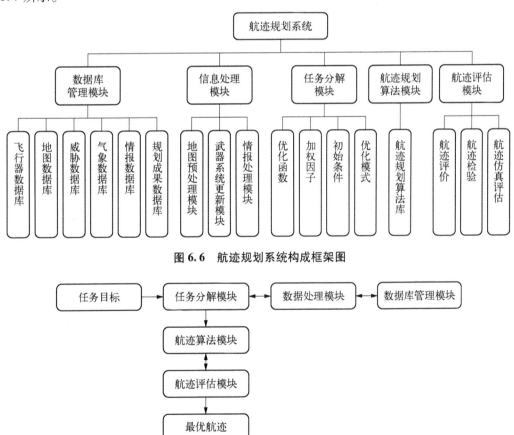

图 6.6　航迹规划系统构成框架图

图 6.7　航迹规划系统各模块之间的关系示意图

6.2.2 航迹规划构成要素

无人机集群航迹规划涉及多方面的因素,如规划空间的表示、优化目标的分解等,这些要素将直接影响航迹规划的效率和结果,本节主要对航迹规划的构成要素进行分析。

6.2.2.1 航迹规划数学描述

航迹规划问题是在规划空间上的优化搜索问题,因此可以表示为:在某一个规划空间 Ω 内,为无人机集群 V 规划出从初始位置 S_0 到任务执行完成位置 S_G 的飞行航迹序列 p,使得在满足约束条件 $g(p)$ 下,使得航迹广义代价 W 最小。因此集群的航迹规划问题可以表示为

$$W_{\min} = \min_{p \in \Omega} \left\{ W[p(I, T, F, G)] \right\} \quad \text{s.t.} \quad g(p) \geq 0 \qquad (6.1)$$

其中,I 为航迹规划的参数,即优化变量;T 为目标状态,即需要达到的目标,如单机航迹或多机协同航迹等;F 为航迹规划的优化算法,即采用的航迹规划算法、航迹检验方法等;G 为航迹规划空间,一般体现在约束条件中;W 为参考航迹的广义代价,包括但不限于航程、油耗、生存概率等。因此航迹规划问题包含如下五个主要构成要素:优化目标、规划空间、优化设计参数、规划算法和广义代价。

6.2.2.2 优化目标

优化目标也称为"任务要求",即集群需要执行什么样的任务。首先根据战场态势和任务要求确定航迹规划是离线规划还是实时规划,据此确定优化参数和广义代价函数,并选择合适的优化模式。其次确定航迹规划的优化目标函数。一般优化目标有多个,包括油耗最少、生存概率最高、航程最短、任务效能最高等,但这些目标是互相矛盾和相互耦合的,因此需要确定是多目标优化问题优化目标。

无人机集群协同航迹规划是指采用多个异构无人机不同的航迹执行任务,以提高对任务执行效果,因此需要对不同的无人机之间的路径及到达目标的时间进行协调。从航迹规划时间效率要求的角度可将航迹规划分为离线规划、自适应航迹规划和在线规划。

(1)离线规划。在无人机执行任务之前,根据离线环境信息、目标信息和任务信息,规划出可行的协同飞行航迹。因此离线规划只能根据离线环境及战场态势信息状态,而不能随环境的变化而变化。离线规划航迹具有比较高的精度要求,对规划速度约束较弱。

(2)自适应航迹规划。集群在抵达目标点途中接受和分析实时的威胁数据,以改变预先装订的离线生成航迹,以提高自身的生存概率。相比于离线规划要求机载计算机具有更强的数据处理能力。

(3)在线规划。无人机集群起飞之后,沿着离线规划所得的参考航迹进行飞行,期间由于环境或任务的动态变化,需要对航迹进行动态规划调整,此时进行的规划即为在线规划。由于在线规划实时性较强,要求规划时间短,因此对规划方法时间效率的要求比较高。

6.2.2.3 规划空间

航迹规划空间是一个巨大的复杂搜索空间,有广义和狭义之分。广义的规划空间是

指包含所有航迹的一个封闭有界区域,狭义的规划空间是指所有可行航迹构成的一个封闭有界区域,又称最小规划空间。它们之间的关系如图 6.8 所示。

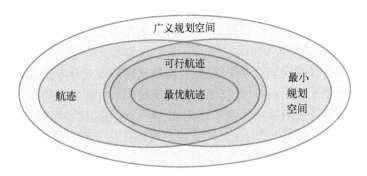

图 6.8　航迹规划空间定义

从图 6.8 可以看出,最小规划空间是广义规划空间的子集,相比于其他规划空间,它的航迹规划效率最高,因此它是最理想的规划空间,其一般由以下几个方面确定。

(1)水平方向上,边界条件为从当前航迹节点到起始点的距离与到目标点的距离之和不大于无人机的最大航程,一般还需要去除多个威胁源的叠加区域。

(2)垂直方向上,理论上以地形高程值作为下边界,但是出于飞行安全性的考虑,须保持一定的离地间隙,下边界一般由安全离地间隙决定。无人机并不是飞得越高越好,飞得越低越不容易被发现,且无人机的升限是一定的,因此上边界由集群的作战任务确定。

6.2.2.4　优化设计参数

在进行航迹规划时,需要确定优化设计参数,一般采用集群航迹节点作为基本的设计参数。因为在航迹规划过程中,不管采用哪一个搜索算法,在实现过程中,都是把航迹节点作为最基本的操作对象。

航迹节点的具体设计参数和节点存储形式直接关系到规划算法的效率,因此需要研究航迹节点的存储形式即研究航迹节点的编码方式。在各种优化算法中主要有长度和方向角混合编码、双向链表节点混合编码及数组混合编码等编码方式。

6.2.2.5　规划算法

规划算法的好坏直接关系到航迹规划效率与结果的优劣,在一般情况下规划效率与结果的优劣是一个矛盾体,不可兼得。因此,在性能指标确定的情况下,需要选择合适的规划算法。

传统的规划方法是基于预先确定的代价函数生成一条具有最小代价的航迹。然而,在许多应用中,这样得到的最小代价航迹不能满足实际要求。在实际应用中,航迹规划需要综合考虑无人机集群机动性能、突防概率、碰地概率和飞行时间等约束因素。同时由于无人机航迹规划的规划区域广阔,形成一个巨大的搜索空间,通常的搜索算法要获得一条最优航迹需要很长的收敛时间和极大的内存空间,对于满足实时性的要求十分困难。

6.2.2.6　广义代价

广义代价指的是无人机集群从起始点到目标点的代价函数,一般主要考虑的代价有油耗代价、航程代价、生存代价及高程代价等[4]。

6.2.3　航迹规划实现流程

无人机集群航迹规划是复杂战场环境下的多机航迹规划问题,是指任务控制站或机载计算机基于当前战场态势信息和通信数据链路,为集群在当前位置点(发射点)和目标点(任务点)之间规划出多条飞行代价最优或较优的飞行航迹,使得集群内无人机能够在满足任务约束条件下各自完成已分配任务,协同航迹规划要充分考虑威胁回避、禁飞区绕行、燃料消耗、机间碰撞规避、多任务约束及无人机相关飞行性能等约束。

无人机集群的航迹规划需要处理非结构化、大范围、复杂的规划环境,这对许多传统的航迹规划算法提出了挑战,因为过分冗长规划时间往往会丧失实际可行性。集群通过机载数据链路实现预规划航迹与动态规划航迹的结合。集群起飞前,通过离线规划的部分航迹预装订到无人机上;集群起飞后,需要适应作战过程中战场态势的动态变化,如当出现突发威胁时,基于数据链的信息传递进行在线规划并将实时规划的航迹点传给无人机,实时规划出回避威胁的航迹;当增加新的任务或任务更改时,需要快速规划出相应的新航迹,因此航迹规划系统是否具有稳健而有效的计算属性和实现流程就显得尤为重要。

本节以集群航迹规划的需求和战术价值为牵引,首先介绍航迹规划作战使用要求,然后制定与其对应的航迹规划基本原则,最后根据使用要求与基本原则给出集群航迹规划流程步骤。

6.2.3.1　航迹规划作战使用要求

无人机集群航迹规划的出现从根本上改变了传统无人机作战攻防战术的运用,使得编队作战使用方法和组织实施过程都发生了新的变化,从而也对无人机集群任务执行过程中的相关信息保障、辅助决策、指挥控制等提出了新的要求[5]。

1. 对信息保障要求高

(1)航迹规划的设置,依赖于对信息保障的要求和对战场环境信息的实时掌控,比如敌我态势数据、目标参数、敌方防御部署、电磁环境、水文气象、地图数据信息的精确掌握。尤其对目标信息、障碍物信息等数据要及时、准确地掌握,这些信息是航迹规划中的基本条件。

(2)航迹规划增加了无人机转向飞行的次数和飞行距离,扩大了无人机自控终点散度。特别是无人机的转向会显著地影响自控陀螺仪的跟踪精度,增加无人机到达航迹点的散度误差,因此集群对远距离指示精度的要求相对提高。

(3)提高了对集群保障系统的要求。集群保障系统已经成为集群顺利执行任务的关键环节,在复杂的电磁环境下,无线电导航系统(包括北斗卫星导航系统、GPS、GLONASS)可能无法使用,如何保证集群的导航精度是必须解决的问题。

2. 对辅助决策要求高

无人机集群航迹规划的实现是一个复杂的运筹决策过程,涉及的决策要素非常庞大,一是要考虑规划航迹能否满足无人机自身各项技术参数的要求;二是考虑规划的航迹能否有效避开障碍物和敌方防御火力区域;三是考虑规划的航迹能否满足任务协同要求。随着集群规模的增大,规划的约束条件和优化目标的解算都非常复杂庞大;四是规划的航迹任务执行效能是否最佳,是否合理。以上几点都是在规划过程中短时间决策的,如果没有辅助决策系统的支持,几乎不可能完成以上工作,也就无法发挥集群航迹规划功能的特长。

3. 对指挥控制要求高

无人机集群飞行航程的增加使得编队侦察范围更广、打击区域扩大、打击目标增多,对战场环境范围内目标的掌控,编队、打击群的协调控制,多方向协同打击多个目标,集群作战战术的多样性都依赖于指挥控制系统的协同。航迹规划的应用一方面能够为异构无人机之间的协同、合围创造条件;另一方面,航迹的复杂化、威胁的动态变化使得协同指挥控制的难度不断增加。

4. 对规划时效要求高

无人机集群的航迹规划不仅仅是实现无人机平台多种战术需求的一种技术手段,更是一个基于战场环境和敌我双方作战态势而实时进行的一种作战规划行为。实时的信息交互、协同信息的共享是实现集群航迹规划的重要前提。同时现代作战战场环境瞬息万变,要求集群能够迅速完成航迹规划任务。因此航迹规划需满足快速性要求,尽量简化决策过程,优化航迹规划多约束模型,缩短航迹规划时间,提高集群系统的反应能力。

5. 对精确调度要求高

现代战争要求集群调度精度更加准确,航迹规划过程中应根据无人机任务载荷、异构无人机性能、目标特性和毁伤要求,合理确定无人机数量,这是因为无人机数目的增多会使得集群航迹规划空间拥挤,不利于航迹规划的实现,降低航迹规划的可操作性。同时,集群航迹密集会使得受到敌方同一电子干扰装备干扰的可能性增大,航迹交叉导致的机间相互干扰可能性增大,会进一步增加航迹规划的难度。

6.2.3.2　制定航迹规划的基本原则

无人机集群航迹规划的根本目的是最大限度地挖掘集群的作战效能,提高对动态战场的适应能力和战术使用的灵活性。要科学、合理地规划无人机的飞行航迹,除了要为多种任务创造可行的执行条件,还必须综合考虑作战使用的其他要素要求。由此根据无人机集群作战特性和未来空战环境特点,集群航迹规划应遵守以下几个原则[5]。

1. 战术稳妥原则

战术稳妥是航迹规划以适应无人机集群任务的基本战术要求。根据战术需要,首先考虑无人机的初始位置和任务点位置,作为航迹规划的基本目标。然后根据无人机速度方向、飞控周期稳定时间以及规划起点之后的一段距离用来补偿无人机航迹规划耗时损失,最后根据终端位置和速度方向约束生成集群最后一个拐弯点,使得集群开始执行任务时无人机的速度方向稳定,这段稳定的距离和时间由无人机自身性能决定。

2. 航迹安全原则

航迹规划的基本要求是确保无人机飞行路径的安全性,主要包括以下几个方面。

(1) 确保自身安全。选定能够有效避开己方有效区域的飞行航迹,确保己方单元不会处于无人机集群任务区内,保障自身安全。

(2) 确保无人机集群安全起飞降落。起飞和降落过程中飞行航迹必须确保集群能够有效避开山体等地形威胁,更重要的是确保飞行航迹不会相互影响发生冲突。

(3) 确保飞行航迹隐蔽。战场存在敌方雷达和反导系统等威胁,规划航迹以隐蔽性为一定目标,尝试选择敌方无法捕捉、能够隐藏行为意图的飞行航迹,从而实现突防效能的增加。

(4)确保集群任务执行。任务为集群航迹规划的根本,因此规划过程中必须满足任务对于航向、位置等的约束,按照预定要求精确地执行任务。如无人机集群可以安全准确地捕获目标并选择目标以分配预定的火力,再次规划打击航迹实现对目标的多方向序贯打击。

3. 航程最短原则

由于无人机集群任务执行时间较长,控制系统的误差会随着无人机飞行逐渐累积,这会在自控结束时增加误差,因此航程设计应尽可能减小。在航迹规划过程中,优化每个航迹转折点的设计,最小化无人机总航程,使集群能够在最短时间内执行任务。

4. 转向最少原则

航迹规划过程中过多的飞行航迹转向点不仅对无人机的运动性能提出了很高的要求,还增加了飞行误差。因此有必要使得规划航迹转向点数目最少,降低航迹规划的难度,减少无人机自控飞行的飞行误差,提高集群精度。

5. 易于实现原则

无人机航迹规划决策是件十分复杂的工作,需要综合无人机任务载荷、无人机武器系统、作战指挥系统、空间多威胁、目标和战场态势等各个方面的信息,如无人机协同侦察航向、无人机火力分配基准方向、无人机可用过载和转向半径、无人机最大可用转向角、无人机最小航迹段距离、无人机飞行速度、目标位置及散布、威胁区域半径及高度等,这些因素相互制约、同时存在,航迹规划过程中存在大量的判别和计算。

因此航迹规划应遵循易于实现的原则,有利于无人机集群的作战使用,合理、科学地进行航迹规划,一方面要优化航迹规划数学模型,简化航迹规划算法程序;另一方面要对航迹规划时间和系统响应时间进行改进,确保航迹规划能够灵活、方便地使用,不能因为航迹规划限制整个集群的使用。

6. 整体协同原则

集群航迹规划与单机航迹规划的最大差别在于集群航迹的"涌现性",这是系统的合成而不是简单的相加,是无人机之间的协调和互动的综合过程,提高整体任务效能。因此集群航迹规划是一种合作式的航迹规划,如果集群内每架无人机航迹协调良好,则无人机效能都会加倍,否则会引起内部摩擦,甚至影响整个任务过程。集群航迹规划旨在最大化协同作战效能,把握作战空间上相对位置的相关性和作战时间上的关联性,对集群航迹进行全局性、全方位和全过程的整体协同。由于战场态势的动态变化和作战任务的发展,每架无人机都必须积极配合,适时调整以动态协调航迹规划,满足整体协同原则。

7. 机动服务原则

空战任务强调火力机动实现机动战,而其关键在于机动的速度,集群具备航迹规划能力后,远程高效的火力机动逐渐成为集群运用的主要趋势。在机动为主的背景下,为适应现代空战需求,火力机动应服从于集群整体航迹规划的需要,是集群任务的基本要素。通过恰当的火力机动才能得到战术价值最优的协同航迹,进而提高任务效能,形成有利的任务态势。

6.2.3.3 集群航迹规划流程步骤

航迹规划本质上是在一定空间内的路径寻优问题,其求解关键点是目标函数和约束条件,主要包括以下几种重要因素:① 外部环境信息;② 航迹规划的算法;③ 飞行性能约束。图6.9表示航迹规划的实现过程。

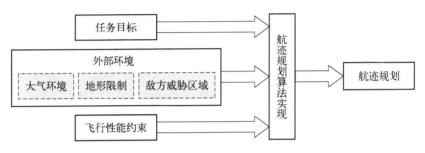

图6.9 航迹规划的实现过程

航迹规划的关键在于集群、目标和威胁区等信息的获取和处理,利用这些信息对集群进行航迹规划,保证集群成功执行任务。根据实现的难易程度,通常将其规划过程分为四步。

第一步是静态航迹规划。静态参考航迹预规划是在确定战场环境下,即战场的各种威胁分布、地形环境等均已知的前提下,预先进行的航迹规划。由于不是飞行过程中进行航迹规划,因此对于规划的时间要求不是很高,主要对规划的精度要求较高,其目的是使航迹综合代价最低。

第二步是实时动态航迹规划。由于实际飞行中存在突发威胁,或者是有新的战术任务要求,无人机不能严格按照预先规划航迹飞行,需要根据战场动态态势建立航迹规划模型,采用恰当的算法实现航迹的实时动态调整。

第三步是无人机集群协同航迹规划。在完成单机的可行航迹规划后,由于多任务需求,需要建立集群协同航迹规划,协调处理各无人机航迹之间的相互关系,包括空间、时间和任务协调关系,使集群能够在相同的任务空域内有效执行任务并保证安全飞行。

第四步是航迹平滑。由于无人机受最小步长、最小飞行高度、最大航程、最大转弯角度、最大爬升角、最远打击范围等飞行性能条件的约束,根据规划算法获得的“最优”航迹可飞性较差,因此必须进行航迹平滑。航迹平滑就是对航迹进行平滑过渡设计,使其满足可靠性要求。

6.3 航迹规划系统的数学模型

6.3.1 多约束的航迹规划模型

6.3.1.1 相关概念及定义

无人机集群航迹规划是航迹规划领域中的一类新问题,给航迹规划领域的相关研究提出了新要求。从目前已有的研究工作来看,有关有人/无人机航迹规划已有不少研究,但对无人机集群航迹规划概念及其定义的研究甚少出现。明确的概念和定义是阐明研究内容、解决技术问题的基础和指南,因此本节将对无人机集群航迹规划的相关概念和定义进行叙述。

1. 无人机的航迹概念

从军事问题背景角度来说,无人机集群航迹规划是指集群起飞前,根据先验实际战场态势、作战需求和无人机飞行性能,对无人机在自控段的飞行航迹进行设定,使得无人机在起飞后按照预设的航迹进行飞行。当战场态势动态变化时,根据任务实时需求进行航迹调整和动态规划。为了简化描述,首先对无人机航迹规划模型作如下定义。

定义 6.1 起飞点(take-off point):无人机平台的起飞点或抛洒点,记作 A。

定义 6.2 目标点(target point):根据任务多约束和无人机载荷模型的不同而设定的目标为支点,如打击载荷对目标抛洒弹药打击还是自主制导打击,决定航迹规划目标点是真实战场目标的现在点或者前置点,记作 E。

在侧向二维平面(水平面)上,考虑到实际任务需求、规划环境和计算复杂度,本节将航迹规划曲线进行离散化抽象建模,采用分段直线模型表示无人机飞行航迹。离散化抽象过程如图 6.10 所示。

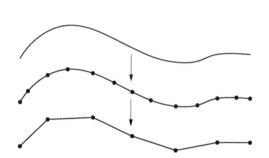

图 6.10 航迹连续曲线的离散化过程示意图

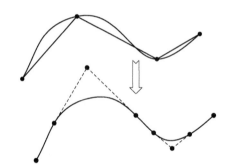

图 6.11 航迹转弯关键点示意图

2. 航迹规划相关定义

从图 6.10 可以看出,离散化后的航迹由曲线上若干关键点和它们之间的连线组成,表示为一个点序列,随着离散化精度的降低,分段直线模型与曲线模型的差距(主要指长度、速度方向等)越来越大,模型失真度也就越来越大。为了减少航迹规划的失真程度,根据无人机的飞行转向原理,将这些转向关键点从曲线的顶部位移至弧顶以外,定义如下。

定义 6.3 航迹转弯点(path turning points):无人机 V_i 转向前主航向的延长线与转向稳定后航向的反向延长线的交点,记作 p_k^i,$1 < k < N_i$。如图 6.11 所示。

为了统一描述航迹规划过程,本节作如下定义。

定义 6.4 航迹点(path points):发射点 A、目标点 E 和所有航迹转向点 p_k 的集合,记为 P,则无人机 V_i 航迹点可表示如下:

$$P_i = \{A, p_k^i, E\} \tag{6.2}$$

其中，$1 < k < N_i$。

定义 6.5 航迹（path）：从起始点到任务结束点的有序航迹点集合，称为航迹，用如下参数描述无人机 V_i 的航迹结果：

$$P_i = \{p_1^i(x_1^i, y_1^i, z_1^i, \bar{t}_1^i, \bar{l}_1^i), p_2^i(x_2^i, y_2^i, z_2^i, \bar{t}_2^i, \bar{l}_2^i), \cdots, p_{N_i}^i(x_{N_i}^i, y_{N_i}^i, z_{N_i}^i, \bar{t}_{N_i}^i, \bar{l}_{N_i}^i)\} \tag{6.3}$$

其中，N_i 为无人机 V_i 任务规划航迹点总数；$\boldsymbol{pos}_i = (x_k^i, y_k^i, z_k^i)$ 为 V_i 规划第 k 个航迹点结果；$\bar{t}_k^i$ 为 V_i 飞行至航迹点 p_k^i 的预估时刻；$\bar{l}_k^i$ 为无人机飞至 p_k^i 时的总路径长度。假设 V_i 飞行平均速度为 v_i，则无人机抵达第 k 个航迹点 p_k^i 的预估航程和预估时间为

$$\bar{l}_k^i = \bar{l}_{k-1}^i + \sqrt{(x_k^i - x_{k-1}^i)^2 + (y_k^i - y_{k-1}^i)^2 + (z_k^i - z_{k-1}^i)^2} \tag{6.4}$$

$$\bar{t}_k^i = \bar{t}_{k-1}^i + \sqrt{(x_k^i - x_{k-1}^i)^2 + (y_k^i - y_{k-1}^i)^2 + (z_k^i - z_{k-1}^i)^2}/v_i \tag{6.5}$$

定义 6.6 可行航迹（feasible path）：任意一个从起始点开始到任务结束点且满足给定的各种约束条件的航迹点序列，也称非劣航迹、备选航迹。

定义 6.7 最优航迹（optimal path）：从所有可行航迹中找出的一条能使航迹评价指标达到最优的航迹。

定义 6.8 航迹规划（path planning）：无人机集群的航迹规划是在规划空间内，寻找一条从起始点到任务结束点满足给定约束条件的最优飞行航迹。

3. 无人机的航迹特征

集群内无人机的航迹特征主要包括以下几个方面：

（1）集群航迹规划空间是一块封闭的有界三维区域；

（2）无人机航迹由航迹点间的直线航段与转弯时的弧线航段组成；

（3）相邻两个航点之间存在最小航迹间隔约束；

（4）航迹转向角存在约束条件；

（5）总航程存在约束条件；

（6）三维空间内的航点之间存在爬升/俯冲角约束。

6.3.1.2 无人机性能约束模型

基于航迹规划相关概念和航迹特征，本节建立航迹规划过程中无人机性能约束模型[6]。

1. 最大转弯角

由于无人机自身机动能力约束，无人机的航迹只能在小于或者等于某个转弯角度内进行规划，过大的转弯角会使得飞行状态不稳定[7]。设无人机的最大转弯角为 $\Delta\psi_{\max}$，则转弯角需满足的约束为

$$\Delta\psi_{i,k} \leq \psi_{\max}, \quad \forall k = 2, 3, \cdots, N_i - 1; \ \forall i = 1, 2, \cdots, n \tag{6.6}$$

式中，$\Delta\psi_{i,k}$ 为无人机 i 的第 k 个航迹点处的转弯角；n 为无人机个数；N_i 为无人机 i 的航

迹点个数。

2. 最大爬升/俯冲角

在进行无人机的三维航迹规划时,需要考虑无人机最大爬升/俯冲角 θ_{max} 约束,影响无人机最大爬升/俯冲角的因素包括无人机发动机能力,翼面性能、飞行高度等,爬升/俯冲角不能过大,否则会导致失速,所以存在最大爬升/俯冲角约束 $\theta < \theta_{max}$。将爬升/俯冲角近似为俯仰角,则无人机 V_i 从航迹点 p_k^i 到 p_{k+1}^i 的爬升/俯冲角可由下式计算:

$$\tan\theta = \frac{|z_{k+1}^i - z_k^i|}{\sqrt{(x_{k+1}^i - x_k^i)^2 + (y_{k+1}^i - y_k^i)^2}}, \quad k = 1, \cdots, N_i - 1 \qquad (6.7)$$

3. 最小转弯半径

无人机在转弯过程中,受自身最大可用过载 n_{max} 约束,航迹转弯半径必须大于最小转弯半径,即

$$r_i > r_{min}, \quad \forall i = 1, 2, \cdots, n \qquad (6.8)$$

其中,r_i 为航迹点 i 处的转弯半径,r_{min} 为无人机最小转弯半径:

$$r_{min} = \frac{v^2}{n_{max}g} \qquad (6.9)$$

其中,v 表示无人机飞行速度;n_{max} 表示无人机最大可用过载;g 为重力加速度。

4. 最小航迹长度

在无人机进行机动转弯前后,需要有一段直飞距离,这个距离为最小步长,由无人机自身能力决定。设第 i 段航迹长度为 l_i,最小航迹段长度为 l_{min},其表达式为

$$l_i \geq l_{min} \qquad (6.10)$$

无人机转弯处最大转弯角与最小航迹长度的几何关系,如图 6.12 所示。

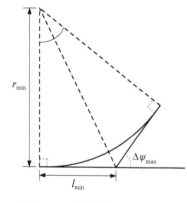

图 6.12 最小航迹长度示意图

5. 飞行高度

为了降低被敌方防御机制探测到的概率,无人机飞行高度不能过高,即:$H \leq H_{max}$,H_{max} 为最大飞行高度。相对地形,无人机需要尽可能地在低高度飞行,但为防止无人机与地形的碰撞,当无人机飞行过低,存在一定撞地概率,因此,无人机飞行高度不能过低,即:$H \geq H_{min}$,H_{min} 为最小飞行高度。

6. 最大航程约束

受燃油总量限制,无人机存在最大飞行航程 d_{max},无人机 V_i 飞行总航程约束为

$$\sum_{i=1}^{N_i} L_i \leq d_{max}, \quad j = 1, 2, \cdots, N_i \qquad (6.11)$$

式中,L_i 为 V_i 的每一段航迹长度;N_i 为 V_i 的航迹总段数。

7. 安全走廊

由于无人机导航系统存在一定误差、地图高程数据存在测量误差、控制系统也存在一定误差,因此,安全走廊边界由这些误差的最大值组成,由边界所包含的区域称为安全走廊。

6.3.1.3 传感器视场约束模型

在区域封锁任务的航迹规划中,封锁效率的高低与无人机所携带探测传感器自身性能参数与传感器自身的安装位置等因素有关,例如,传感器的有效作用距离,传感器相对机体的安装位置等。假设无人机所采用传感器模型为光学成像传感器,传感器模型如图 6.13 所示。

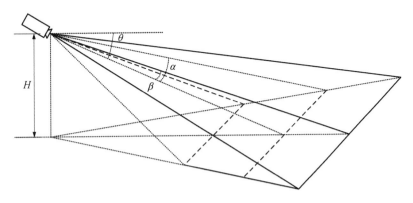

图 6.13　传感器视场模型图

传感器性能约束表示如下:

(1) α 表示传感器横向视场角;

(2) β 表示传感器纵向视场角;

(3) θ 表示传感器俯仰安装角;

(4) d 表示传感器有效作用距离;

(5) $[\xi_{min}, \xi_{max}]$ 表示传感器偏航方向转动框架角;

(6) w_z 表示传感器偏航方向有效成像最大转动角速度;

(7) $w_{z,max}$ 表示传感器偏航方向可用最大转动角速度,主要用于计算传感器由偏航方向一侧最大框架角处复位至偏航方向另一侧框架角的复位时间;

(8) l 表示传感器扫描宽度。

探测传感器视场俯视图如图 6.14 所示。

图 6.14 中,l_1 表示传感器视场近界扫描宽度,l_2 表示传感器视场远界扫描宽度,l_3 表示传感器视场前向长度,d_{pre} 表示传感器水平方向提前探测距离。根据传感器模型,l_1、l_2、l_3、d_{pre} 为

$$l_1 = (2 \cdot H \cdot \tan\alpha)/[\tan(\theta + \beta)\cos\theta]$$
$$l_2 = (2 \cdot H \cdot \tan\alpha)/[\tan(\theta - \beta)\cos\theta]$$
$$l_3 = H \cdot [1/\tan(\theta - \beta) - 1/\tan(\theta + \beta)]$$
$$d_{pre} = H/\tan(\theta - \beta)$$

(6.12)

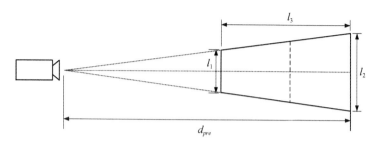

图 6.14　传感器模型俯视图

传感器的扫描宽度与传感器偏航方向有效成像转动角速度、偏航方向转动框架角度范围及偏航方向复位转动最大角速度有关。

6.3.1.4　地形约束模型

在实际战场环境中,地形起伏也是在规划航迹时必须考虑的因素之一,本节以真实的数字高程地图数据对地形进行建模,模拟真实的战场环境。数字高程地图数据存储形式为二维数组[8,9],数字高程数据采样点均为离散点,为获得离散点之间的高程数据 H_{ji},采用双线性插值的方法,计算公式为

$$
\begin{aligned}
H_{ji} = &\frac{(x_2 - x_j)(y_2 - y_i)}{(x_2 - x_1)(y_2 - y_1)}H_{11} + \frac{(x_2 - x_j)(y_i - y_1)}{(x_2 - x_1)(y_2 - y_1)}H_{12} \\
&+ \frac{(x_j - x_1)(y_2 - y_i)}{(x_2 - x_1)(y_2 - y_1)}H_{21} + \frac{(x_j - x_1)(y_i - y_1)}{(x_2 - x_1)(y_2 - y_1)}H_{22}
\end{aligned} \tag{6.13}
$$

式中,(x_1, y_1)、(x_1, y_2)、(x_2, y_1)、(x_2, y_2) 为该离散点最近的网格顶点;H_{11}、H_{12}、H_{21}、H_{22} 分别为四个顶点的高度值。

6.3.2　典型任务的航迹规划模型

航迹规划的过程中,需要同时考虑多种约束条件,包括集群飞行能力的约束、任务协同时间的约束、威胁避障的约束、任务空间避碰的约束等。图 6.15 为一种典型情况下的路径规划,三架无人机从起点出发,按照规划的航迹以不同的初始速度方向绕过多种威胁,并在终点形成编队队形。在此过程中,航迹点的设计需要满足无人机的转弯半径能力的约束,满足到达目标点的时间一致性约束,还需要规避环境中的威胁和同一时刻下的其余无人机的碰撞。集群的典型航迹规划场景包括:区域封控任务的航迹规划、协同打击任务的航迹规划和察打一体动态任务的航迹规划,本节分别建立典型任务的航迹规划模型便于后续分析求解。

6.3.2.1　区域封控任务的航迹规划模型

针对区域封锁任务,为了使能够对封锁区域全域封锁,需要考虑重访周期、传感器扫描策略、进入角度等约束,对区域封锁任务下航迹规划的多项约束建模。

1. 重访周期约束

区域封锁任务中,传感器无法对某一区域长时间不间断监视,因此,可根据封锁区域

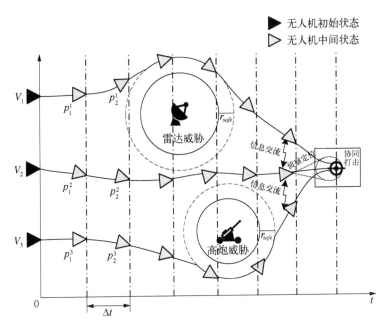

图 6.15　航迹规划示意图

中目标的重要程度,给定区域封锁任务的重访周期参数,重访周期含义为:区域 Ω 中任意点 p 处,相邻两次被扫描的时间间隔 Δt_p,需满足:

$$\Delta t_p \leqslant t_{limit}, \ \forall p \in \Omega \qquad (6.14)$$

式中, t_{limit} 表示重访周期时间约束。

2. 进入区域方向约束

为保证无人机航迹能够完全覆盖区域,在"Z"形或"回"形封锁策略下,无人机往往需要飞出封锁区域来转弯,受传感器探测距离 d 和提前工作距离 d_{pre} 约束,由于传感器视场位置往往提前于无人机自身位置。因此,在无人机两条航迹间的折返处,无人机由第一条航带的结束点处,转向第二条航带的开始点,无人机需要飞出封锁区域,且转弯处航程随着传感器水平方向有效工作距离 d_{pre} 增大而增大。在传感器固定俯仰角、飞行高度下, d_{pre} 随之确定。因此,为提高区域封锁任务封锁效率,需要减少航带间转弯总航程,即减少转弯次数 n_{turn},计算如下:

$$n_{turn} = \left\lceil \frac{L_{width}}{l(1-a)} \right\rceil \qquad (6.15)$$

式中, l 表示传感器扫描宽度; a 表示无人机封锁航迹两航迹间重叠率; $\lceil \cdot \rceil$ 表示向上取整。若选择封锁区域为矩形,为使转弯次数尽可能小,应选择矩形中短边作为无人机的进入方向。

3. 传感器扫描策略

在封锁任务中,受传感器性能及视场约束、无人机飞行速度、相对地面高度限制,为使无人机扫描效率最优、尽可能使封锁任务代价最低,需要针对无人机传感器扫描效率

最优规划传感器扫描策略,无人机扫描效率 J_s 为单位时间内无人机扫描区域面积,表示为

$$J_s = v \cdot l \tag{6.16}$$

式中,v 表示无人机飞行速度;l 表示传感器扫描宽度,为避免传感器视场边缘图像模糊,选取短边扫描宽度作为无人机封锁航迹规划的扫描宽度。

扫描宽度 l 如图 6.16 所示,传感器视场表示传感器从偏航方向一侧极限位转动至另一侧极限位的视场。传感器俯仰框架角为 $[\vartheta_{min}, \vartheta_{max}]$,传感器偏航框架角为 $[\xi_{min}, \xi_{max}]$,传感器在偏航方向最大成像角速度 $w_{y, max}$,传感器偏航视场角 γ,传感器俯仰视场角 β,传感器在偏航方向复位时间 t_{reset},即传感器从偏航方向一侧极限位转动至另一侧极限位所用时间。

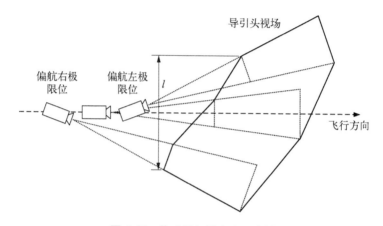

图 6.16　传感器扫描宽度示意图

在给定飞行高度、传感器俯仰角、传感器在偏航方向最大成像角速度 w_z,传感器偏航方向复位时间 t_{reset} 等参数的情况下,传感器扫描策略有以下两种。

扫描策略 1:传感器以 w_z 由偏航左侧框架角极限位转动至右侧极限位,再由偏航右侧极限位转动至左侧极限位,这种策略下,可保证传感器视场一直处于有效成像状态,但存在明显缺点,当传感器在偏航方向极限位转向相反的方向时,一定存在过多视场重叠,导致传感器工作效率较低。

扫描策略 2:传感器始终由偏航一侧框架角极限位转动至另一侧极限位,当传感器转动完一次后,传感器以最大可用角速度复位至初始偏航角度,进行后续扫描。

扫描策略 1 相对于扫描策略 2 效率明显较低,一般选用传感器扫描策略 2 对传感器扫描策略进行设计。

6.3.2.2　协同打击任务的航迹规划模型

1. 协同航迹规划问题分析

针对高价值目标,单架无人机无法保证完全击毁目标,在这种情况下,需要多无人机对该目标进行协同打击,而在该作战场景下,需要对集群进行协同航迹规划。航迹规划过程中需同时满足无人机自身转弯半径、爬升率、降高率、地形约束以及敌方威胁约束,同时

为了满足多架无人机按一定时间序列到达任务点,在恒定速度飞行情况下,将多无人机时间协同问题转换为多无人机给定航程问题实现航迹规划问题求解[10]。

2. 安全走廊

基于各类弱人工智能算法生成的航迹点或者航迹,设计初期就已考虑了无人机的动力学约束,但是实际飞行过程中,由于无人机自身机体系统偏差,主要是导航系统的偏差、数字高程地图采样点的误差、一些其他干扰因素,无人机在沿着参考航迹飞行时,不会完全按照最初设计的航迹点飞行,因此,应当在航迹规划中考虑无人机沿着标称航迹飞行的偏差,由此提高无人机航迹规划算法的鲁棒性。

为了便于三维空间中进行航迹点的规划设计,提出无人机航迹安全走廊在安全走廊内的航迹点都能够满足各类约束条件。安全走廊、实际航迹、参考航迹在三维空间中的位置关系如图 6.17 所示[11]。

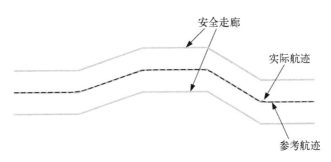

图 6.17　无人机安全走廊示意图

3. 时间协同方式

假设各架无人机飞行速度恒速且相等,那么多无人机时间协同问题可以转换为多无人机航程一致问题。多无人机从不同规划起点出发至目标点,均能规划出各自在给定步长下最优航迹。通过比较,选定航迹长度最长的无人机航程作为基准值 l_d,选定对应航迹点集为参考航迹点,依次对剩余各无人机进行给定航程的航迹规划。

4. 空间协同方式

多架无人机航迹规划中,需要确保多无人机飞行安全性,即无人机之间没有碰撞风险,建立基于时空协同的多无人机协同航迹规划,在安全走廊建立基础上,使多无人机安全走廊满足"时空协同"约束,即在航迹搜索过程中,允许安全走廊之间有交叉,此时计算相应无人机到达交叉点处时间,计算得交叉时无人机之间的距离,该距离满足无人机安全距离即可。

6.3.2.3　侦察打击一体化任务动态航迹规划模型

1. 基于自组网的分布式动态航迹规划策略

无人机集群在执行侦察打击一体化任务过程中,无人机之间的数据链有着一定的网络拓扑关系,无人机存在如下六种任务状态:侦察状态、联盟组建提议状态、联盟组建投标状态、联盟组建状态、打击段航迹规划状态和打击状态,任务的状态转移规则和通信信息交流规则如图 6.18 所示。

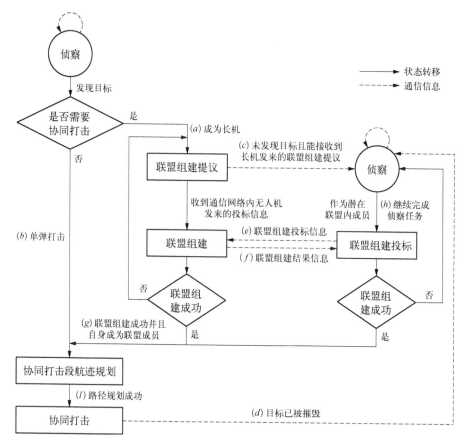

图 6.18   无人机集群动态任务状态及其转移规则

1）侦察状态

每架无人机的初始状态均为侦察状态,采用光栅式侦察方法设计无人机的侦察航迹,若无人机 V_i 发现需要多机协同打击的目标 T_s 时,则 V_i 自动成为联盟长机(a),进入联盟组建提议状态,如果目标 T_s 仅需要以单机特定角度打击,则由 V_i 执行打击任务(b),V_i 进入打击航迹规划状态并完成对目标打击。如果无人机 V_j 未发现目标但收到了来自长机 V_i 的联盟组建提议时(c),则无人机 V_j 作为联盟潜在成员进入联盟组建投标状态,若无人机 V_j 收到目标 T_s 已经被击毁的信息(d),则继续保持当前任务状态。

2）联盟组建提议状态

联盟内长机 V_i 将向通信网络内的联盟潜在成员发送联盟组建提议信息,包括目标 T_s 的位置状态、态势评估后的目标打击所需无人机的数量、打击角度和时间间隔等信息,当长机 V_i 收到联盟组建投标信息(e)后,进入联盟组建状态。

3）联盟组建投标状态

集群内潜在联盟成员 V_j 根据长机 V_i 发送的目标及打击任务信息计算出自己当前位置到打击完成目标所需的最短时间 λ_j,将 λ_j 作为联盟投标信息报告给长机 V_i,之后一直监听数据链通信数据等待长机的联盟组建结果信息(f)。若组建成功则作为联盟成员进行协同打击段航迹规划(g),否则继续执行当前任务(h)。

4)联盟组建状态

联盟长机收到所有潜在联盟成员的联盟投标信息后,综合所有成员的投标信息来组建联盟,并将联盟组建的结果通过数据链反馈给潜在成员(f)。联盟组建的结果信息包括联盟成员编号,每个联盟成员分配打击目标的角度及预估任务最早到达时间λ。如果组建成功,长机也作为联盟成员(g)共同执行协同打击任务,如果失败则重新执行联盟组建提议。

5)打击段航迹规划状态

在协同打击任务时,联盟内的每个成员需要根据自身当前状态、预估联盟最早到达时间λ和时间间隔约束重新规划自身打击段航迹以实现对目标的协同打击,当航迹规划完成后(I),进入协同打击状态。

6)协同打击状态

各无人机按照跟踪制导策略沿着规划出的打击段航迹飞行,在距目标一定距离时释放机载武器实现对目标的打击。

2. 时间协同约束

察打一体任务无人机集群时间协同约束是指无人机到达任务终点的时间满足时间约束 $\Delta t = [\Delta t_1, \Delta t_2, \cdots, \Delta t_n]$,其中$n$为无人机的数量,$\Delta t_i$为联盟内第$i$架无人机相对于长机的任务执行时间间隔,假设无人机保持匀速状态,最小转弯半径为$r_{\min}$,根据长机的飞行航程预估长机的任务完成时间,以此作为基准建立多无人机协同航迹规划时间约束模型。

假设长机编号为m,长机对应的预估完成时间为$\bar{t}_{N_m}^m$,长机对应的终端时间约束为Δt_m,则对无人机V_i的时间协同约束可以表示为

$$\bar{t}_{N_i}^i + \Delta t_i - (\bar{t}_{N_m}^m + \Delta t_m) < \varepsilon_t \qquad (6.17)$$

其中,ε_t为允许无人机到达目标点时的时间最大偏差值。

3. 动态规划空间协同约束

动态任务规划过程中无人机空间协同约束是指多无人机飞抵目标的过程中,每一时刻下的机间距离都应该大于机间安全距离L_{safe},避免无人机发生碰撞,并且保证数据链的稳定性,每一时刻机间距离应小于数据链距离约束L_{net}。由于规划出航迹的航迹点间距较大,无法保证空间协同的约束,需要进一步对航迹点做插值处理,如图6.19~图6.21所示,为无人机V_i和V_j的一段航迹,离散后考虑多机间安全距离约束。

如图6.19所示,设P_i和P_j分别为无人机V_i和V_j的航迹规划结果,取两条航迹交叉的部分,则无人机之间的空间碰撞约束可按如下步骤进行。

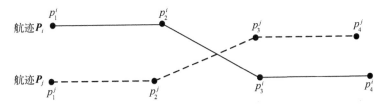

图6.19 两条待检测航迹示意图

步骤 1：航迹插值。采用定步长时间间隔 Δt 对航迹 $\boldsymbol{P}_i$ 和 $\boldsymbol{P}_j$ 进行插值，插值结果如图 6.20 所示。

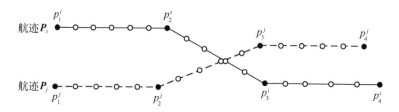

图 6.20　待检测航迹插值结果

步骤 2：时间冲突航迹截取。截取相同一段时间内的航迹插值后的无人机航迹段，形成新的航迹片段 $\boldsymbol{P}_i'$ 和 $\boldsymbol{P}_j'$。

步骤 3：时间冲突航迹的空间碰撞检测。对截取出的新航迹片段 $\boldsymbol{P}_i'$ 和 $\boldsymbol{P}_j'$，如图 6.21 所示，根据插值后的结果，进行每一时刻步长 Δt 下的航迹点的距离检测，若同时刻的两段航迹上对应的航迹点距离大于预设安全距离 L_{safe} 并小于数据链最远作用距离 L_{net}，则认为航迹满足集群空间协同约束。

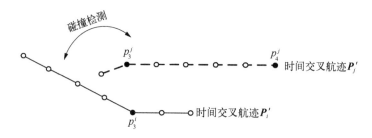

图 6.21　时间交叉的离散航迹空间碰撞检测示意图

6.3.2.4　航迹规划指标模型

无人机集群动态航迹规划过程中，除了保持每条航迹最优外，还得保证多架无人机协同完成察打一体任务，因此时间协同成为航迹规划过程中的关键。为了达到协同的目的，本节将协同时间作为集群航迹规划结果适应度的指标设计协同函数如下[12]：

$$f = \sum_{i=1}^{n} | L_i/v_i - ETA |　\qquad (6.18)$$

其中，L_i 为无人机 V_i 动态航迹规划的路径总长度；ETA 表示期望的协同时间，ETA 为群内任务完成时间的最大值 $\max(\bar{t}_{N_i}^i)$，即

$$f = \sum_{i=1}^{n} | L_i/v_i - \max(\bar{t}_{N_i}^i) |　\qquad (6.19)$$

协同动态航迹规划适应度函数必须包含协同因素指标，因此协同动态航迹规划的评价指标可设计如下：

$$\min J = \omega_1 f + \omega_2 \sum_{i=1}^{n} J_{angle}^i + \omega_3 \sum_{i=1}^{n} J_{threat}^i + \omega_4 \sum_{i=1}^{n} J_h^i \qquad (6.20)$$

其中，J_{angle}^i、J_{threat}^i 和 J_h^i 分别为单条航迹的角度、威胁和高度优化指标；$\omega_i(i = 1, 2, 3, 4)$ 为优化指标的权值，在协同动态航迹规划中，为了保证时间协同，应使协同函数的权重 ω_1 的值相对大一些。协同动态航迹规划是指在协同航迹评价指标的条件下，每个航迹同时进行各自的航迹优化，动态航迹规划优化框架如图 6.22 所示。

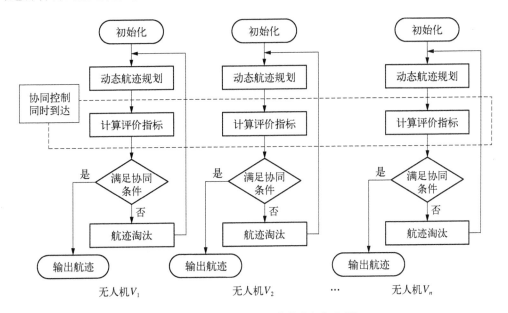

图 6.22　动态航迹规划优化指标框架图

6.4　航迹规划的算法简介

6.4.1　航迹规划方法概述

无人机集群航迹规划一般被处理成一类空间搜索问题，那么必须先构造一个航迹搜索空间（即规划空间）。航迹规划通常可抽象为一个多约束的多目标非线性优化问题，采用空间搜索算法进行求解。图 6.23 为无人机集群使用需求、集群能力、航迹规划技术需求及规划算法性能之间关系。人在回路控制要求集群能够在飞行过程中随时响应远端控制中心的指令信息，根据最新指令更新飞行航迹，因此，无人机集群必须具备在线规划能力，对规划算法的实时性要求较高；无人机集群在执行任务时，当其中一个或若干个在接收到控制指令或受到外界突发干扰时（如强风等），如何自动避障及飞行避碰就成为保障集群飞行安全的重要问题，因此对算法应对突变因素的能力要求较高；无人机集群协同执行任务又要保证集群效能最优性，对航迹规划算法的全局最优性又提出了较高要求。

针对以上要求，国内外各领域的学者根据各自的学科背景和专业领域，提出了多种航迹规划算法，一般可分为确定性搜索算法和随机性搜索算法，做法都是将位形空间的寻优

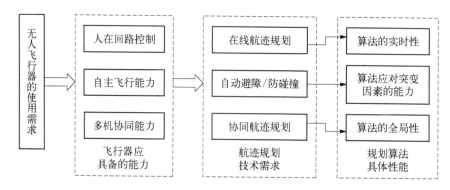

图 6.23 无人机集群航迹规划需求模块关系

问题转化为拓扑空间的搜索问题,算法效率与规划空间的复杂度紧密相关。从航迹规划的发展历程来看,已有的典型规划方法可以分为基于路标图形的航迹规划和基于栅格的航迹规划等,本节进行简要概括,具体如图 6.24 所示。

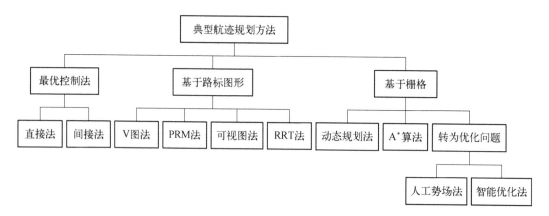

图 6.24 航迹规划典型方法

最优控制法[13,14]是将航迹规划问题看作非线性、带有状态约束和控制约束的控制问题,进而求解得到符合实际飞行要求的规划航迹。最优控制法可分为直接法和间接法,前者的应用更广,利用数值优化将最优控制问题转化为非线性规划问题,典型代表方法为伪谱法。

路标图形法本质上是对规划环境的采样,是对规划空间的一种压缩处理,可以结合目标和规划空间威胁等因素构建多类型图形[15],如 Voronoi 图、概率路标图(probabilistic road map,PRM)、可视图和快速拓展随机树图(rapidly-exploring random tree,RRT)等,最后通过搜索算法得到合理路径。

栅格处理同样是对连续规划空间的离散化,由于现代数字地图均是栅格化处理后得到,因此基于栅格的航迹规划方法得以快速发展。A* 算法是启发式搜索算法,将搜索空间表示为网格的形式,将网格内部点或顶点作为航迹点,搜索邻域内代价函数值最小的航迹点以此逐步从起始点搜索拓展到目标点,最后逆向回溯当前节点的父节点完成航迹生成。

基于优化求解的航迹规划方法中,人工势场法算法简单,实时性好、规划速度快,在局部规划和实时规划领域应用广泛,但主要缺点在于复杂环境中容易产生局部极小值,在威胁区域附近航迹抖动较为明显。基于智能优化的航迹规划方法优点是算法求解对初始解状态依赖较小,能够渐进收敛至全局最优解[16]。

在实际应用过程中,上述算法可以相互配合应用,解决协同航迹规划过程中规划速度、动态性、航迹与载荷耦合使用等问题,针对特定目标或具体任务体现无人机集群航迹规划的协同性。

6.4.2　A* 算法

A* 算法最早于 1968 年由 Peter 等提出,该算法是一种启发式搜索算法,算法优势在于引入了预估代价函数,同时又不忽略已有拓展节点,通过预估代价函数的启发信息,A* 算法在规划过程中可以更有针对性地选择全局最优节点进行拓展,保证最终获得全局最优点。

在搜索过程中,A* 算法在拓展每一个节点过程中都会计算该节点的整体代价,代价计算函数可表示如下:

$$f(n) = g(n) + h(n) \tag{6.21}$$

其中,$f(n)$ 表示当前节点代价值;$g(n)$ 表示从起始节点到当前节点的实际代价值,该值为已知量;$h(n)$ 表示从当前节点到目标节点的预估代价,体现了问题的启发信息,根据问题的特性设计,一般将 $h(n)$ 称为启发函数。

该算法在规划过程中会维持两个表,分别称为 Open 表和 Close 表。每个节点新拓展出的所有子节点都存放于 Open 表中,而已拓展的节点则存放于 Close 表中。初始状态下,Open 表只存放起始节点,在搜索过程中,每次从 Open 表中取出 $f(n)$ 值最小的节点,并对其每个子节点计算代价值 $f(n)$,若该子节点不在 Close 表中,则将其加入 Open 表,否则比较其当前代价值是否比 Close 表内的代价值更小,若是则将该节点放入 Open 表中,否则舍弃。次循环不断进行,直到找到新的目标节点规划成功,若是 Open 表为空则规划失败。

传统 A* 算法的节点信息一般只包括节点的位置信息 (x, y, z),而在对无人机航迹规划时,这样的节点信息难以对具有一定运动速度和航向角的无人机信息进行完整描述,规划出的航迹也不一定适合无人机飞行。将无人机的航向角信息与最大爬升角及最大降高角加入航迹节点信息中,对航迹节点的扩展和选择进行约束。无人机在三维平面中运动时,航迹规划节点的信息设置为:$p(x, y, z, \psi, \theta)$。无人机当前所在节点扩展方向由无人机当前航向角及采取的转弯角、当前飞行倾角确定,可扩展的节点是在以当前节点为中心的一片扇形区域内。

1. 拓展步长

航迹规划算法生成控制类型航迹点后,为生成无人机可飞航迹,需平滑航迹节点集。为了实现连续的两段转弯,航迹拓展最小步长 $L_{\min}$ 为最小航迹长度的两倍,拓展步长选取如图 6.25 所示[17],计算如下:

$$L_{\min} = 2r_{\min} \cdot \tan\left(\frac{\psi_{\max}}{2}\right) \tag{6.22}$$

其中，r_{min} 表示无人机的最小转弯半径；ψ_{max} 表示无人机最大转弯角。

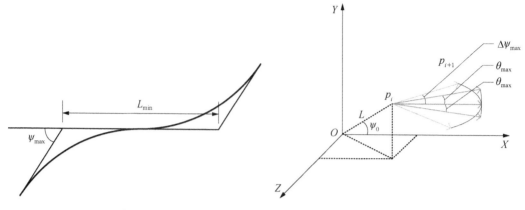

图 6.25　步长选取示意图　　　　　图 6.26　三维空间节点拓展示意图

2. 三维拓展方式

三维空间中，无人机航迹点的拓展方式如图 6.26 所示，考虑了无人机的飞行性能约束，包括最大降高率、最大爬升率、最大转弯角，分别在水平方向与铅垂方向拓展子航迹点，拓展子节点 p_{i+1} 按水平方向与铅垂方向拓展节点数量及拓展步长在最大可拓展范围均匀生成。

图 6.26 中，θ_{max} 表示在拓展步长 L 下的无人机最大爬升/俯冲角，$\Delta\psi_{max}$ 表示拓展步长 L 下的无人机最大转弯角。无人机拓展子节点位置计算方程为

$$\begin{bmatrix} x_{i+1} \\ y_{i+1} \\ z_{i+1} \end{bmatrix} = \begin{bmatrix} x_i \\ y_i \\ z_i \end{bmatrix} + \begin{bmatrix} L\cos\psi_i\cos\theta_i \\ L\sin\psi_i\cos\theta_i \\ L\sin\theta_i \end{bmatrix} \tag{6.23}$$

式中，(x_i, y_i, z_i) 为无人机当前点 p_i 在发射坐标系中的位置；L 为节点拓展步长，假设其为常量；ψ_i 为 p_i 点处航向角，是无人机速度矢量方向与 OX 轴的夹角，逆时针为正；θ_i 为 p_i 点处俯仰角。

3. 代价函数

A^* 航迹规划算法中无人机存在多个可拓展位置，如何从这些节点中选择最优节点，依赖于评价函数对节点做出评价。对无人机航迹规划时，不仅要求航程尽量短，还要求航迹安全性，只有在保证无人机安全飞行的前提下，航迹规划才有意义。因此在无人机航迹规划中，无人机航迹节点评价函数要综合航迹长度与威胁等信息，节点评价函数为

$$f(p) = a \times g(p) + b \times h(p) \tag{6.24}$$

式中，$g(p)$ 为起始航迹点 A 到当下拓展点 p_k 的实际代价值；$h(p)$ 为 p_k 到目标节点 E 的剩余估计代价值；a 和 b 为实际代价值和剩余估计代价值的加权值；$f(p)$ 为起始航迹点 A 经中间航迹点 $p_k(1 < k < N)$ 到目标节点 E 的航迹最小代价估计值。$g(p)$ 和 $h(p)$ 计算如下：

$$g(p) = \sqrt{(x_k - x_A)^2 + (y_k - y_A)^2 + (z_k - z_A)^2} \tag{6.25}$$

$$h(p) = \eta \times D(p) + \lambda \times T(p) \tag{6.26}$$

式中，$D(p)$、$T(p)$ 分别表示当前节点 p_k 到目标节点 E 的航迹代价、威胁代价，计算如式 (6.27) 和式 (6.28) 所示；η 和 λ 分别表示航迹代价和威胁代价的权值。

$$D(p) = \sqrt{(x_k - x_E)^2 + (y_k - y_E)^2 + (z_k - z_E)^2} \tag{6.27}$$

$$\begin{cases} T(p) = \sum_{i=1}^{N_{thre}} T_i \\ T_i = \dfrac{r_i^4}{R_i^4 + r_i^4} \\ R_i = \sqrt{(x_k - x_{thre_i})^2 + (y_k - y_{thre_i})^2 + (z_k - z_{thre_i})^2} \\ r_i = r_{thre} \end{cases} \tag{6.28}$$

式中，N_{thre} 表示战场区域中威胁的个数；T_i 表示 p_k 点到第 i 个威胁的代价；R_i 表示 p_k 点到第 i 个威胁的距离；r_i 表示第 i 个威胁的威胁半径；(x_k, y_k, z_k) 表示 p_k 点的位置坐标；$(x_{thre_i}, y_{thre_i}, z_{thre_i})$ 表示第 i 个威胁在空间中的位置坐标。

从起始航迹点 A 开始由评价函数 $f(p)$ 在 p_2 的待选集 $(p_{2_1} \cdots p_{2_i} \cdots p_{2_m})$ 中选取最优节点，对 p_2 再进行扩展。通过 [选取最优节点、节点扩展、选取最优节点] 的模式，不断产生无人机的航迹节点 $P_i(x_i, y_i, z_i, \psi_i, \theta_i)$，直到寻找到目标点 E。最终无人机在三维空间中的航迹节点集合为

$$\begin{aligned} \{ &A(x_0, y_0, z_0, \psi_0, \theta_0), P_1(x_1, y_1, z_1, \psi_1, \theta_1), \cdots, P_i(x_i, y_i, z_i, \psi_i, \theta_i), \cdots, \\ &E(x_N, y_N, z_N, \psi_N, \theta_N) \} \end{aligned} \tag{6.29}$$

6.4.3　Dubins 算法

二维 Dubins 路径集合包含六种情况，分别为 RLR、LRL、RSL、LSR、RSR、LSL，如图 6.27 所示。

针对区域封锁任务，无人机按预规划航迹飞行，在区域中发现敌方目标，此时，需要根据无人机集群的位置和距离最近原则确定打击无人机编号，再对打击无人机至目标点的三维打击航迹进行在线规划。预留规划时间为 t_{online}，以无人机当前点向初始航迹飞行 t_{online} 后的点为规划起始点，假设初始状态为 $(x_0, y_0, z_0, \psi_0, \theta_0)$，终止状态为 $(x_f, y_f, z_f, \psi_f, \theta_f)$，且 z_0 与 z_f 不相等，即处于不同的高度，ψ 表示无人机航向偏角，θ 表示无人机航向倾角。仅考虑初始和终止条件为平飞状态，即初始和终止航向倾角为零。如果无人机初始航向倾角不等于零，可先使航向倾角转变为零，若终止航向倾角不等于零，可先使无人机航向倾角为零再转变为终止航向倾角，即假设起止点与终止点航向倾角 θ_0 与 θ_f 均为零。

因此将三维航迹规划问题，分解为水平面内的二维航迹规划及高度规划，先规划二维

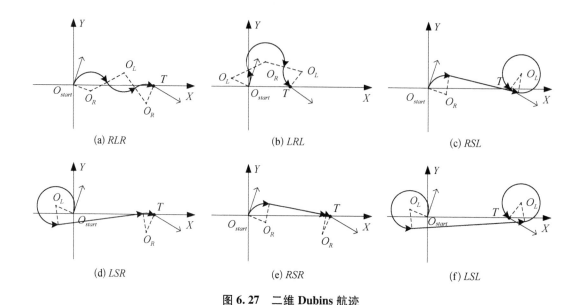

(a) RLR   (b) LRL   (c) RSL

(d) LSR   (e) RSR   (f) LSL

图 6.27　二维 Dubins 航迹

平面内起始位姿(x_0, y_0, ψ_0)和终止位姿(x_f, y_f, ψ_f)的二维最优航迹,再根据无人机最大爬升/俯冲角约束,将二维航迹高度增大或减小,生成可飞的三维航迹。

二维 Dubins 算法中,航迹由三段组成,分别由 Γ_1、Γ_2、Γ_3 表示,Γ_1 与 Γ_3 均为平面上的圆弧段,Γ_2 表示直线段或弧线段,假设三段航迹中间连接两点为 $P_1(x_1, y_1, z_1, \psi_1, 0)$ 与 $P_2(x_2, y_2, z_2, \psi_2, 0)$,为增大航迹点的可飞性,三维 Dubins 航迹规划算法在高度方向扩展有以下两个策略。

1. 三维 Dubins 航迹规划策略一

如果 Γ_2 为直线段,将无人机高度由 z_0 变化为 z_f。根据无人机自身爬升/俯冲性能约束,在直线段内若无人机能完成高度变化,则采用策略一,在直线段完成飞行高度的变化,否则,采用策略二。

2. 三维 Dubins 航迹规划策略二

策略二中,在初始航迹段 Γ_1,对无人机高度进行调整,采用用螺旋线的航迹形式。Γ_1 中,无人机起始点状态为 $A(x_0, y_0, z_0, \psi_0, 0)$,终止状态为 $E_1(x_1, y_1, z_1, \psi_1, 0)$。$\Gamma_2$ 与 Γ_3 段为同一水平面内航迹。

策略一能够将水平面内的转弯与铅垂方向的高度变化解耦,提高了航迹点的可飞性,因此,优先使用策略一对无人机航迹进行高度方向的拓展。

综上,基于 Dubins 的三维封锁航迹规划算法,具体流程如下。

步骤 1:输入:起始位姿点 $A(x_0, y_0, z_0, \psi_0, 0)$ 与终止位姿点 $E(x_f, y_f, z_f, \psi_f, 0)$。

步骤 2:规划二维平面中(x_0, y_0, ψ_0)至(x_f, y_f, ψ_f)的二维 Dubins 航迹。

步骤 3:根据无人机最大爬升/俯冲性能,确定无人机需要采用的高度扩展策略,将二维 Dubins 航迹扩展为三维 Dubins 航迹。

因此,对封锁区域中,突现威胁时的打击航迹在线规划,可采用基于三维 Dubins 航迹规划算法进行规划。

6.4.4　RRT 算法

对于一个给定的状态空间、出发点和目标点,给定的出发点为树的根节点,通过逐渐增加叶节点的方式生成随机扩展树。令 X_{start} 为出发点, X_{end} 为目标点, A 为规划空间。在空间 A 中寻找一条从出发点 X_{start} 到目标点 X_{end} 的连续航迹 $f(a)$,且满足 $X_{start} \subset A$, $X_{end} \subset A$, $f(a) \subset A$ 。在增加叶节点时,设定飞行步长为 L ,确定暂时目标点 X_{target} ,在现有的节点中寻找距离暂时目标点 X_{target} 最近的叶节点 X_{new} ,如果在向 X_{target} 行进过程中遇到障碍或进入威胁区,则重新选择暂时目标点 X_{target} ,继续迭代计算。如果行进到 X_{target} 过程中没遇到障碍或威胁,则添加 X_{new} 到随机树中,建立节点之间的链接关系。其示意如图 6.28 所示。

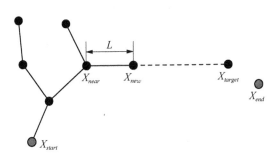

图 6.28　RRT 的节点扩展示意图

节点扩展公式如下:

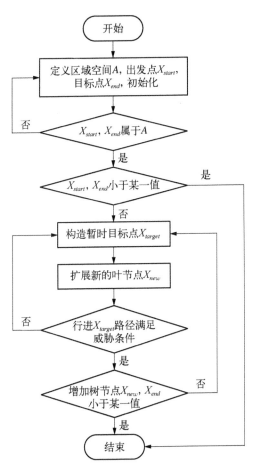

图 6.29　RRT 算法流程图

$$X_{new} = X_{near} + L \cdot \frac{(X_{target} - X_{near})}{\| X_{target} - X_{near} \|}$$

$$(6.30)$$

迭代计算,直到暂时目标点 X_{target} 到目标点 X_{end} 的距离小到某一个阈值 e ,随机树生长完成,其判断条件如下:

$$distance(X_{end}, X_{new}) \leqslant e \qquad (6.31)$$

算法流程如图 6.29 所示。

1. 随机点的选择方式

RRT 算法是在树节点扩展时随机在空间采点,这种无序性降低了有效路径的生成。同时,引入转弯角度约束条件。在规划空间扩展节点时,并不遍历该区域内每一个位置单元,只考虑其中的若干个扇面。这样可以降低空间采样密度,使树状路径稀疏化,有效加快路径生成速度。如图 6.30 所示, θ 表示最大转弯角,取值范围与转弯半径约束条件对应,最小转弯半径对应最大转弯角; α 表示节点扩展角,通过调整 α 角度,将扩展节点导向有效空白区域,加快运算速度,提高搜索效率。

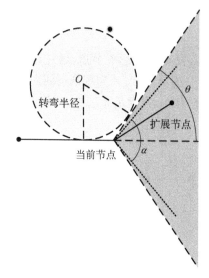

图6.30 节点扩展扇形区域

2. 总航程约束

给定当前节点 X_{new}，当满足下述公式（6.32）中条件时，将 X_{new} 加入树分支中。此时，$D(x)$ 是从起始位置 X_{start} 到 X_{new} 经过的真实航程，$SL(x)$ 是从 X_{new} 到目标点 X_{end} 的直线距离，此直线距离小于航迹实际要经过的路径长度。若不满足公式（6.32）中条件，则此树分支为无效分支路径。此方法可以有效避免过长路径的生成。

$$D(x) + SL(x) \leqslant d_{max} \qquad (6.32)$$

3. 冗余节点剪裁

设经过 RRT 算法求解的原始节点序列为 $\{node_1, \cdots, node_n\}$，其中 $node_n$ 为终点位置，将经过冗余节点剪裁后的节点序列集合记为 Φ，设 Φ 初始为空，令 $j = N$，则基本的节点剪裁过程如下：首先将 $node_j$ 添加到 Φ，$i \in [1, \cdots, j-1]$，循环检查（$node_i$，$node_j$）之间的连线是否存在障碍或者威胁，如果存在，则令 $i = i + 1$；否则，只要检测出第一个没有障碍的节点 wp_i，就停止循环，令 $j = i$，并将 $node_i$ 加入 Φ。重复上述循环过程，直到 $j = 1$ 时结束，可以快速实现 RRT 冗余节点的剪裁。

6.4.5 动态航迹规划求解

由于动态任务执行过程中存在风险性高、不确定性等问题，为了实现对此类问题的有效求解，提出一种基于标准航迹的动态航迹规划策略。标准航迹是指在无人机发射前，由地面规划平台对多机航迹进行规划，此时规划时间充裕，数据链连通且稳定性较高，因此该航迹要求最优性最强。动态规划过程中由于战场环境的瞬息变化，因此需要注重规划过程中的时效性，为无人机快速规划出符合自身状态和环境约束的动态航迹，基于标准航迹的动态航迹规划策略如图6.31所示，具体步骤如下。

步骤1：进行无人机转弯半径、飞行速度、调速范围等初始参数及察打一体任务信息和已知威胁等环境信息的初始化。结合当前多种约束条件下，采取航迹规划算法完成标准航迹的规划并通过地面稳定的数据链进行航迹装订。

步骤2：无人机按照标准航迹飞行执行任务，当地面人员做出任务信息改变指令、出现突发威胁或者发生掉机情况时，此时由机上自主决策进行无人机的动态规划，执行步骤3，否则，则继续沿当前航迹飞行，执行步骤6。

步骤3：进行动态航迹规划，根据战场环境变化或任务变化等明确动态规划过程中无人机需要执行的任务确定动态航迹规划的终点，无人机获取自身的当前位置、速度等状态信息以及底层飞控锁定的下一航迹点信息作为动态航迹规划的起点。

步骤4：根据当前网络状态，确定可以互相连通的无人机自动组建为一个通信联盟，由联盟内的长机通过数据链获得其他从机的动态航迹规划的起点和终点，生成动态规划信息并通过数据链传输到通信联盟内的其他从机。

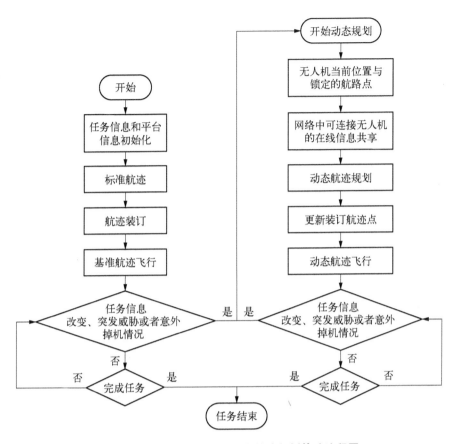

图 6.31　基于标准航迹的动态航迹规划策略流程图

步骤 5：无人机按照动态航迹飞行执行任务，地面人员做出任务信息改变指令、出现突发威胁时或者发生掉机情况时，此时由机上自主决策进行无人机的动态规划，执行步骤 3，否则，则继续沿当前航迹飞行，执行步骤 6。

步骤 6：判断是否完成整个任务，若是则任务结束，若不是则执行步骤 3。

6.5　航迹轨迹的平滑与检测

6.5.1　航迹平滑

6.5.1.1　航迹平滑方式简介

由上述方式得到的结果是各任务的关键航迹点集，可以由两两相邻的航点直线连接得到折线航迹，但以此方式得到的折线航迹相邻处折角生硬，变化突然，不够平滑，不能作为参考可飞行航迹，需要进行航迹平滑。目前有多种航迹平滑方式，其中比较常见的是结合具有优良属性的参数化多项式曲线，使用较多的曲线路径有如下 4 种。

1. Dubins 曲线路径

航迹规划方法通常以最大转弯角与转弯半径计算得出水平面内的最小步长，生成的

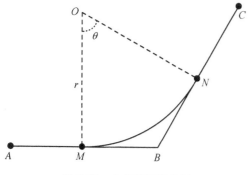

图 6.32　内切转弯航迹图

航迹点集为基于内切转弯模式下的控制类型航迹点,而在这类规划约束下规划的航迹,参考航迹为直线段与 Dubins 曲线段的连接航迹,图 6.32 所示给出了控制类型航迹点转换为必过类型航迹点的理论依据。

图 6.32 中,点 A、B、C 为航迹控制点,假设无人机以最小转弯半径转弯。则可计算出无人机转弯起始点和转弯终止点 M、N,θ 表示无人机转弯角度。

基于内切转弯的航迹点,即可在两条航迹段交点处,根据无人机最小转弯半径,确定无人机转弯起始点与终止点,得到无人机转弯圆弧段航迹。在直线段与圆弧段相连接的连接点处,无人机在连接点两侧曲率不一致,直线段曲率为零,而在以最小转弯半径的圆弧段,曲率突变为 $1/r$。 因此,当无人机按该参考航迹飞行,无人机由直线段向圆弧段过渡时,曲率由零突变为圆弧曲率的情况,使得无人机在经过该连接点处时,控制舵角度急剧变化,对控制系统提出太高要求,在实际飞行中,很难实现。

2. Clothoid 曲线路径

Clothoid 路径又称为回旋曲线路径,属于螺旋曲线的一种,它的曲率随曲线弧长线性变化,在极坐标中有形式 $\rho l = A^2$,其中,ρ 为曲线某点的曲率半径,l 为曲线某点到原点的曲线长度,A 为调节曲线变化的参数,此曲线也多被用于连接直线和圆弧的过渡段,以缓和曲率的突变。

3. 贝塞尔参数曲线路径

贝塞尔参数曲线具有可以通过各特征点,且在各特征点处的一、二阶导数连续的优点,其中,比较常用的是 B 样条曲线,B 样条曲线是一种一般化的贝塞尔参数曲线,且其次数与控制点的数目无关的特性使其使用更加灵活,同时 B 样条曲线有很高的逼近精度使其更适合于航迹平滑。对于给定的任务航点序列,采用贝塞尔曲线进行航迹优化,得到曲率连续的参数化期望航迹曲线。将离散航点平滑为一条可飞行航迹。n 次贝塞尔曲线的伯恩斯坦(Bernstein)的表达式为

$$\begin{cases} s(u) = \sum_{j=0}^{n} b_j B_{j,n}(u), & 0 \leqslant u \leqslant 1 \\ B_{j,n}(u) = \dfrac{n!}{j!(n-j)!} u^j (1-u)^{n-j} \end{cases} \tag{6.33}$$

其中,b_j 为曲线控制点;$B_{j,n}(u)$ 为伯恩斯坦基函数。

为使得无人机在按参考航迹飞行中,无人机需用过载不会急剧变化,因此,要求平滑得到一条曲率连续的平滑航迹。但是,贝塞尔曲线存在部分不足,当控制点个数较多时,曲线的阶数将比较高,且采用组合三次贝塞尔曲线进行航迹平滑得到的曲线,航迹连接点处存在曲率不连续的情况。

4. PH 曲线路径

Pythagorean Hodograph 曲线由 Farouki R. T. 基于毕达哥拉斯定理提出,其具有等距线皆为有理函数形式的优点经常被用作平滑优化,可以通过如下形式表示: $x'^2(q) + y'^2(q) + z'^2(q) = \sigma^2(q)$,其中,$x'(q)$、$y'(q)$、$z'(q)$ 为参数化 PH 曲线 $r(q)$ 的三轴分量的导数,且 $x(q)$、$y(q)$、$z(q)$、$\sigma(q)$ 均为多项式形式。

除了以上 4 种常用曲线,还有多种根据具体情况提出的标准曲线组合形式,下一小节提出一种在相邻航段所在的平面中,选取较短航段中点配置圆弧,并组合直线段完成航迹平滑的方式[18]。

6.5.1.2　基于空间圆弧的平滑方法

由于航迹平滑方法需要用到圆弧,因此先介绍一种空间圆弧的参数方程,已知空间圆的圆心坐标 $C(x_c, y_c, z_c)$ 以及半径 R,并给定两个单位向量 $\boldsymbol{u}(u_x, u_y, u_z)$、$\boldsymbol{v}(v_x, v_y, v_z)$,那么以 C 为圆心,$\boldsymbol{u}$ 所指向的方向为起始位置,$\boldsymbol{v}$ 所指向的方向为终止位置,半径为 R 的圆弧的参数方程可表示为

$$\begin{cases} x = x_c + R \times (u_x \cos t + v_x \sin t) \\ y = y_c + R \times (u_y \cos t + v_y \sin t), \quad t \in \left[0, \langle \boldsymbol{u}, \boldsymbol{v} \rangle \right] \\ z = z_c + R \times (u_z \cos t + v_z \sin t) \end{cases} \tag{6.34}$$

式中,$\langle \boldsymbol{u}, \boldsymbol{v} \rangle$ 为向量 $\boldsymbol{u}$ 与向量 $\boldsymbol{v}$ 的夹角。

平滑的航迹在空间中表示为多个关键航点的依次折线相连,假设包括起终点在内总共有 N 个关键航迹点,则有不大于 $N-1$ 条折线和不大于 $N-2$ 个内部折角,平滑方法的出发点是将折角向内转换为空间圆弧,从而达到取消棱角的平滑方式,具体流程如下(为方便说明,给出其中两条相邻折线对应参数符号)。

(1) 折角处内折圆的半径 R 及圆心 C 的确定。从起始折线到最后一条折线段,依次记录其中每相邻两条折线段中最短那一条的长度,并以此长度的一半(该折线的中点)为基准,向折角内做垂线与该折角的角平分线相交,交点为圆心的位置,此时,圆的半径为圆心到该中点的长度,此点为光滑圆弧的终点,此圆与另一折线的切点为光滑圆弧的起点。以图 6.32 为例,计算公式如下:

$$\begin{cases} \boldsymbol{b} = \left(\dfrac{\boldsymbol{BA}}{L_{AB}} + \dfrac{\boldsymbol{BD}}{L_{BD}} \right) \Big/ \left| \dfrac{\boldsymbol{BA}}{L_{AB}} + \dfrac{\boldsymbol{BD}}{L_{BD}} \right| \\[3mm] R = L_{AB}/2 \times \tan\left(\left\langle \dfrac{\boldsymbol{BA}}{L_{AB}}, \dfrac{\boldsymbol{BD}}{L_{BD}} \right\rangle \Big/ 2 \right) \\[3mm] C = B + \boldsymbol{b} \cdot L_{AB} \Big/ \left[2 \cdot \cos\left(\left\langle \dfrac{\boldsymbol{BA}}{L_{AB}}, \dfrac{\boldsymbol{BD}}{L_{BD}} \right\rangle \Big/ 2 \right) \right] \end{cases} \tag{6.35}$$

(2) 单位向量 $\boldsymbol{u}$、$\boldsymbol{v}$ 的确定。向量 $\boldsymbol{u}$ 为圆心指向光滑圆弧起点的单位长度向量,向量 $\boldsymbol{v}$ 为圆心指向光滑圆弧终点的单位长度向量。以图 6.33 为例,计算公式如下:

$$\begin{cases} \boldsymbol{u} = \dfrac{\boldsymbol{BD}}{L_{BD}} \cdot L_{AB}/2 - \boldsymbol{b} \cdot L_{AB} \Big/ \left[2 \cdot \cos\left(\left\langle \dfrac{\boldsymbol{BA}}{L_{AB}}, \dfrac{\boldsymbol{BD}}{L_{BD}} \right\rangle \Big/ 2 \right) \right] \\ \boldsymbol{v} = \dfrac{\boldsymbol{BA}}{L_{AB}} \cdot L_{AB}/2 - \boldsymbol{b} \cdot L_{AB} \Big/ \left[2 \cdot \cos\left(\left\langle \dfrac{\boldsymbol{BA}}{L_{AB}}, \dfrac{\boldsymbol{BD}}{L_{BD}} \right\rangle \Big/ 2 \right) \right] \end{cases} \tag{6.36}$$

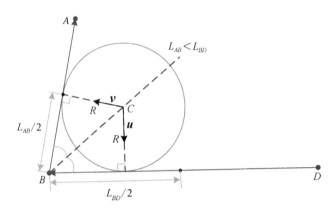

图 6.33　折角的圆弧光滑参数表示

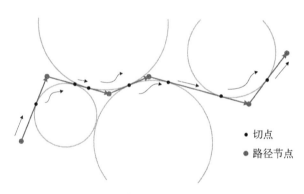

图 6.34　航迹平滑示意简图

（3）由公式（6.34）确定光滑圆弧的参数方程，除折角部分被光滑圆弧代替外，其余部分均由直线段表示，即由直线段与各圆弧切点连接组成整个平滑航迹。这样得到的平滑航迹转弯半径较大，各处均光滑连接，仅在圆弧切点与相切直线过渡点有曲率的跳跃。光滑航迹的示意简图如图6.34所示。

6.5.2　航迹检测

综合现有航迹检测方法，有以下几种：几何检测方法、基于动力学模型的检测方法、半实物仿真检测方法、飞行试验检测方法。

1. 几何检测方法

在航迹规划过程中，将无人机飞行能力建模为无人机性能约束，包括：最小转弯半径、爬升率、降高率、最小步长、最大转弯角等，规划结果为控制类型离散航迹点，相邻航迹点相互连接得到航迹折线，在相邻航迹段相交处，会出现折角，无法作为无人机的参考航迹。因此，基于航迹平滑方法对航迹点进行航迹平滑实现航迹检测。

2. 基于动力学模型的检测方法

从理论和仿真角度通过优化算法得到的无人机飞行航迹，原则上是最优解，但实际应用时不一定最优的原因是因为在进行航迹规划时，主要考虑了在已确定评价函数情况下的优化结果，没有考虑航迹在无人机飞行性能层面的最优性，因此通过优化算法得到的飞行航迹如何评价是一个重要问题。

　　基于动力学模型的检测方法建立在无人机飞行动力学和六自由度轨迹仿真的基础上,将已规划航迹输入飞行仿真模型中,通过半实物仿真得到无人机沿规划航迹飞行时的各飞行参数实际响应,包括:攻角、侧滑角、滚转角、俯仰角、偏航角等随时间的变化量,从动态角度分析已规划航迹的合理性,从而对规划航迹的效果进行评价。该方法是飞行仿真模块、航路规划与评价模块的有机结合,如图 6.35 所示。

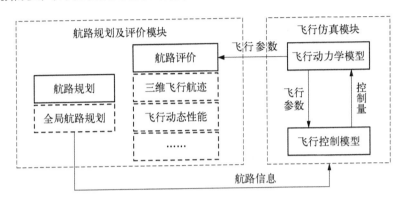

图 6.35　航迹评价总体结构图

　　飞行动力学模型和飞行控制模型构成飞行仿真模块,经过软件设计实现航路规划及评价模块与飞行仿真模块的有机结合。飞行仿真模块由航路规划模块直接获取全局航路信息,飞行仿真模块包括无人机六自由度飞行动力学仿真模型,模型由机体系统、控制系统、舵机系统以及显示系统组成,其中机体系统包括气动参数模块、力以及力矩模块、环境模块和六自由度机体方程模块。将规划航迹输入无人机六自由度飞行动力学模型进行半实物仿真实验,并结合实际飞行试验情况加入风扰动、发动机推力偏心和导航误差,通过飞行参数的实际响应,从动态角度验证规划航迹的可行性。

　　3. 半实物仿真检测

　　半实物仿真,也称为硬件在回路仿真。在无人机或其他无人机设计与试验中,实物飞行是检验无人机航迹规划结果的最终依据。一般情况下,实物飞行,对场地有一定要求,需要寻找一个空旷的场地,以防止由于改变飞行性能的某些参数,致使无人机出现意外失控,对无人机自身造成损失,对操作人员造成伤害。而且,无人机不同于可重复使用无人机,无人机作为武器,具有一定的不可重复使用性,执行打击任务,在与目标碰撞后,触发引信,击毁目标。因此,对于无人机而言,半实物仿真检测是飞行实验前的重要环节之一,也是航迹检测的重要技术手段,半实物仿真系统架构如图 6.36 所示。

　　航迹规划模块可内置于机载计算机中,根据航迹规划算法,生成航路点后,传输给飞行控制硬件部分对无人机进行控制,无人机的飞行状态参数由无人机的六自由度动力学模型给出,将状态参数记录后,传输给飞行数据记录和其他实时视景模块显示。

　　相比于计算机仿真模拟,半实物仿真系统将部分无人机硬件置于仿真回路中,对于飞行试验更有价值,通过采用半实物仿真系统模拟航迹点的跟踪,能够在一定程度上验证航迹点的可靠性。

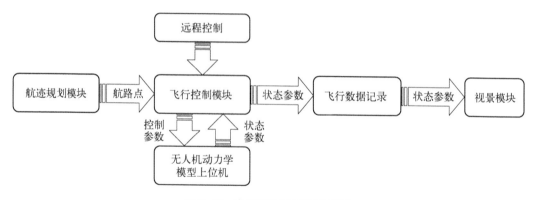

图 6.36 半实物仿真回路示意图

4. 飞行试验检测

飞行试验是检验航迹点是否可飞的最终技术手段,目前许多高校都有自研的固定翼无人机,搭载不同设备,可用于执行多种不同任务。在无人机飞行试验中,提前将算法所规划航迹点装订在无人机机载计算机中,无人机依据自身的制导控制系统,操纵无人机跟踪航迹点,根据实际飞行数据,即可验证航迹规划算法的有效性和所规划航迹的可靠性。

6.6　本章小结

本章针对无人机集群航迹规划问题,介绍了集群典型航迹规划场景以及航迹规划的系统组成、数学模型、典型算法等,最后给出了航迹平滑和航迹检测的原理和方法。

6.7　课后练习

1. 思考题

(1) 简述什么是动态航迹规划问题?

(2) 试说明航迹规划是否存在离线算法和在线算法之分?为什么?

(3) 概述无人机集群航迹规划中如何确保在复杂动态场景下的航迹满足可飞性要求?

(4) 简述无人机集群航迹规划中存在的航迹冲突,以及如何进行冲突消解?

2. 程序设计题

(1) 考虑无人机性能约束,建立 4 架无人机针对单独目标的全向时间协同打击航迹规划模型。

(2) 程序设计题,给定如下无人机集群信息、突防初始位置、突防终点位置和威胁信息,如表 6.1 和表 6.2 所示,采用 A^*、人工势场法等算法生成集群的避障轨迹,考虑集群和威胁的避障以及集群间的避障。

表 6.1 集群避障初始信息

无人机	初始位置/m	突防终点位置/m	转弯半径/m	速度/(m/s)	最大偏航角/(°)
V_1	(884, 236)	(8 000, 5 500)	150	30	90
V_2	(1 009, 48)	(7 500, 5 000)	150	30	90
V_3	(537, 248)	(7 500, 6 000)	150	30	90
V_4	(361, 1 532)	(7 000, 4 500)	150	30	90
V_5	(621, 362)	(7 000, 6 500)	150	30	90
V_6	(961, 432)	(7 000, 5 500)	150	30	90

表 6.2 环境威胁信息

威胁编号	威胁类型	威胁圆心位置/m	威胁半径/m
Th_1	雷达	(4 807.59, 4 093.45)	558.32
Th_2	雷达	(5 897.90, 3 867.56)	384.61
Th_3	高炮	(4 041.89, 2 554.51)	597.861
Th_4	高炮	(2 143.91, 2 850.25)	515.02

（3）采用空间圆弧平滑方法平滑上题生成的集群航迹。

参考文献

[1] TANG F, JIANG L. Application of neural networks to store loads grid-survey[C]. Reno: 40th AIAA Aerospace Sciences Meeting and Exhibit, 2002.

[2] 闵昌万,袁建平. 军用飞行器航迹规划综述[J]. 飞行力学,1998,16(4): 14 - 19.

[3] KUMAR R, KABAMBA P T, HYLAND D C. Analysis and parameter selection for an adaptive random search algorithm[C]. Atlantis: 43rd IEEE Conference on Decision and Control, 2004.

[4] ZEITZ F H I. UCAV path planning in the presence of radar-guided surface-to-air missile threats [D]. Ann Arbor: The University of Michigan, 2005: 1 - 35.

[5] EBERHART R, KENNEDY J. A new optimizer using particle swarm theory[C]. Nagoya: Proceedings of the Sixth International Symposium on Micro Machine and Human Science, 1995.

[6] 刘亮亮. 网络化巡飞弹多约束下的航迹规划技术[D]. 西安: 西北工业大学,2021: 25 - 45.

[7] 王祝. 多无人机协同规划控制的关键技术研究[D]. 北京: 北京理工大学,2017: 30 - 65.

[8] 黄文刚,张怡,姜文毅,等. 变步长稀疏 A* 算法的无人机航路规划[J]. 计算机工程与应用,2012, 48(29): 206 - 209.

[9] 张舒然. 基于群智算法的无人机航迹规划研究[D]. 成都: 电子科技大学,2020: 10 - 20.

[10] 李猛. 基于智能优化与 RRT 算法的无人机任务规划方法研究[D]. 南京: 南京航空航天大学, 2012: 12 - 28.

[11] 刘仌. 不确定环境下无人作战飞机的航迹规划方法研究[D]. 沈阳: 沈阳航空航天大学,2012: 30 - 40.

[12] 程进,罗世彬,宋闯,等. 弹群协同与自主决策[M]. 北京: 科学出版社,2020: 1 - 215.

［13］沈林成,王祥科,朱华勇,等.基于拟态物理法的无人机集群与重构控制［J］.中国科学:技术科学,
2017,47(3):266-285.

［14］朱华勇,牛轶峰,沈林成,等.无人机系统自主控制技术研究现状与发展趋势［J］.国防科技大学学
报,2010,32(3):115-120.

［15］MOZAFFARI M, SAAD W, BENNIS M, et al. Wireless communication using unmanned aerial vehicles
(UAVs): optimal transport theory for hover time optimization［J］. IEEE Transactions on Wireless
Communications, 2017, 16(12): 8052-8066.

［16］LI J Q, DENG G Q, LUO C W, et al. A hybrid path planning method in unmanned air/ground vehicle
(UAV/UGV) cooperative systems［J］. IEEE Transactions on Vehicular Technology, 2016, 65(12):
9585-9596.

［17］姚冬冬,王晓芳,田震.一种同时满足攻击角度和时间的航迹规划方法［J］.弹箭与制导学报,2019,
39(3):111-114.

［18］李如飞.网络化机载巡飞弹协同任务规划技术研究［D］.西安:西北工业大学,2020:65-80.

第7章
集群编队控制技术

　　编队控制是一种通过智能体之间的局部交互实现集群系统群体行为的关键技术,在军事和民用领域具有重要的应用前景。本章以典型的无人系统巡飞弹为研究对象,介绍巡飞弹弹群队形控制、编队突防和弹群队形优化设计方法。7.1 节介绍巡飞弹集群编队控制的典型应用场景,并给出编队控制的问题描述;7.2 节针对编队队形保持问题,研究基于事件驱动和一致性的队形控制方法;7.3 节针对编队突防问题,提出一种离线突防全局路径规划和在线突防局部避障相结合的巡飞弹群编队突防方案;7.4 节针对巡飞弹弹群典型的作战场景,给出如何针对不同的任务指定不同的编队队形,介绍一种双层架构的优化方案;7.5 节对本章的内容进行小结;7.6 节给出课后练习。

【学习要点】
- 掌握:① 弹群编队控制技术问题内涵;② 弹群编队突防的方案和模型;③ 弹群队形优化设计的思路和方案。
- 熟悉:① 巡飞弹弹群协同作战的典型场景;② 事件驱动的一致性控制;③ 全局离线规划、局部在线调整的突防策略。
- 了解:① 高斯伪谱法;② 模型预测控制;③ 序列二次规划算法。

7.1　巡飞弹集群编队控制问题描述与模型

　　本节以巡飞弹弹群为研究对象,针对多个典型任务场景开展分布式编队控制技术的相关研究。首先根据国内外巡飞弹弹群研究现状构建典型任务场景,其次采用模块化思想将实现作战场景的技术分为编队队形控制、编队突防和编队作战方案设计三个模块,最后给出三个模块对应的数学模型定义及描述。

7.1.1　编队控制问题描述

7.1.1.1　典型场景
以巡飞弹弹群分布式编队控制技术研究为主题,通过调研国内外多弹以及多无人机编队的典型任务模式,例如 CODE 项目、"小精灵"项目、LOCUST 项目和"山鹑"项目等,提出针对多个任务目标的巡飞弹弹群分布式编队作战场景,该场景可实现巡飞弹弹群编队的侦察、评估和打击一体化,并可同时完成编队突防打击、编队出航、巡逻和轰炸以及编队火力攻击等多种作战模式,如图 7.1 所示。

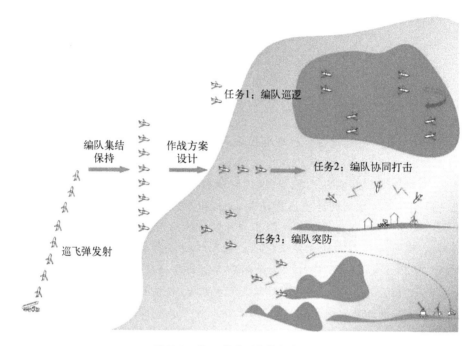

图 7.1　巡飞弹弹群作战场景设计

巡飞弹弹群在发射后编队集结形成队形,保持一定的几何队形飞往作战场地,随后对多任务目标进行作战方案设计,根据各巡飞弹性能和约束将巡飞弹弹群分为多个编队,每个巡飞弹编队执行各自的任务。

7.1.1.2　编队控制

编队控制是巡飞弹集群飞行的关键问题之一,同时也是提升巡飞弹弹群飞行高效性的重要技术。一般而言,编队控制技术指借助智能体间的局部交互实现集群系统的群体行为,其在军事、航天、工业、娱乐等各个领域具有广阔的应用前景。巡飞弹集群编队控制指在复杂环境约束下,多个巡飞弹形成的弹群系统在任务要求下向作战目标进行侦察、打击、评估等的飞行过程中保持预设编队队形的控制问题。解决该问题需要实现编队队形控制、编队避障突防、编队作战方案设计等关键技术。

1. 编队队形控制

模拟复杂的真实战场环境,在多种约束条件下对巡飞弹弹群进行分布式编队队形控制。编队队形控制技术可实现编队队形集结、编队队形保持、编队队形切换等多种编队作战要求,是弹群分布式编队技术的基础核心单元模块。

1)编队队形集结

各巡飞弹在发射点发射后,通过弹间的局部信息交互获取编队过程中所需的状态等参数信息,形成提前设定好的编队队形。

2）编队队形保持

在编队队形形成后,巡飞弹弹群需要保持任务所要求的编队队形,使整个编队按预定航迹进行保持飞行。

3）编队队形切换

在特定要求下当前队形不满足飞行任务需求时,需对编队队形进行编队切换,以达到飞行要求;且在弹群集群飞行的过程中,若出现故障致使弹体掉落,剩下的巡飞弹可重新构成所需编队队形继续执行任务。

2. 编队突防

在具有多种复杂障碍物的战场中,实现巡飞弹弹群无碰撞、安全地编队飞过突防区域,且弹间不发生碰撞并在突防结束时形成所需队形。此模块包括 3 个技术要点。

1）最优轨迹设计

在边值约束、路径约束等多约束条件下,离线设计巡飞弹编队的期望最优轨迹,使性能指标函数最小,同时处理弹间碰撞问题,避开静态障碍物。

2）最优轨迹跟踪

在线飞行时,能在由不确定条件产生的扰动和误差下,跟踪所设计的最优轨迹且使控制能量消耗最小。

3）编队避障突防

在线进行巡飞弹弹群编队的局部飞行避障,包括对动态障碍物和静态障碍物的避障。

3. 编队作战方案设计

为实现巡飞弹集群编队作战的顶层方案设计,针对编队突防打击、编队出航、巡逻和轰炸以及编队火力攻击等多作战目标和多作战样式,规划巡飞弹的任务目标分配情况,设计针对特定作战目标的特定编队队形并实现巡飞弹在编队队形中的位置设计。

1）最优任务分配

针对多任务和多巡飞弹,根据任务样式要求和巡飞弹燃油、传感器等弹上约束条件,进行最优任务分配,从而得到每个巡飞弹的任务目标。

2）编队队形优化设计

针对多个任务进行巡飞弹集群的多个编队队形设计,使编队队形最大化满足任务需要。

3）编队队形站位设计

设计巡飞弹在编队队形中的站位,以满足弹上约束条件。

将上述三种关键技术作为 3 个基本单元模块,编队队形作战设计为决策层面的任务规划单元,而分布式编队控制和编队突防为具体的执行单元。可通过多次串联或并联应用 3 个基本单元模块,实现巡飞弹弹群的编队飞行任务,从而建立一种适用于不同作战任务的编队控制技术,如图 7.2 所示。

7.1.2　编队控制数学模型

针对编队队形控制、编队突防和编队作战方案设计三个关键技术,本节首先根据典型

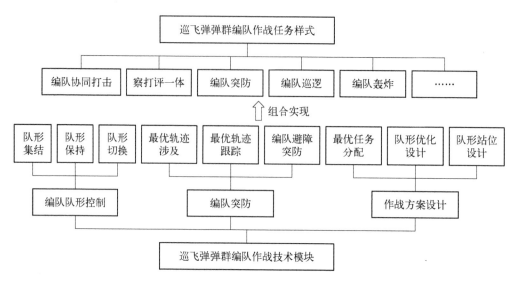

图 7.2　巡飞弹弹群编队关键技术及作战实现

作战场景对其问题进行定义和描述,然后在合理假设下提出巡飞弹弹群的编队控制动力学模型。

7.1.2.1　编队控制基本模型

1. 编队队形控制

如图 7.3 所示,对于 N 个巡飞弹弹群,给定巡飞弹 i 任意初始位置 $\boldsymbol{X}_i(0)$,在飞行过程中,巡飞弹弹群的通信拓扑结构是时变的,即按照 $\{G_1, G_2, \cdots, G_m\}$ 进行变化,且存在通信延迟 τ,规划巡飞弹的速度指令 V_{ci}、弹道倾角指令 θ_{ci} 和弹道偏角指令 ψ_{vci},使巡飞弹 i 与其他巡飞弹间距在飞行中达到期望值 $\Delta \boldsymbol{X}_{jiref}$,即形成所需队形:

$$| \boldsymbol{X}_j(t) - \boldsymbol{X}_i(t) - \Delta \boldsymbol{X}_{jiref} | \to 0, \quad i = 1, 2, \cdots, n \tag{7.1}$$

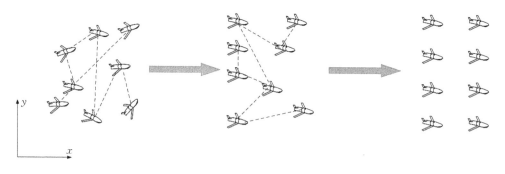

图 7.3　编队队形控制场景

2. 编队突防

如图 7.4 所示,对于 N 个巡飞弹群,穿过具有多个类型的突防障碍物的突防空域后,不碰撞地形成期望编队队形。针对此典型突防场景,对突防问题相关概念进行定义。

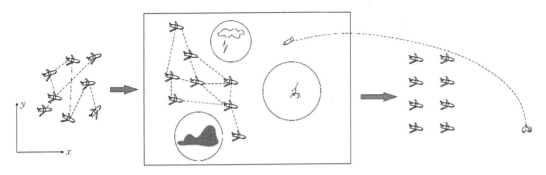

图 7.4 编队突防场景

定义 7.1 巡飞弹弹群突防障碍物

O 表示障碍物的集合，$O = \{O_{st}, O_{dy}\}$，$O_{st} = \{o_{st,1}, o_{st,2}, \cdots, o_{st,N_{st}}\}$，$O_{dy} = \{o_{dy,1}, o_{dy,2}, \cdots, o_{dy,N_{dy}}\}$，其中 O_{st} 为静态障碍，例如山体、雷达、雷电天气等；O_{dy} 为数目、形状和运动轨迹未知的动态障碍物，如有人机、小型拦截导弹等；N_{st} 和 N_{dy} 分别为静态障碍和动态障碍物的数量。每个障碍物 o_m 都可以被几何圆 C_m 包围，C_m 可描述为一个二元组 $\langle R_{om}, R_m \rangle$，$R_{om}$ 为第 m 个障碍物几何包围圆的圆心点，R_m 为第 m 个障碍物几何包围圆的半径。

定义 7.2 巡飞弹弹群突防空域

矩形突防空域 Ω 可以描述为一个三元组 $\langle \Omega_o, L, W \rangle$，$\Omega_o$ 为矩形避障区域的中心点，L 为矩形的长，W 为矩形的宽，突防空域 Ω 包含了障碍物集合 O。

定义 7.3 巡飞弹弹群突防避障

设巡飞弹 i 的质心位置为 P，静态障碍物 O_{st} 的特征点位置坐标为 P_o，若在穿过突防空域的任意时刻，巡飞弹 i 与障碍物 O 的位置关系满足：

$$\| P - P_o \|_2 > R_s + R_o + R_{os} \tag{7.2}$$

则称巡飞弹 i 可规避障碍物 O_{st}，称巡飞弹 i 实现避障。式(7.2)中，R_s 为巡飞弹 i 的安全半径；R_o 和 P_o 分别表示障碍物 O_{st} 的几何包围圆半径和圆心坐标；R_{os} 为障碍物包围圆的安全距离。

定义 7.4 巡飞弹弹群编队突防避碰

设巡飞弹 i 的质心位置为 P，弹群内可与其通信的任意巡飞弹 j 质心位置为 P_o，若在飞过突防空域中的任意时刻，巡飞弹 i 与其邻近巡飞弹 j 的位置关系满足：

$$\| P - P_o \|_2 \geqslant 2R_s \tag{7.3}$$

巡飞弹 i 与动态障碍物 O_{dy} 的位置关系满足：

$$\| P - R_{om} \|_2 \leqslant R_s + R_m \tag{7.4}$$

则称巡飞弹 i 与巡飞弹 j 和动态障碍物 O_{dy} 不会发生碰撞，即巡飞弹可实现避碰。

根据定义 7.1~定义 7.4，巡飞弹弹群编队突防问题可描述为：对于 N 个巡飞弹，给定任意巡飞弹 i 的初始状态信息 $X_i(0)$；在巡飞弹动力学约束下，规划巡飞弹 i 的控制序列 U，使其穿过突防空域 Ω，不与静态障碍物 O_{st}、动态障碍物 O_{dy} 和邻近巡飞弹 j 发生碰撞，且使巡飞弹 i 与其他巡飞弹之间的相对距离最终达到期望值 ΔX_{jiref}，重构为所需要队形。

3. 作战方案设计

如图 7.5 所示,对于 N 个巡飞弹,根据路程等巡飞弹和任务约束,完成巡飞弹 i 的任务分配,即针对 M 个任务将巡飞弹弹群进行编队拆分形成 M 个子编队,每个子编队 j 完成对应的任务 j,且将巡飞弹分配到每个子编队中。在第 j 个子编队设计中,设计巡飞弹 i 在子编队 j 中的位置,完成巡飞弹弹群作战方案设计。

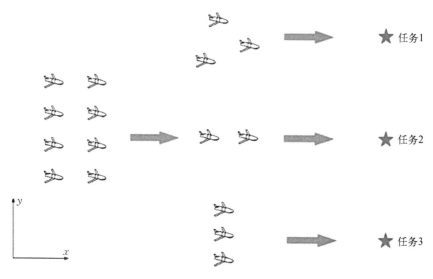

图 7.5 作战方案设计场景

7.1.2.2 动力学模型

飞行器的编队控制一般都由内外环控制系统来完成,外环控制根据飞行器期望位置生成内环控制所需的速度、高度和航向角等控制指令,内环控制即为飞行器的自动驾驶仪通过调整姿态等对指令进行跟踪。在现阶段的工程项目中,对自动驾驶仪的研究已相当成熟,因此本书对巡飞弹动力学模型进行简化,不考虑飞行器内环控制,以更好地研究巡飞弹的编队控制。

考虑 N 个巡飞弹构成的弹群编队系统,忽略其姿态运动且简化控制模型,在地心惯性坐标系下巡飞弹 i 基于自动驾驶仪的三维运动质点模型可简化描述如下:

$$\begin{cases} \dot{x}_i = V_i \cos\theta_i \cos\psi_{vi} \\ \dot{y}_i = V_i \cos\theta_i \sin\psi_{vi} \\ \dot{z}_i = V_i \sin\theta_i \\ \dot{V}_i = \dfrac{V_{ci} - V_i}{\tau_v} \\ \dot{\theta}_i = \dfrac{\theta_{ci} - \theta_i}{\tau_\theta} \\ \dot{\psi}_{vi} = \dfrac{\psi_{vci} - \psi_{vi}}{\tau_{\psi_v}} \end{cases} \quad (7.5)$$

其中，(x_i, y_i, z_i) 为导弹 i 在地心惯性坐标系下的位置坐标；θ_i、ψ_{vi} 和 V_i 分别为导弹 i 的弹道倾角、弹道偏角和速度；V_{ci}、θ_{ci} 和 ψ_{vci} 分别为导弹 i 的指令速度大小、指令弹道倾角和指令弹道偏角；τ_v、τ_θ 和 τ_{ψ_v} 分别为导弹 i 的速度、弹道倾角和弹道偏角的控制通道的惯性时间常数。

7.2　基于事件驱动的分布式编队控制技术

巡飞弹弹群在实际编队飞行过程中，会因地形和弹间通信距离的变化使弹群系统的通信网络拓扑结构发生改变，且弹间通信因网络拥堵等影响产生数据传输延迟。大多数基于一致性理论的编队飞行控制研究并未完全考虑这些问题。并且，在飞行器的编队飞行过程中，编队集结和编队保持都需要控制系统和通信系统在控制周期内不断进行工作，这会给编队控制系统带来一定的挑战。

基于事件驱动的编队控制系统可减少控制和通信系统的更新频率，在实际工程应用中可减少弹体资源浪费，提高系统的鲁棒性。本节采用考虑弹群系统存在通信时延和通信拓扑结构变化的事件驱动一致性编队控制方法，设计一类二阶分布式控制协议，使巡飞弹弹群实现编队队形控制，以满足实际工程应用。

7.2.1　基于事件驱动的一致性理论

传统的导弹编队控制方法都是基于时间驱动的控制模式，假设导弹的通信系统和控制系统需要连续获取邻近弹的相关信息并在控制周期内不断更新控制输入，此种控制方式会大大消耗弹体能源，对导弹的控制和通信系统的鲁棒性和准确性具有很高的要求，而在实际工程中往往很难满足此要求。

基于数据采样的事件驱动技术可解决能源消耗问题，并降低编队控制算法对控制和通信系统的依赖性，因此将其加入巡飞弹弹群编队一致性控制协议的设计中，控制器设计框图如图 7.6 所示。

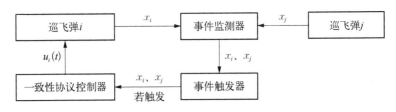

图 7.6　基于事件驱动的一致性控制器

事件驱动控制系统由事件监测器、事件触发器和一致性协议控制器组成。其中，事件监测器用于收集定义事件的状态信息，事件触发器确定何时进行采样并将触发状态信息传递给一致性协议控制器，控制器利用触发状态更新自身控制输入并向相邻导弹传输自身触发状态。在每次采样信息更新时，弹群编队系统中每个巡飞弹监测自身及其邻居弹的信息，将监测信息传入事件触发器。事件触发器会根据事件驱动条件进行事件判定；如果事件驱动函数条件满足，则巡飞弹保持当前状态不变，即控制输入 $\mathbf{u}_i(t)$ 保持不变；如果事件驱动函数条件不满足,巡飞弹更新自己的输入控制信息 $\boldsymbol{u}_i(t)$,并向编队系统中与它保持通信的邻近巡飞弹传输自己已经更新的状态信息,此时邻近弹会利用所接收到的数据作为自身下一次事件计算对应的最新输入量;以此循环,从而实现巡飞弹编队控制系统的目标期望队形。事件驱动亦被称为事件触发。

7.2.2 基于事件驱动的弹群一致性编队控制

鉴于基于事件驱动的一致性理论在集群分布式编队控制中灵活性和适用性高的优点,本节根据巡飞弹的带自动驾驶仪的三维质点动力学模型设计基于事件驱动的一致性编队控制协议。首先将巡飞弹的动力学模型线性化,设计虚拟控制量并推导得到其与实际控制量之间的关系;其次根据一致性理论设计考虑通信时延以及时变拓扑约束的二阶带位置偏差的一致性控制协议;最后,建立事件驱动误差函数和事件驱动条件,将事件驱动方法加入带位置偏差的二阶一致性控制协议中,从而建立基于数据采样事件驱动的编队控制方法,实现巡飞弹弹群的编队控制。此基于数据采样的事件驱动方法可减少控制系统的更新频率,增加通信系统的通信时间间隔,从而节省通信带宽,减少能量消耗,降低编队控制的难度。

7.2.2.1 动力学模型线性化

本书采用反馈线性化方法[1]对式(7.5)进行处理。首先,将式(7.5)转化为非线性仿射标准型[2]:

$$\dot{\boldsymbol{X}}_i = \boldsymbol{A}_i(\boldsymbol{X}_i) + \boldsymbol{B}\boldsymbol{U}_i \tag{7.6}$$

式(7.6)中,$\boldsymbol{X}_i = [x_i, y_i, z_i, V_i, \theta_i, \psi_{vi}]^{\mathrm{T}}$ 为巡飞弹 i 的状态向量;$\boldsymbol{U}_i = [V_{ci}, \theta_{ci}, \psi_{vci}]^{\mathrm{T}}$ 为控制输入向量,$\boldsymbol{A}_i(\boldsymbol{X}_i)$ 和 $\boldsymbol{B}$ 为

$$\boldsymbol{A}_i(\boldsymbol{X}_i) = \begin{bmatrix} V_i\cos\theta_i\cos\psi_{vi} \\ V_i\cos\theta_i\sin\psi_{vi} \\ V_i\sin\theta_i \\ -\dfrac{V_i}{\tau_v} \\ -\dfrac{\theta_i}{\tau_\theta} \\ -\dfrac{\psi_{vi}}{\tau_{\psi_v}} \end{bmatrix}, \quad \boldsymbol{B} = \begin{bmatrix} 0 & 0 & 0 \\ 0 & 0 & 0 \\ 0 & 0 & 0 \\ \dfrac{1}{\tau_v} & 0 & 0 \\ 0 & \dfrac{1}{\tau_\theta} & 0 \\ 0 & 0 & \dfrac{1}{\tau_{\psi_v}} \end{bmatrix}$$

令 $\boldsymbol{\xi}_i = [x_i, y_i, z_i]^{\mathrm{T}}$,对 $\boldsymbol{\xi}_i$ 求导有

$$\dot{\boldsymbol{\xi}}_i = \begin{bmatrix} \dot{x}_i \\ \dot{y}_i \\ \dot{z}_i \end{bmatrix} = \begin{bmatrix} V_i\cos\theta_i\cos\psi_{vi} \\ V_i\cos\theta_i\sin\psi_{vi} \\ V_i\sin\theta_i \end{bmatrix} \tag{7.7}$$

由于式(7.7)不显含控制输入量,继续对 $\dot{\boldsymbol{\xi}}_i$ 求导有

$$\ddot{\boldsymbol{\xi}}_i = \begin{bmatrix} \ddot{x}_i \\ \ddot{y}_i \\ \ddot{z}_i \end{bmatrix} = \begin{bmatrix} \dot{V}_i\cos\theta_i\cos\psi_{vi} - V_i\dot{\theta}_i\sin\theta_i\cos\psi_{vi} - V_i\dot{\psi}_{vi}\cos\theta_i\sin\psi_{vi} \\ \dot{V}_i\cos\theta_i\sin\psi_{vi} - V_i\dot{\theta}_i\sin\theta_i\sin\psi_{vi} + V_i\dot{\psi}_{vi}\cos\theta_i\cos\psi_{vi} \\ \dot{V}_i\sin\theta_i + V_i\dot{\theta}_i\cos\theta_i \end{bmatrix} \tag{7.8}$$

将 $\dot{V}_i, \dot{\theta}_i, \dot{\psi}_{vi}$ 代入得到:

$$\ddot{\boldsymbol{\xi}}_i = a(\boldsymbol{X}_i) + b(\boldsymbol{X}_i)\boldsymbol{U}_i \tag{7.9}$$

式(7.9)中,

$$a(\boldsymbol{X}) = \begin{bmatrix} -V_i\dfrac{\cos\theta_i\cos\psi_{vi}}{\tau_v} + V_i\theta_i\dfrac{\sin\theta_i\cos\psi_{vi}}{\tau_\theta} + V_i\psi_{vi}\dfrac{\cos\theta_i\sin\psi_{vi}}{\tau_{\psi_v}} \\[3mm] -V_i\dfrac{\cos\theta_i\sin\psi_{vi}}{\tau_v} + V_i\theta_i\dfrac{\sin\theta_i\sin\psi_{vi}}{\tau_\theta} - V_i\psi_{vi}\dfrac{\cos\theta_i\cos\psi_{vi}}{\tau_{\psi_v}} \\[3mm] -V_i\dfrac{\sin\theta_i}{\tau_v} - V_i\theta_i\dfrac{\cos\theta}{\tau_\theta} \end{bmatrix}$$

$$b(\boldsymbol{X}) = \begin{bmatrix} \dfrac{\cos\theta_i\cos\psi_{vi}}{\tau_v} & -V_i\dfrac{\sin\theta_i\cos\psi_{vi}}{\tau_\theta} & -V_i\dfrac{\cos\theta_i\sin\psi_{vi}}{\tau_{\psi_v}} \\[3mm] \dfrac{\cos\theta_i\sin\psi_{vi}}{\tau_v} & -V_i\dfrac{\sin\theta_i\sin\psi_{vi}}{\tau_\theta} & V_i\dfrac{\cos\theta_i\cos\psi_{vi}}{\tau_{\psi_v}} \\[3mm] \dfrac{\sin\theta_i}{\tau_v} & V_i\dfrac{\cos\theta_i}{\tau_\theta} & 0 \end{bmatrix}$$

重新选择输入 $\boldsymbol{u}_i = [u_{xi}, u_{yi}, u_{zi}]^{\mathrm{T}}$,消去非线性,得到一个线性双积分器:

$$\ddot{\boldsymbol{\xi}}_i = \boldsymbol{u}_i \tag{7.10}$$

利用 $\boldsymbol{u}_i = a(\boldsymbol{X}_i) + b(\boldsymbol{X}_i)\boldsymbol{U}_i$ 的关系,可推导得虚拟控制量 $\boldsymbol{u}_i$ 和实际控制输入向量 $\boldsymbol{U}_i$ 的关系为

$$\begin{cases} V_{ci} = \tau_v(u_{xi}\cos\theta_i\cos\psi_{vi} + u_{yi}\cos\theta_i\sin\psi_{vi} + u_{zi}\sin\theta_i) + V_i \\ \theta_{ci} = \tau_\theta(-u_{xi}\sin\theta\cos\psi_{vii} - u_{yi}\sin\theta_i\sin\psi_{vi} + u_{zi}\cos\theta_i)/V_i + \theta_i \\ \psi_{vci} = \tau_\varphi(-u_{xi}\sin\psi_{vi} + u_{yi}\cos\psi_{vi})/(v_i\cos\theta_i) + \psi_{vi} \end{cases} \tag{7.11}$$

综上所述,只需设计得到虚拟控制量 $\boldsymbol{u}_i$,再根据式(7.11)将其转化为实际控制量 $\boldsymbol{U}_i$,即可降低集群编队控制器的设计难度。

7.2.2.2　二阶一致性控制协议

第 i 个巡飞弹动态方程的状态空间描述为

$$\begin{cases} \dot{\boldsymbol{\xi}}_i(t) = \boldsymbol{\zeta}_i(t) \\ \dot{\boldsymbol{\zeta}}_i(t) = \boldsymbol{u}_i(t) \end{cases} \tag{7.12}$$

式(7.12)中,$\boldsymbol{\xi}_i(t) \in \boldsymbol{R}^3$ 代表飞行器的位置状态;$\boldsymbol{\zeta}_i(t) \in \boldsymbol{R}^3$ 代表飞行器的速度状态;$\boldsymbol{u}_i(t) \in \boldsymbol{R}^3$ 是虚拟控制输入量。

所设计的编队控制协议需保证所有导弹间的位置偏差达到 $\boldsymbol{\xi}_i(t) - \boldsymbol{\xi}_j(t) \rightarrow \boldsymbol{r}_{ij}$,且各导弹速度保持一致,即 $\boldsymbol{\zeta}_i(t),\boldsymbol{\zeta}_j(t) \rightarrow \boldsymbol{\zeta}^*$,$\boldsymbol{\zeta}^*$ 为巡飞弹弹群的期望速度。这样的控制协议能使巡飞弹群最终形成并按照预期的编队队形以相同的速度前进。

考虑通信时延以及时变拓扑,针对第 i 个巡飞弹的二阶线性模型,提出如下的一致性线性控制协议:

$$\boldsymbol{u}_i(t) = - \sum_{j=1}^{N} a_{ij}(t) \{ k_1 [\boldsymbol{\xi}_i(t-\tau) - \boldsymbol{\xi}_j(t-\tau) - \boldsymbol{r}_{ij}]$$
$$+ k_2 [\boldsymbol{\zeta}_i(t-\tau) - \boldsymbol{\zeta}_j(t-\tau)] \} - k_3 [\boldsymbol{\zeta}_i(t) - \boldsymbol{\zeta}^*] \tag{7.13}$$

式(7.13)中,$a_{ij}(t)$ 为 t 时刻图 $\boldsymbol{G}_t$ 对应的邻接矩阵 $\boldsymbol{A}(t) \in \boldsymbol{R}^{n \times n}$ 的第 (i,j) 项元素,$\tau > 0$ 代表时延常数,k_1、k_2、k_3 为待设计的正常数增益。在实际工程应用中,时延可分为输入时延和通信时延,导弹与其邻居在通信过程中产生的时延称为通信时延,控制系统和执行系统进行信息传输的过程中所产生的时延为输入时延。控制协议中 $\boldsymbol{\xi}_i(t-\tau)$ 和 $\boldsymbol{\zeta}_i(t-\tau)$ 的 τ 为巡飞弹 i 的输入时延,而 $\boldsymbol{\xi}_j(t-\tau)$ 和 $\boldsymbol{\zeta}_j(t-\tau)$ 的 τ 为巡飞弹 i 在接收其邻居巡飞弹 j 的通信时延。本节假设弹群系统的输入时延和通信时延大小相等。

通过一致性控制协议计算得到巡飞弹 i 的虚拟控制量 $\boldsymbol{u}_i$,将其根据式(7.11)转化为实际控制量 $\boldsymbol{U}_i$,输入至巡飞弹 i 的动力学模型中即可得到巡飞弹的状态信息,再将此状态信息反馈至控制协议进行下一个控制周期从而实现闭环控制,控制框图如图7.7所示。

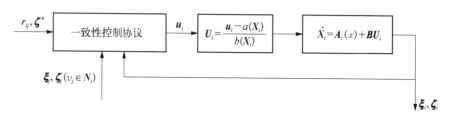

图 7.7　控制框图

7.2.2.3　二阶事件驱动一致性控制算法

一般的事件驱动方法需要连续地监测和检查事件是否满足,此行为会成为能量消耗的主要来源。考虑网络带宽限制和导弹自身的物理约束,系统稳定性更容易受到时延和通信拓扑结构变化的影响。因此,本书采用基于数据采样的事件驱动控制[3],对事件状态进行周期性采样评估,解决通信上的能量消耗过多问题,并在控制系统的设计上考虑时延和通信拓扑结构变化,以符合实际飞行过程中的工程需求。

考虑巡飞弹 i 的数学模型如二阶动力学方程(7.12)所示。定义二阶数据采样事件条件:

$$\| \boldsymbol{e}_i(t_k^i + lh) \|_F \leq \sigma_i \| \boldsymbol{z}_i(t_k^i + lh) \|_F \tag{7.14}$$

式(7.14)中,σ_i 是一个正常数,h 是导弹系统的通信采样周期,$t_k^i(i=1,2,\cdots,n)$ 为巡飞

弹 i 事件驱动时刻，$l \in \mathbf{R}^+$，$\mathbf{e}_i(t_k^i + lh) = [\mathbf{e}_i^\xi(t_k^i + lh); \mathbf{e}_i^\zeta(t_k^i + lh)]$ 为巡飞弹 i 的事件驱动测量误差，其中 $\mathbf{e}_i^\xi$ 和 $\mathbf{e}_i^\zeta$ 分别为巡飞弹 i 一阶状态变量和二阶状态变量的事件驱动测量误差，具体定义如下：

$$\begin{cases} \mathbf{e}_i^\xi(t_k^i + lh) = \boldsymbol{\xi}_i(t_k^i - \tau) - \boldsymbol{\xi}_i(t_k^i + lh - \tau) \\ \mathbf{e}_i^\zeta(t_k^i + lh) = \boldsymbol{\zeta}_i(t_k^i - \tau) - \boldsymbol{\zeta}_i(t_k^i + lh - \tau) \end{cases} \tag{7.15}$$

辅助变量 $\mathbf{z}_i(t_k^i + lh) = [\mathbf{z}_i^\xi(t_k^i + lh); \mathbf{z}_i^\zeta(t_k^i + lh); \mathbf{z}_i^{\zeta^*}(t_k^i + lh)]$，其中：

$$\begin{cases} \mathbf{z}_i^\xi(t_k^i + lh) = \sum_{v_j \in N_i(t)} a_{ij}(t)[\boldsymbol{\xi}_i(t_k^i + lh - \tau) - \boldsymbol{\xi}_j(t_k^j + lh - \tau) - \mathbf{r}_{ij}] \\ \mathbf{z}_i^\zeta(t_k^i + lh) = \sum_{v_j \in N_i(t)} a_{ij}(t)[\boldsymbol{\zeta}_i(t_k^i + lh - \tau) - \boldsymbol{\zeta}_j(t_k^j + lh - \tau)] \\ \mathbf{z}_i^{\zeta^*}(t_k^i + lh) = \boldsymbol{\zeta}_j(t_k^j + lh - \tau) - \boldsymbol{\zeta}^* \end{cases} \tag{7.16}$$

定义下一次事件触发时刻为

$$t_{k+1}^i = t_k^i + h\inf\{l: \|\mathbf{e}_i(t_k^i + lh)\| > \sigma_i\|\mathbf{z}_i(t_k^i + lh)\|\} \tag{7.17}$$

将事件驱动应用到二阶一致性编队控制中，一致性编队控制协议 (7.13) 变为

$$\begin{aligned} \mathbf{u}_i(t) = -\sum_{j=1}^N a_{ij}(t)\{k_1[\boldsymbol{\xi}_i(t_k^i - \tau) - \boldsymbol{\xi}_j(t_{k'}^j - \tau) - \mathbf{r}_{ij}] \\ + k_2[\boldsymbol{\zeta}_i(t_k^i - \tau) - \boldsymbol{\zeta}_j(t_{k'}^j - \tau)]\} - k_3[\boldsymbol{\zeta}_i(t_k^i) - \boldsymbol{\zeta}^*] \end{aligned} \tag{7.18}$$

式 (7.18) 中，$k' \triangleq \arg\min_{l \in \mathbf{N}; t \geqslant t_l^j}\{t - t_l^j\}$，对于任意 $t \in [t_k^i, t_{k+1}^i)$，$t_{k'}^j$ 为 t 时刻巡飞弹 j 最新的事件触发时间。在飞行过程中，每个巡飞弹 i 将相邻巡飞弹最新的触发状态信息作为自身控制律的输入信息，由此更新控制输入 $\mathbf{u}_i(t)$。

7.3　弹群编队突防技术

面对导弹等武器拦截防御体系的不断完善和对复杂场景作战要求的不断提高，武器的突防作战已成为重点问题。而针对巡飞弹的弹群编队突防相关研究未成熟，大多数研究将突防问题转化为离线的轨迹设计问题，或者复杂的在线避障问题，难以进行工程应用。

本节以 7.1 节的突防作战场景为例，对巡飞弹弹群的编队突防控制技术进行研究。设计采用双层架构突防方案，建立离线突防的全局路径规划层，然后在其基础上按照工程实际需求加入局部突防避障层，使用伪谱法求解带有障碍物约束的最优控制问题得到离线最优轨迹，且使用模型跟踪预测控制在线优化集群轨迹，同时只进行局部的动态微调避障，使巡飞弹弹群可使用最小燃料和最少时间飞过突防空域。此方案可大大减少巡飞弹在线飞行的计算量，并且能处理扰动等误差问题。

7.3.1　编队突防方案

将巡飞弹弹群的编队突防问题分为离线突防全局路径规划层和在线突防局部避障

层,局部避障层作为全局规划层的补充。编队突防方案首先进行离线路径规划,然后在线进行局部避障处理并解决实际飞行产生的问题,具体如下。

1. 离线突防全局路径规划层

离线突防规划层中不涉及动态障碍物 O_{dy} ,只对静态障碍物 O_{st} 进行避障且处理巡飞弹弹间的避碰问题。离线突防是基于已知突防空域的静态障碍物 O_{st} 信息,在地面离线规划出最优突防路线且得到巡飞弹的最优控制序列 U ,使得巡飞弹根据控制输入序列 U 进行相应的飞行动作,在规避障碍物之后重构为所需队形,从而实现编队突防。

2. 在线突防局部避障层

在线突防局部避障层是在离线突防规划层的基础上添加的局部避障层,此层为在线处理,巡飞弹弹群之间会存在通信交流,即任意巡飞弹会持有邻近巡飞弹的相关信息,且在飞行过程中在线探测动态障碍物 O_{dy} 并对其进行局部规避。

在已知静态障碍物的前提下进行离线突防路径规划得到能够避开静态障碍物、实现弹间的避碰、队形重构的最优轨迹及最优控制序列后,巡飞弹在线对其最优轨迹进行跟踪飞行。由于离线突防层无法处理阵风等扰动带来的误差问题,且该层无法使得巡飞弹避开动态障碍物,因此在线突防层需要在对离线轨迹进行跟踪的同时,克服扰动影响并且进行动态避障的编队飞行;在此期间,在线突防对全局规划产生的航迹调整可能会使得巡飞弹间发生触碰,故在线突防层还需处理弹间的防碰问题;在飞过突防空域之后,若误差距期望编队队形过大,通过 7.1 节的编队控制方法重构为所需队形,从而实现编队突防。综上所述,双层编队突防控制方案如图 7.8 所示。

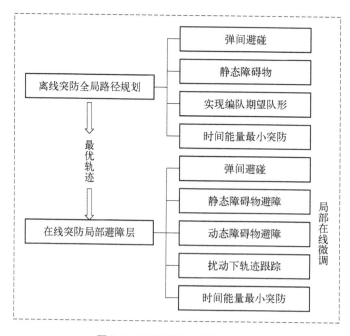

图 7.8 双层编队突防控制方案

双层编队突防控制方案,可在全局路径的基础上实现对扰动、误差和动态障碍物的规避处理,弥补了单一离线突防规划层的不足,且只需要在离线路径上进行路径微调,节省了计算量和能量消耗,满足实际工程需求。

7.3.2　编队突防模型

根据作战方案和突防要求,巡飞弹弹群的约束指标和性能指标可作如下设计。

1. 动力学约束

因编队突防作战场景大多在水平面飞行,本节只进行二维平面突防问题的研究,巡飞弹的高度由高度自动驾驶仪保持,外环控制只通过输入期望弹道偏角 ψ_{vc} 和期望速度 V_{ci} 进行,因此根据动力学方程(7.5),水平平面巡飞弹 i 的动力学模型为

$$\begin{cases} \dot{x}_i = V_i \cos \psi_{vi} \\ \dot{y}_i = V_i \sin \psi_{vi} \\ \dot{V}_i = \dfrac{V_{ci} - V_i}{\tau_v} \\ \dot{\psi}_{vi} = \dfrac{\psi_{vci} - \psi_{vi}}{\tau_{\psi_v}} \end{cases} \tag{7.19}$$

2. 路径约束

路径约束是指巡飞弹在突防飞行过程中每一时刻和每一高度所需达到的约束条件。将静态障碍物的避障问题和弹间防撞问题转化为路径约束,因此路径约束需要考虑巡飞弹与静态障碍物的距离约束和弹间防撞约束。

假定任意静态障碍物 o_{Nst} 都可被几何圆包围,因此本节静态障碍物都看作圆形 C_m 进行处理,C_m 可描述为一个二元组 $\langle R_{om}, R_m \rangle$,$R_{om}$ 和 R_m 分别为第 m 个障碍物几何包围圆的圆心点和半径。

1) 静态障碍物约束

对巡飞弹 i 来说,静态障碍物约束可定义为

$$C_m(t) = (x_i - x_{om})^2 + (y_i - y_{om})^2 - R_m^2 \geq 0, \quad i = 1, 2, \cdots, n \tag{7.20}$$

式(7.20)中,(x_{om}, y_{om}) 为第 m 个静态障碍物包围圆的圆心坐标。

2) 弹间防撞约束

在编队飞行过程中,巡飞弹间若发生碰撞会造成弹的损毁,致使任务失败,需要弹与弹之间保持一定距离,定义弹间防撞约束为

$$C_{i,j}(t) = \| P_i - P_j \|_2 - 2R_s \geq 0, \quad i, j = 1, 2, \cdots, n; i \neq j \tag{7.21}$$

其中,P_i 和 P_j 分别为巡飞弹 i 和巡飞弹 j 的质心位置;R_s 为巡飞弹的安全半径。

3. 控制约束

各个控制变量必须满足一定的边界约束条件。巡飞弹穿过突防区域设定速度以最大速度 V_{max} 匀速行驶;巡飞弹动力学模型为带自动驾驶仪的二维质点模型,外环控制的输入控制变量 ψ_{vci} 按照所需导弹偏角 ψ_{vref} 变化,不存在上下限约束。因此控制约束为按照所需要的编队飞行轨迹进行设置,即

$$\begin{cases} V_{ci} = V_{\max} \\ \psi_{vci} = \psi_{vref} \\ \boldsymbol{U}_i = \left[V_{ci}, \psi_{vci} \right]^{\mathrm{T}} \end{cases} \tag{7.22}$$

4. 边界条件

边界条件必须满足状态的初始条件,且在终端状态巡飞弹间的相对距离需达到固定值,以在突防成功后形成所期望的编队队形,因此边界条件为

$$\begin{cases} \boldsymbol{X}(t_0) = \boldsymbol{X}_0 \\ x_i(t_f) - x_j(t_f) = r_{ijx} \\ y_i(t_f) - y_j(t_f) = r_{ijy} \end{cases} \tag{7.23}$$

其中,r_{ijx}、r_{ijy} 分别为在 x 方向与 y 方向上巡飞弹 i 与巡飞弹 j 的期望相对距离;t_f 为突防过程的终端时间。

5. 性能指标

为使巡飞弹弹群在穿过突防区域时其作战方案能以最小代价风险完成,巡飞弹编队系统应快速飞过突防区域;且为了节省能量以延长弹群的作战时间和经济,系统的控制能量消耗应最小。因此,定义性能指标为

$$J = -\alpha_1 t_f + \alpha_2 \| \boldsymbol{U} \|_F^2 \tag{7.24}$$

其中,α_1 和 α_2 为权重系数。

7.3.3　离线突防全局规划

7.3.3.1　问题描述

离线全局路径规划层中,要求在满足各类约束后得到的最优控制序列使性能指标应达到最小。因此问题可描述为:在满足巡飞弹动力学模型、路径约束、控制约束和边界约束的情况下,求得最优控制 $\boldsymbol{u}$,使性能指标式(7.24)达到最小值,从而得到最优突防轨迹。

弹群编队系统的动力学方程(7.19)可写为

$$\dot{\boldsymbol{X}}(t) = f\left[\boldsymbol{X}(t), \boldsymbol{U}(t), t \right] \tag{7.25}$$

式(7.25)中,$\boldsymbol{X} = \left[\boldsymbol{X}_1^{\mathrm{T}}, \boldsymbol{X}_2^{\mathrm{T}}, \cdots, \boldsymbol{X}_n^{\mathrm{T}} \right]^{\mathrm{T}}$,$\boldsymbol{X}_i = \left[x_i, y_i, v_i, \psi_{vi} \right]^{\mathrm{T}}$,$\boldsymbol{U} = \left[\boldsymbol{U}_1^{\mathrm{T}}, \boldsymbol{U}_2^{\mathrm{T}}, \cdots, \boldsymbol{U}_n^{\mathrm{T}} \right]^{\mathrm{T}}$,$\boldsymbol{U}_i = \left[v_{ci}, \psi_{ci} \right]^{\mathrm{T}}$。则离线突防全局路径规划问题可转换为非线性最优控制 Bolza 问题,具体的数学模型为

$$\begin{aligned} &\min J \\ &\text{s. t} \begin{cases} \dot{\boldsymbol{X}}(t) = f\left[\boldsymbol{X}(t), \boldsymbol{U}(t), t \right] \\ \boldsymbol{B}\left[\boldsymbol{X}(t_0), t_0; \boldsymbol{X}(t_f), t_f \right] = \boldsymbol{0} \\ \boldsymbol{C}\left[\boldsymbol{X}(t), \boldsymbol{U}(t), t \right] \leqslant \boldsymbol{0} \end{cases} \end{aligned} \tag{7.26}$$

其中,$\boldsymbol{B}$ 和 $\boldsymbol{C}$ 分别为等式约束和不等式约束。

7.3.3.2　求解方法

求解最优控制问题的数值解法有直接法和间接法两种,本节使用直接法中的高斯伪谱法将最优控制问题首先进行离散变化,使之转化为一个带约束的非线性规划问题(NLP),然后采用序列二次规划算法(SQP)进行非线性规划问题的求解。

1. 高斯伪谱法离散变化

伪谱法[4-6]将连续方程转化为对应状态和控制量的若干离散点,再在离散点上将状态方程、边值约束等约束条件以及性能指标用状态和控制量表示,从而可完成 Bolza 问题的转化。伪谱法在逼近控制量和状态量中使用的是全局多项式,其收敛速度大大优于一般的配点法,且可保证在全局状态空间内的最优性。伪谱法中性能指标采用精度较高的高斯积分进行求解,其可提高解的正确性。因此,伪谱法作为直接法的一种能够很好地满足求解最优控制 Bolza 问题的需要。

本书选用伪谱法中应用最广的高斯伪谱法进行离散变化。

1)区间转化

高斯点分布在(-1,1)区间,而需求解优化的最优控制问题的时间区间为 $t \in [t_0, t_f]$,则本节使用时域变换方法使问题区间转化到伪谱法的时间区域内,首先设 $\tau \in [-1, 1]$,令

$$\tau = \frac{2t}{t_f - t_0} - \frac{t_f + t_0}{t_f - t_0} \tag{7.27}$$

经式(7.27)变换,τ 取代 t 成为变量,$\tau = -1$ 对应 $t = t_0$,$\tau = 1$ 对应 $t = t_f$。基于上述区间变换,式(7.26)所描述的最优控制 Bolza 问题可转化为适用于伪谱法的标准 Bolza 问题:

$$\min J = \boldsymbol{\Phi}[\boldsymbol{X}(-1), -1, \boldsymbol{X}(1), 1] + \frac{t_f - t_0}{2} \int_{-1}^{1} g[\boldsymbol{X}(\tau), \boldsymbol{U}(\tau), \tau; t_0, t_f] \mathrm{d}\tau$$

$$\text{s. t.} \begin{cases} \dot{\boldsymbol{X}}(\tau) = \dfrac{t_f - t_0}{2} f[\boldsymbol{X}(\tau), \boldsymbol{U}(\tau), \tau; t_0, t_f] \\ \boldsymbol{B}[\boldsymbol{X}(-1), t_0; \boldsymbol{X}(1), t_f] = \boldsymbol{0} \\ \boldsymbol{C}[\boldsymbol{X}(\tau), \boldsymbol{U}(\tau), \tau; t_0, t_f] \leqslant \boldsymbol{0} \end{cases}$$

$$\tag{7.28}$$

式(7.28)中,$\boldsymbol{\Phi}$ 为终端性能指标;g 为过程性能指标。

2)多项式插值

将状态变量和控制变量在 LG 配点处离散,则 Legendre 多项式 $P_N(\tau)$ 的零点为离散点:

$$P_N(\tau) = \frac{1}{2^N N!} \frac{\mathrm{d}^N}{\mathrm{d}\tau^N} [(\tau^2 - 1)^N] = 0 \tag{7.29}$$

求解式(7.29)可得到位于区间(-1,1)的 N 个离散点 $\tau_i (i = 1, 2, \cdots, N)$。再考虑边值约束,将初始时间和终端时间加入配点集合组合成 $N + 2$ 个 LG 节点,即 $\{\tau_0, \tau_1, \cdots, \tau_N, \tau_{N+1}\}$,其中 $\tau_0 = -1$,$\tau_{N+1} = \tau_f = 1$。

3）状态变量和控制变量离散化

在前 $N+1$ 个 LG 节点上，用 Lagrange 插值近似状态变量：

$$X(\tau) \approx \sum_{i=0}^{N} L_i(\tau) X(\tau_i) = \sum_{i=0}^{N} L_i(\tau) X_i \qquad (7.30)$$

式（7.30）中，$L_i(\tau) = \prod_{j=0, j \neq i}^{N} \dfrac{\tau - \tau_j}{\tau_i - \tau_j} = \dfrac{b(\tau)}{(\tau - \tau_i) \dot{b}(\tau_i)}$，$b(\tau) = \prod_{i=0}^{N} (\tau - \tau_i)$。再由函数积分可得 τ_{N+1} 时刻的状态变量。

在区间（-1, 1）中将控制变量按照 LG 配点进行离散化：

$$U(\tau) \approx \sum_{i=0}^{N} \tilde{L}_i(\tau) U(\tau_i) = \sum_{i=0}^{N} L_i(\tau) U_i \qquad (7.31)$$

式（7.31）中，$\tilde{L}_i(\tau) = \prod_{j=1, j \neq i}^{N} \dfrac{\tau - \tau_j}{\tau_i - \tau_j}$。

将状态方程进行离散化后，对式（7.31）求导，只考虑配点上的状态变量的导数值：

$$\dot{X}(\tau_k) \approx \sum_{i=0}^{N} \dot{L}_i(\tau_k) X_i = \sum_{i=0}^{N} D_{k,i} X_i \qquad (7.32)$$

式（7.32）中，

$$D_{k,i} = \dot{L}_i(\tau_k) = \begin{cases} \dfrac{\dot{b}(\tau_k)}{\dot{b}(\tau_i)(\tau_k - \tau_i)}, & k \neq i \\[3mm] \dfrac{\ddot{b}(\tau_k)}{2\dot{b}(\tau_k)}, & k = i \end{cases}$$

则状态方程（7.25）可由如下约束条件替代：

$$\sum_{i=0}^{N} D_{k,i} X_i = \frac{t_f - t_0}{2} f(X_k, U_k, \tau_k; t_0, t_f), \quad k = 1, 2, \cdots, N \qquad (7.33)$$

4）约束条件离散化

分别将边界约束和路径约束在配点处离散化：

$$\begin{cases} B_{\min} \leqslant B(X_0, t_0, X_{N+1}, t_f) \leqslant B_{\max} \\ C_{\min} \leqslant C[X(\tau_k), U(\tau_k), \tau_k] \leqslant C_{\max} \end{cases} \qquad (7.34)$$

状态起始点 $X_0 = X(\tau_0) = X(-1)$，末端状态可通过 Gauss 积分公式求出：

$$\begin{aligned} X_f &= X_{N+1} \\ &= X_0 + \frac{t_f - t_o}{2} \int_{\tau_0}^{\tau_f} f[X(\tau), U(\tau), \tau; t_0, t_f] \\ &\approx X_0 + \frac{t_f - t_o}{2} \sum_{k=1}^{N} w_k f[X(\tau_k), U(\tau_k), \tau_k; t_0, t_f] \\ &= X_0 + \frac{t_f - t_o}{2} \sum_{k=1}^{N} w_k f(X_k, U_k, \tau_k; t_0, t_f) \end{aligned} \qquad (7.35)$$

5）性能指标离散化

应用积分精度最高的 Gauss 积分公式积分性能指标函数中的 Lagrange 项的函数，Gauss 积分公式对于 N 个 LG 配点，积分精度可达到 $2N-1$。则积分部分可表示为

$$\int_{-1}^{1} g[\boldsymbol{X}(\tau), \boldsymbol{U}(\tau), \tau; t_0, t_0] \mathrm{d}\tau \approx \sum_{k=1}^{N} w_k g[\boldsymbol{X}(\tau_k), \boldsymbol{U}(\tau_k), \tau_k; t_0, t_f]$$
$$= \sum_{k=1}^{N} w_k g(\boldsymbol{X}_k, \boldsymbol{U}_k, \tau_k; t_0, t_f) \qquad (7.36)$$

式（7.36）中，$w_k = 2/[(1-\tau_k^2)(\dot{P}_N(\tau_k))^2]$ 为需要预先计算的积分权重。

由 Gauss 积分公式可得

$$J \approx \boldsymbol{\Phi}[\boldsymbol{X}(-1), -1, \boldsymbol{X}(1), 1] + \frac{t_f - t_0}{2} \sum_{k=1}^{N} w_k g(\boldsymbol{X}_k, \boldsymbol{U}_k, \tau_k; t_0, t_f) \quad (7.37)$$

通过上述离散变化，即可将原最优控制问题转化为 NLP 问题。

2. 序列二次规划算法（SQP）求解

将最优控制 Bolza 问题运用 Gauss 伪谱法离散化后可将其转化为 NLP 问题，对 NLP 问题再进行求解即可得到最优控制结果。求解 NLP 问题常用数值法，主要有信赖域法、序列二次规划算法、罚函数法和内点法等，以及近些年来发展较快的启发式算法，如神经网络算法、遗传算法、粒子群算法等。其中数值法中的序列二次规划算法[7]（SQP）带有 NLP 问题二阶导数的相关信息，具有全局和局部收敛性，可大大提高计算效率和边界的搜索能力。因此本书使用 SQP 算法进行求解 NLP 问题。

SQP 算法需要在迭代过程中求解一个或多个的二次规划子问题（QP）。SQP 的一般表达式为

$$\begin{aligned} &\min f(\boldsymbol{X}) \\ &\mathrm{s.t.} \begin{cases} c_i(\boldsymbol{X}) = 0, & i \in E = \{1, 2, \cdots, m_e\} \\ c_i(\boldsymbol{X}) \geqslant 0, & i \in I = \{m_e + 1, \cdots, m\} \end{cases} \end{aligned} \qquad (7.38)$$

QP 表达式为

$$\begin{aligned} &\min \frac{1}{2} \boldsymbol{d}^{\mathrm{T}} \boldsymbol{H}_k \boldsymbol{d} + g(\boldsymbol{X}_k)^{\mathrm{T}} \boldsymbol{d} \\ &\mathrm{s.t.} \begin{cases} \nabla c_i(\boldsymbol{X}_k)^{\mathrm{T}} \boldsymbol{d} + c_i(\boldsymbol{X}_k) = 0 \\ \nabla c_i(\boldsymbol{X}_k)^{\mathrm{T}} \boldsymbol{d} + c_i(\boldsymbol{X}_k) \geqslant 0 \end{cases} \end{aligned} \qquad (7.39)$$

式（7.39）中，$\boldsymbol{X}_k$ 为迭代点，$\boldsymbol{d}$ 为算法搜索时的方向梯度，$g(\boldsymbol{X}_k)$ 为 $f(\boldsymbol{X}_k)$ 的梯度。加入拉格朗日函数关系：

$$L(\boldsymbol{X}, \boldsymbol{\lambda}) = -\boldsymbol{\lambda}^{\mathrm{T}} c(\boldsymbol{X}) + f(\boldsymbol{X}) \qquad (7.40)$$

Lagrange 函数 $L(\boldsymbol{X}, \boldsymbol{\lambda})$ 满足：

$$\nabla L(\boldsymbol{X}, \boldsymbol{\lambda}) = \left[\begin{array}{c} \nabla_X L(\boldsymbol{X}, \boldsymbol{\lambda}) \\ \nabla_\lambda L(\boldsymbol{X}, \boldsymbol{\lambda}) \end{array} \right] = \boldsymbol{0} \tag{7.41}$$

其中的矩阵 $\boldsymbol{H}_k$ 为 Lagrange 函数 $L(\boldsymbol{X}, \boldsymbol{\lambda})$ 在 $(\boldsymbol{X}_k, \boldsymbol{\lambda}_k)$ 处 Hessian 矩阵的拟牛顿近似矩阵,用来近似 SQP 算法中需要用到的二阶导数的相关信息。将 $\boldsymbol{H}_k$ 矩阵不断更新并且使之保持需用的精度,即可通过依次求解 QP 问题的解最终求得 NLP 问题的解。

至此,可解出巡飞弹弹群离线突防全局路径规划的 Bolza 问题。

7.3.4　在线突防局部避障

上文通过求解最优控制问题生成巡飞弹弹群的离线突防全局最短时间的最优路径,可避开静态障碍物以及处理弹间的防撞问题和生成突防后的期望队形,但该方法并不能使编队巡飞弹避开突防区域中动态障碍物,且在巡飞弹的实际飞行中还会产生误差,离线路径规划不能处理此扰动问题。

本节建立巡飞弹弹群的在线突防局部避障层。因分布式线性时变模型预测控制优点在于能处理复杂约束且能大大减小计算量,利于工程实现,所以采用该方法在线跟踪上文生成的期望路径。首先将单个巡飞弹的相邻巡飞弹和拦截导弹等都看作动态障碍物,构建动态障碍物和静态障碍物的碰撞函数,将其加入性能指标,并考虑控制能量最小和与期望路径误差最小,使用模型预测控制方法预测动态障碍物和巡飞弹的位置状态,并在线跟踪生成的全局最优路线,从而可以处理动态障碍物、弹间避碰问题以及在线飞行过程中的误差和不确定性问题。

7.3.4.1　分布式模型预测控制

1. 经典模型预测控制基本原理

模型预测控制方法是一种基于模型的在线优化控制方法。模型预测控制是通过已知模型、系统当前状态量和未来的控制量来预测系统未来输出。这个输出状态量长度是控制周期的整数倍。系统是在一定的时间范围内在线求解最优控制问题从而得到最优控制序列,并且将得到的控制序列的第一个控制量作用于被控对象。

模型预测控制由预测模型、滚动优化以及反馈校正过程组成[8],下面介绍其大致内容及优点。

(1)预测模型:预测模型是模型预测控制方法的关键,是根据预测对象之前的信息和未来时刻的输入状态来进行状态响应的预测。与一般控制方法不同的是,预测模型只要求能使用历史信息得到状态信息,可减少模型的复杂性。

(2)滚动优化:滚动优化是不断迭代进行线上优化,使性能指标达到最小值,从而确定控制作用。模型预测控制作为一种特殊的优化控制方法,并不以系统全局性能为优化指标,而是对有限时域的系统性能指标进行滚动优化,从而处理扰动以及误差,实现精确有效控制,提高系统的控制效果。

(3)反馈校正:反馈校正为在每个采样时刻,根据系统最新的观测信息对预测得到的控制输入进行不断修正,使系统拥有闭环反馈机制,从而消除系统预测出的信息误差,大大提高控制系统的鲁棒性和控制精度。

模型预测控制原理框图如图 7.9 所示,包括 MPC 控制器、被控平台以及状态估计器 3 个模块。其中,MPC 控制器通过预测模型,在复杂约束下根据目标函数求得此采样时刻的最优控制序列 $u^*(t)$,然后将其输入至被控平台。被控平台依照最优控制序列控制飞行器并观测得到最新观测值 $x(t)$,再将其输入至状态估计器。状态估计器可估计不能或难于观测的状态量。常用的估计方法有粒子滤波和 Kalman 滤波等。将估计得到的状态量 $\tilde{x}(t)$ 输入 MPC 控制器,再次最优化求解,将获得未来一段时间的控制序列。这样循环往复,组成完整的模型预测控制过程。

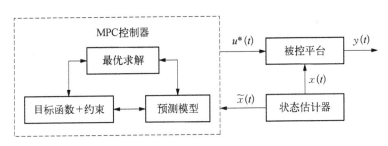

图 7.9　模型预测控制原理框图

2. 分布式模型预测控制基本原理

模型预测控制方法在多智能体集群系统中的应用有集中式、分散式和分布式三种结构,如图 7.10 所示。集中式模型预测控制以集群的整体性能为优化指标,在每一采样周期内,一个中央模型预测器对集群系统整体控制性能指标进行滚动优化得到集群系统整体性能最优的控制序列集合。而分散式和分布式模型预测控制的各子系统都有独立的模型预测器,将系统降维,减小了各子控制器在线优化的计算量,增加了系统的可靠性。分布式与分散式的区别在于,分散式子控制器之间不存在信息交互,无法很好地处理各子系统之间存在耦合的多智能体系统的控制问题。

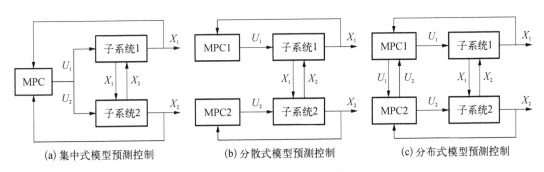

(a) 集中式模型预测控制　　　(b) 分散式模型预测控制　　　(c) 分布式模型预测控制

图 7.10　模型预测控制分类

相比于集中式和分散式,分布式模型预测控制减小控制器的在线计算量,提高了系统的实时性,且允许各子系统控制器之间进行信息交互,因此能够在优化求解过程中充分考虑各子系统之间的耦合约束关系,从而使集群系统整体性能更优。

对于本章研究的巡飞弹弹群的编队突防控制问题,选取采用同步分布式模型预测控制,即在每个控制周期内,每个子控制器同时对自身的优化模型进行求解,得到自己的控制序列,并将控制信息和状态信息通过通信系统发送至编队内的其余巡飞弹,且各子系统的优化指标考虑全局或者包含其他巡飞弹的局部性能指标,使集群系统整体性能更优。

7.3.4.2 编队在线突防避障问题描述

1. 问题描述

巡飞弹在线局部避障需跟踪离线层生成的最优轨迹,因此其动力学方程、边界条件、路径约束和控制约束与上文一致,则巡飞弹弹群的在线局部避障控制问题可描述为:对于任意巡飞弹 i,设计分布式控制律。在跟踪外层得到的期望路径 $\boldsymbol{r}_{ref}$ 的同时,使巡飞弹 i 在穿过突防区域时与障碍物 $O = \{O_{st}, O_{dy} \mid O_{st} = \varnothing\}$ 中的任意动态障碍物的距离大于 $R_s + R_o$,与邻近巡飞弹 j 的距离大于 $2R_s$,并同时使其控制能量和跟踪误差最小。

2. 性能指标

在编队巡飞弹飞行过程中,需要处理动态障碍物的避障问题且需跟踪标称轨迹,因此需要对突防性能指标[式(7.24)]进行重新确立。

将避障势能函数加入性能指标中,且为了更高效、可靠地完成突防飞行,则需要使系统的控制能量消耗最小以节省资源以及使跟踪期望路径的误差最小。故选择如下性能指标:

$$J_{inner}(k) = \omega_1 \rho_e(k) + \omega_2 \rho_u(k) + \omega_3 \rho_{avoid}(k) + \omega_4 \rho_{stavoid}(k) \tag{7.42}$$

其中,ρ_e 表示巡飞弹 i 跟踪外层规划得到的期望路径偏移量;ρ_u 表示控制能量消耗;ρ_{avoid} 表示动态避障指标,其值与巡飞弹 i 到动态障碍物的距离有关,值越小表示与障碍物的距离越大;$\rho_{stavoid}$ 表示静态避障指标,其值与巡飞弹 i 到静态障碍物的距离有关,值越小表示与静态障碍物的距离越大;ω 为各项权重系数。J_{inner} 越小,与期望路径误差越小,能量消耗越小,越不容易发生碰撞,符合实际。现确立 J_{inner} 各项的具体内容。

1)路径偏离项

路径偏离误差越小,性能指标越小,因此路径偏离项性能指标为

$$\rho_e(k) = \| \boldsymbol{x}_i(k \mid t) - \boldsymbol{x}_{iref}(k \mid t) \|_F^2 \tag{7.43}$$

式(7.43)中,$\boldsymbol{x}_i(k \mid t)$ 为在 t 时刻预测得到的巡飞弹 i 在 k 时刻的位置坐标,$\boldsymbol{x}_i = [x_i, y_i]^T$;$\boldsymbol{x}_{iref}(k \mid t)$ 为巡飞弹 i 在 t 时刻的参考位置坐标。

2)控制能量消耗

巡飞弹飞行过程中需要控制能量消耗最小,则此项性能指标为

$$\rho_{u_i}(k) = \| \boldsymbol{U}_i(k \mid t) \|_F^2 \tag{7.44}$$

式(7.44)中,$\boldsymbol{U}_i$ 为在 t 时刻预测得到的巡飞弹 i 在 k 时刻的控制量,$\boldsymbol{U}_i = [V_{ci} \ \psi_{vci}]^T$。

3)动态障碍物避障指标

需要对每个动态障碍物进行避障,则避障指标为

$$\rho_{avoid}(k) = \sum_{o_j \in N_i} \boldsymbol{\pi}_{io_j}(k) \tag{7.45}$$

其中, o_j 表示在 k 时刻巡飞弹 i 周围空域内的动态障碍物; $\pi(k)$ 为 k 时刻的避障势能函数。如图 7.11 和图 7.12 所示,描述巡飞弹和动态障碍物靠近和远离的两种情况。

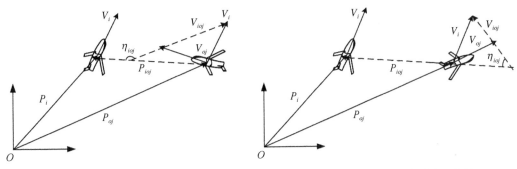

图 7.11　巡飞弹和动态障碍物靠近情况　　　图 7.12　巡飞弹和动态障碍物远离情况

定义巡飞弹 i 与动态障碍物 o_j 的相对位置向量和相对速度为

$$\begin{cases} \boldsymbol{V}_{ioj}(k) = \boldsymbol{V}_i(k) - \boldsymbol{V}_{oj}(k) \\ \boldsymbol{P}_{ioj}(k) = \boldsymbol{P}_i(k) - \boldsymbol{P}_{oj}(k) \end{cases} \tag{7.46}$$

其夹角的余弦值为

$$\cos\eta_{ioj}(k) = \frac{\boldsymbol{P}_{ioj}(k) \cdot \boldsymbol{V}_{ioj}(k)}{|\boldsymbol{P}_{ioj}(k)| \times |\boldsymbol{V}_{ioj}(k)|} \tag{7.47}$$

若 $\cos\eta_{ioj}(k) \geqslant 0$,夹角 $\eta_{ioj}(k) \in (-\pi/2, \pi/2)$,表明相对速度使巡飞弹与障碍物的距离增大,相互远离,不会碰撞;相反若 $\cos\eta_{ioj}(k) < 0$,夹角 $\eta_{ioj}(k) \in [-\pi, -\pi/2] \cup [\pi/2, \pi]$,表明相对速度使巡飞弹与障碍物间的距离减小,相互靠近,有碰撞的风险。因此,势能函数中的一项应与 $\cos\eta_{ioj}$ 有关且与巡飞弹与动态障碍物的相对速度有关, $\cos\eta_{ioj}(k) < 0$,即相互靠近时相对速度越小越好, $\cos\eta_{ioj}(k) \geqslant 0$,即远离相对速度越小越好,并且考虑障碍物与巡飞弹的距离越近,发生碰撞的风险越高,故避障势能函数应与巡飞弹与动态障碍物相对距离负相关。同时考虑巡飞弹与动态障碍物的相对距离大于一个阈值,可认为不会造成碰撞威胁。综上,避障函数设计为如下形式:

$$\pi_{ioj}(k) = \begin{cases} 0, & d_{ioj}(k) > d_{warn} \\ k_d\exp\left[-\dfrac{d_{ioj}^2(k) - (R_s + R_{o_s})^2}{\sigma}\right] + \cos\eta_{ioj}k_v\exp\left(-\dfrac{V_{ioj}^2(k)}{\upsilon}\right), & d_{ioj}(k) \leqslant d_{warn} \end{cases}$$

$$\tag{7.48}$$

式(7.48)中, d_{warn} 为巡飞弹与动态障碍物的相对距离阈值; k_d 和 k_v 为权重系数; $\sigma > 0$ 和 $\upsilon > 0$ 为可调参数。

4)静态障碍物避障指标

在对动态障碍物避障的同时也需对每个静态障碍物进行避障,静态障碍物避障指标为

$$\rho_{stavoid}(k) = \sum_{S_j \in N_i} \boldsymbol{\pi}_{ij}(k) \tag{7.49}$$

其中，S_j 表示 k 时刻巡飞弹 i 周围空域内的静态障碍物；$\boldsymbol{\pi}_{isj}(k)$ 为 k 时刻的静态避障势能函数，$\boldsymbol{\pi}_{isj}(k)$ 设计如下：

$$\boldsymbol{\pi}_{isj}(k) = \begin{cases} 0, & d_{isj}(k) > d_{swarn} \\ \dfrac{V_i}{(x_i - x_{0j})^2 + (y_i - y_{0j})^2 - R_{0j}^2 + \xi_z}, & d_{isj}(k) \leqslant d_{swarn} \end{cases} \tag{7.50}$$

其中，d_{swarn} 为巡飞弹与静态障碍物的相对距离阈值；(x_{0j}, y_{0j}) 和 R_{0j} 分别为静态障碍物 j 的圆心位置坐标和半径；ξ_z 为较小的正数，用于防止出现分母为 0 的情况。

7.3.4.3 问题求解

1. 单个巡飞弹的模型预测控制

本节以线性状态空间模型为出发点，进行巡飞弹 i 的模型预测控制的预测方程、优化求解以及反馈机制三个重要环节的公式推导。

1）预测方程

（1）巡飞弹 i 的状态预测：考虑巡飞弹 i 的二维平面质点运动学方程（7.19），将其线性化可得

$$\begin{aligned} \dot{\boldsymbol{X}}_i(t) &= \boldsymbol{A}(t)\boldsymbol{X}_i(t) + \boldsymbol{B}\boldsymbol{U}_i(t) \\ \boldsymbol{Y}_i(t) &= \boldsymbol{C}\boldsymbol{X}_i(t) \end{aligned} \tag{7.51}$$

式（7.51）中，

$$\boldsymbol{A}(t) = \begin{bmatrix} 0 & 0 & \cos\psi_{vi} & 0 \\ 0 & 0 & \sin\psi_{vi} & 0 \\ 0 & 0 & -1/\tau_v & 0 \\ 0 & 0 & 0 & -1/\tau_{\psi_v} \end{bmatrix}, \quad \boldsymbol{B} = \begin{bmatrix} 0 & 0 \\ 0 & 0 \\ 1/\tau_v & 0 \\ 0 & 1/\tau_{\psi_v} \end{bmatrix}, \quad \boldsymbol{C} = \begin{bmatrix} 1 & 0 & 0 & 0 \\ 0 & 1 & 0 & 0 \end{bmatrix}$$

设采样时间间隔为 T，将上述连续方程离散化处理，则有

$$\begin{aligned} \boldsymbol{X}_i(k+1 \mid t) &= \boldsymbol{X}_i(k \mid t) + T\Delta\boldsymbol{X}_i(k \mid t) = (\boldsymbol{I} + T\boldsymbol{A}(k \mid t))\boldsymbol{X}_i(k \mid t) + T\boldsymbol{B}\boldsymbol{U}_i(k \mid t) \\ \boldsymbol{Y}_i(k+1 \mid t) &= \boldsymbol{C}\boldsymbol{X}_i(k+1 \mid t) = \boldsymbol{C}(\boldsymbol{I} + T\boldsymbol{A}(k \mid t))\boldsymbol{X}_i(k \mid t) + T\boldsymbol{C}\boldsymbol{B}\boldsymbol{U}_i(k \mid t) \end{aligned} \tag{7.52}$$

进一步写为

$$\begin{aligned} \boldsymbol{X}_i(k+1 \mid t) &= \boldsymbol{A}_{k,t}\boldsymbol{X}_i(k \mid t) + \boldsymbol{B}_t\boldsymbol{U}_i(k \mid t) \\ \boldsymbol{Y}_i(k+1 \mid t) &= \boldsymbol{C}\boldsymbol{X}_i(k+1 \mid t) \end{aligned} \tag{7.53}$$

式（7.53）中，$\boldsymbol{A}_{k,t} = (\boldsymbol{I} + T\boldsymbol{A}(k \mid t))$，$\boldsymbol{B}_t = T\boldsymbol{B}$。令 $\boldsymbol{\xi}_i(k \mid t) = [\boldsymbol{X}_i^{\mathrm{T}}(k \mid t), \boldsymbol{U}_i^{\mathrm{T}}(k-1 \mid t)]^{\mathrm{T}}$，

$\Delta \boldsymbol{U}_i(k \mid t) = \boldsymbol{U}_i(k \mid t) - \boldsymbol{U}_i(k-1 \mid t)$，则式（7.53）可转化为

$$\begin{aligned} \boldsymbol{\xi}_i(k+1 \mid t) &= \tilde{\boldsymbol{A}}_{k,t} \boldsymbol{\xi}_i(k \mid t) + \tilde{\boldsymbol{B}}_t \Delta \boldsymbol{U}_i(k \mid t) \\ \boldsymbol{\eta}_i(k+1 \mid t) &= \tilde{\boldsymbol{C}}_t \boldsymbol{\xi}_i(k+1 \mid t) \end{aligned} \tag{7.54}$$

式（7.54）中，

$$\tilde{\boldsymbol{A}}_{k,t} = \begin{bmatrix} \boldsymbol{A}_{k,t} & \boldsymbol{B}_t \\ \boldsymbol{0} & \boldsymbol{I}_m \end{bmatrix}, \ \tilde{\boldsymbol{B}}_t = \begin{bmatrix} \boldsymbol{B}_t \\ \boldsymbol{I}_m \end{bmatrix}, \ \tilde{\boldsymbol{C}}_t = \begin{bmatrix} \boldsymbol{C} & \boldsymbol{0} \end{bmatrix}$$

如果系统的控制时域为 N_c，预测时域为 N_p，则可得巡飞弹 i 预测时域内的输出为

$$\boldsymbol{Y}(t) = \boldsymbol{\Psi}_t \boldsymbol{\xi}(t \mid t) + \boldsymbol{\Phi}_t \Delta \boldsymbol{U}(t) \tag{7.55}$$

式（7.55）中，

$$\boldsymbol{Y}(t) = \begin{bmatrix} \boldsymbol{\eta}(t+1 \mid t) \\ \boldsymbol{\eta}(t+2 \mid t) \\ \vdots \\ \boldsymbol{\eta}(t+N_C \mid t) \\ \vdots \\ \boldsymbol{n}(t+N_P \mid t) \end{bmatrix}, \ \boldsymbol{\Psi}_t = \begin{bmatrix} \tilde{\boldsymbol{C}}_t \tilde{\boldsymbol{A}}_{1,t} \\ \tilde{\boldsymbol{C}}_t \tilde{\boldsymbol{A}}_{2,t} \\ \vdots \\ \tilde{\boldsymbol{C}}_t \tilde{\boldsymbol{A}}_{N_C,t} \\ \vdots \\ \tilde{\boldsymbol{C}}_t \tilde{\boldsymbol{A}}_{N_P,t} \end{bmatrix}, \ \Delta \boldsymbol{U}(t) = \begin{bmatrix} \Delta \boldsymbol{U}(t \mid t) \\ \Delta \boldsymbol{U}(t+1 \mid t) \\ \vdots \\ \Delta \boldsymbol{U}(t+N_C \mid t) \end{bmatrix},$$

$$\boldsymbol{\Phi}_t = \begin{bmatrix} \tilde{\boldsymbol{C}}_t \tilde{\boldsymbol{B}}_t & \boldsymbol{0} & \boldsymbol{0} & \boldsymbol{0} \\ \tilde{\boldsymbol{C}}_t \tilde{\boldsymbol{A}}_{1,t} \tilde{\boldsymbol{B}}_t & \tilde{\boldsymbol{C}}_t \tilde{\boldsymbol{B}}_t & \boldsymbol{0} & \boldsymbol{0} \\ \vdots & \vdots & \ddots & \vdots \\ \tilde{\boldsymbol{C}}_t \tilde{\boldsymbol{A}}_{N_C-1,t} \tilde{\boldsymbol{B}}_t & \tilde{\boldsymbol{C}}_t \tilde{\boldsymbol{A}}_{N_C-2,t} \tilde{\boldsymbol{B}}_t & \cdots & \tilde{\boldsymbol{C}}_t \tilde{\boldsymbol{B}}_t \\ \tilde{\boldsymbol{C}}_t \tilde{\boldsymbol{A}}_{N_C,t} \tilde{\boldsymbol{B}}_t & \tilde{\boldsymbol{C}}_t \tilde{\boldsymbol{A}}_{N_C-1,t} \tilde{\boldsymbol{B}}_t & \cdots & \tilde{\boldsymbol{C}}_t \tilde{\boldsymbol{A}}_t \tilde{\boldsymbol{B}}_t \\ \vdots & \vdots & \ddots & \vdots \\ \tilde{\boldsymbol{C}}_t \tilde{\boldsymbol{A}}_{N_P-1,t} \tilde{\boldsymbol{B}}_t & \tilde{\boldsymbol{C}}_t \tilde{\boldsymbol{A}}_{N_P-2,t} \tilde{\boldsymbol{B}}_t & \cdots & \tilde{\boldsymbol{C}}_t \tilde{\boldsymbol{A}}_{N_P-N_C-1,t} \tilde{\boldsymbol{B}}_t \end{bmatrix}$$

通过式（7.55）可看出，使用系统状态信息量 $\boldsymbol{\xi}(t \mid t)$ 和系统控制增量 $\Delta \boldsymbol{U}(t)$ 可求出在预测时域 N_p 系统的输出和状态信息量，即可以得到在 t 时刻巡飞弹 i 未来一段时域内的状态信息，此为模型预测控制算法中"预测"功能的实现。

（2）动态障碍物的状态预测：设动态障碍物的动力学模型为

$$\begin{aligned} \dot{x}_{ob} &= v_{ob} \cos \psi_{ob} \\ \dot{y}_{ob} &= v_{ob} \sin \psi_{ob} \end{aligned} \tag{7.56}$$

式（7.56）中，v_{ob} 为障碍物的运动速度；ψ_{ob} 为障碍物的航向偏角；(x_{ob}, y_{ob}) 为障碍物的位置坐标。与巡飞弹 i 的状态预测相同，在预测时域内，对动态障碍物进行预测，则障碍物

在预测时域内的位置为

$$\begin{bmatrix} X_{ob}(k \mid t) \\ Y_{ob}(k \mid t) \end{bmatrix} = \begin{bmatrix} X_{ob}(k-1 \mid t) \\ Y_{ob}(k-1 \mid t) \end{bmatrix} + T \begin{bmatrix} \cos \psi_{ob}(k-1 \mid t) \\ \sin \psi_{ob}(k-1 \mid t) \end{bmatrix} v_{ob}(k-1 \mid t) \qquad (7.57)$$

式(7.57)中, $[X_{ob}(k \mid t), Y_{ob}(k \mid t)]$、$v_{ob}(k \mid t)$ 和 $\psi_{ob}(k \mid t)$ 分别为在 t 时刻对 k 时刻巡飞弹对动态障碍物预测的位置坐标信息、速度和弹道偏角。使用式(7.57)可得在预测时域 N_p 内障碍物未来的状态信息,从而使巡飞弹避开动态障碍物。

2）优化求解

通过求解优化目标才可得到最优控制序列,上文已设定性能指标优化目标函数[式(7.42)],需将其转化为二次规划(QP)问题,之后进行求解,本书采用内点法进行 QP 问题的求解。则控制器在任意控制周期内需求解如下的二次规划问题:

$$\min_{\Delta U(t)} J_{innerN_p}[\boldsymbol{\xi}(t), \boldsymbol{U}(t)]$$
$$\text{s.t.} \begin{cases} \dot{\boldsymbol{\xi}}(k+1 \mid t) = F[\boldsymbol{\xi}(k \mid t), \boldsymbol{U}(k \mid t)] \\ \boldsymbol{\eta}(k+1 \mid t) = H[\boldsymbol{\xi}(k+1 \mid t)] \\ \boldsymbol{U}(k+1 \mid t) = \boldsymbol{U}(k \mid t) + \Delta \boldsymbol{U}(k \mid t) \\ k = t, t+1, \cdots, t+N_P-1 \end{cases} \qquad (7.58)$$

3）反馈机制

优化求解后可得在控制时域内的控制输入增量序列 $\Delta \boldsymbol{U}_t^* = [\Delta \boldsymbol{U}_{t|t}^*, \Delta \boldsymbol{U}_{t+1|t}^*, \cdots, \boldsymbol{U}_{t+N_c-1|t}^*]^\mathrm{T}$。模型预测控制需要将预测得到的控制序列中的第一个控制量作为系统的实际输入增量,则系统的实际控制量 $\boldsymbol{U}(t)$ 为

$$\boldsymbol{U}(t) = \boldsymbol{U}(t-1) + \Delta \boldsymbol{U}_t^* \qquad (7.59)$$

在下一时刻内,控制器再一次通过优化求解从而得到另一段控制增量序列,将其首项作用于系统,如此不断迭代循环,从而完成模型预测控制。

2. 巡飞弹弹群的分布式模型预测控制

上文已对基于线性时变模型预测控制的单巡飞弹突防问题进行建模,并将单弹扩充到巡飞弹弹群系统上。巡飞弹编队系统在跟踪最优轨迹的过程中,考虑动态障碍物和静态障碍物的规避问题,并且弹间不发生碰撞。巡飞弹弹群系统的在线突防局部避障在一个控制周期 N_c 内的算法流程框图如图 7.13 所示。在一个控制周期 N_c 内,首先获得各巡飞弹的状态信息 X_0 和动态障碍物信息 X_{obs0},根据系统动力学模型和上步求得的控制序列 $\boldsymbol{U}' = [U_1, \cdots, U_N]$ 预测 N_p 周期内的巡飞弹状态信息和动态障碍物信息,然后由 N_p 周期内的静态和动态障碍物信息 $\boldsymbol{X}_{obs} = [X_{obs0}, X_{obs1}, \cdots, X_{obsN}]$ 得到动态和静态避障函数项 ρ_{avoid}、$\rho_{stavoid}$,再与标称轨迹与巡飞弹状态信息的误差项 ρ_u 以及控制能量项 ρ_e 相加得到性能指标 J,求解性能指标得到各巡飞弹的最优控制序列 $\boldsymbol{U} = [U_0, U_1, \cdots, U_{N-1}]$,其中 U_0 作为巡飞弹下一控制周期的控制量参与下次控制,$[U_1, \cdots, U_N]$ 作为下一预测时域内的控制序列参与下一 N_p 内的状态预测,不断循环即可使巡飞弹弹群在约束下完成最优轨迹跟踪,并使性能指标最小。

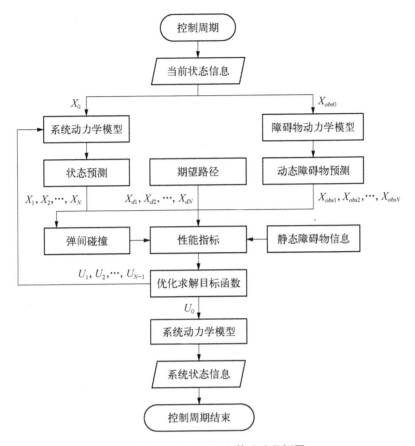

图 7.13　模型预测控制算法流程框图

7.4　弹群编队作队形优化设计技术

巡飞弹弹群编队作战是战术研究的一个重要方面,与小编队战术相比,弹群编队是将巡飞弹分成不同的弹群编队,每个弹群编队执行一个任务目标,其为巡飞弹小编队的组合作战形式,具有同时对多目标进行侦察、评估、打击为一体的作战优点,且能进行饱和攻击,是未来空战的重要研究内容。

巡飞弹弹群最优编队作战方案设计问题本质是复杂约束环境下的组合优化问题,本章提出双层规划模型,并使用改进的离散粒子群算法联合模拟退火算法(DPSO‐SA)进行求解。使用上层规划模型规划出各巡飞弹的最优任务目标分配以及形成的编队队形,而使用下层规划模型得到各巡飞弹在其编队队形中的具体位置。

7.4.1　模型描述

本节使用双层规划模型进行问题建模,首先对双层规划模型进行介绍,其次对上层和下层模型约束进行描述,包括燃油约束、编队作战能力约束、巡飞弹数量约束和编队队形站位约束,再根据战场态势和作战样式提出与设计结果有关的上下层性能指标,包括任务代价指标、任务收益指标和罚函数,然后分别得出上下层的综合性能指标,从而建立解决巡飞弹弹群最优编队作战方案设计问题的双层规划模型。

7.4.1.1 双层规划模型

双层规划模型是一种处理决策问题的数学模型,由上层(UP)和下层(LO)两部分模型组合而成,上下层目标函数和约束条件相互影响,但上层模型优先级又高于下层模型,此模型可表示为

$$
\begin{cases}
\mathrm{UP} \begin{cases} \max F(x, y) \\ \mathrm{s.\,t.}\ \ G(x, y) \leqslant 0 \end{cases} \\[2mm]
\mathrm{LO} \begin{cases} \max f(x, y) \\ \mathrm{s.\,t.}\ \ g(x, y) \leqslant 0 \end{cases}
\end{cases}
\tag{7.60}
$$

式(7.60)中,$F(x, y)$ 和 $f(x, y)$ 分别为上层和下层模型的性能指标;$G(x, y)$ 和 $g(x, y)$ 分别为上层和下层模型的约束条件。

7.4.1.2 约束指标模型

1. 燃油约束[9]

燃油约束是巡飞弹飞行过程的燃油消耗约束,其与巡飞弹的燃耗速度和飞行距离有关,可描述为

$$
f_i = 2f_{u,\,i} d_{i,\,j}
\tag{7.61}
$$

其中,$d_{i,\,j} = \sqrt{(p_{u,\,i}^x - p_{t,\,j}^x)^2 + (p_{u,\,i}^y - p_{t,\,j}^y)^2}$ 为巡飞弹 i 与任务目标 j 之间的长度;$f_{u,\,i}$ 为巡飞弹 i 的单位距离燃料消耗量;$p_{u,\,i}^x$ 和 $p_{u,\,i}^y$ 分别为巡飞弹 i 的横纵坐标位置;$p_{t,\,j}^x$ 和 $p_{t,\,j}^y$ 分别为目标 j 的横纵坐标位置。巡飞弹 i 需要完成打击目标的任务,则需要其自身携带的燃油必须大于在飞往目标途中和打击目标自身消耗的燃油,因此燃油约束可以进一步表示为

$$
f_i \leqslant f_{c,\,i}
\tag{7.62}
$$

式(7.62)中,$f_{c,\,i}$ 为巡飞弹 i 所携带的燃油总量。

2. 巡飞弹数量约束

为了提高对目标的毁伤能力和任务完成度,需要进行巡飞弹编队的饱和式攻击,即要求多个巡飞弹协同打击同一作战目标,每个作战任务都有最小和最大打击数量。因此巡飞弹数量约束可以被描述为

$$
l_i^1 \leqslant l_{r,\,i} \leqslant l_i^2,\ i = 1,\ 2,\ \cdots,\ T
\tag{7.63}
$$

其中,T 为任务数量;l_i^1、l_i^2 分别为任务目标 i 所需要的巡飞弹最小数量和最大数量,且每个巡飞弹只执行一个任务,即

$$
\sum_{j=1}^{T} \delta_{i,\,j} = 1,\ i = 1,\ 2,\ \cdots,\ N
\tag{7.64}
$$

其中,$\delta_{i,\,j}$ 为巡飞弹 i 对任务目标 j 是否执行的二进制表示,$\delta_{i,\,j} = 1$ 表示执行,$\delta_{i,\,j} = 0$ 表示

不执行。

3. 编队作战能力约束

将巡飞弹的作战能力概括为 5 种能力,分别为防御、预警侦察、通信协同、火力打击和电子干扰,在其基础上考虑巡飞弹的成本费用。将执行第 j 个任务的巡飞弹编队的第 k 种实际作战能力 $a_{u,j}^k$ 描述为

$$a_{u,j}^k = 1 - \prod_{i=1}^{l_{u,j}} (1 - a_{u,i}^k) v_u^i \tag{7.65}$$

式(7.65)中,$a_{u,i}^k$ 为巡飞弹 i 的第 k 种能力数值,k 值分别对应 5 种能力;v_u^i 表示巡飞弹 i 的成本;$l_{u,j}$ 表示执行任务 j 的实际巡飞弹的数量。

根据实际作战样式,将作战能力分为打击能力和保护能力两大类。巡飞弹编队执行任一作战目标的打击能力与 5 种能力中除防御能力外的其他能力都有关系,保护能力与预警侦察、通信协同和防御能力有关,因此打击能力和保护能力可以分别描述为

$$A_o^i = (a_{u,i}^2 + a_{u,i}^3)(a_{u,i}^4 + a_{u,i}^5) \tag{7.66}$$

$$D_o^i = a_{u,i}^1 (a_{u,i}^2 + a_{u,i}^3) \tag{7.67}$$

4. 编队队形站位约束[10]

编队队形站位是指各巡飞弹执行任务时在飞行过程中的位置情况以及所形成的编队队形,是下层规划中的重要约束。编队队形按形态可分为梯队、菱队、V 队、纵队、蛇形队、横队、箭队和三角队等队形。不同的编队队形可优先处理其对应的任务类型,如横纵队队形常用来进行突防任务,V 形队形常用于巡逻等。本书根据国内外相关战斗样式,设立 9 种编队队形及其编队巡飞弹的位置库,如图 7.14 所示。

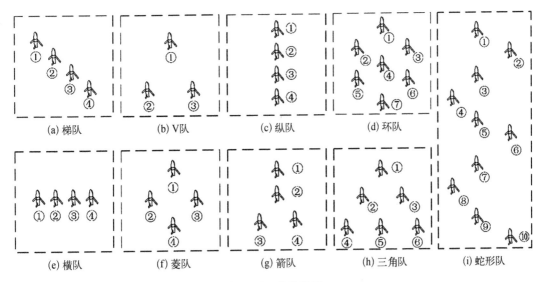

图 7.14 编队队形

第 k 种编队中位于位置 i 的巡飞弹的保护能力与站位影响因子、巡飞弹的防御、预警侦察和通信协同能力有关,站位的保护能力可以描述为

$$D_{u,k}^i = L_{i,k}^1 \cdot a_{u,i}^1 \cdot (L_{i,k}^2 \cdot a_{u,i}^2 + L_{i,k}^3 \cdot a_{u,i}^3) \tag{7.68}$$

其中, $L_{i,p}^k (k = 1, 2, \cdots, 5)$ 为第 p 种编队中第 i 个站位的巡飞弹第 k 种能力的影响因子。第 p 种编队中第 i 个站位的巡飞弹的打击能力与站位影响因子、巡飞弹的预警侦察、通信协同、火力打击和电子干扰能力有关,可以描述为

$$A_{u,p}^i = (L_{i,p}^2 \cdot a_{u,i}^2 + L_{i,p}^3 \cdot a_{u,i}^3) \cdot (L_{i,p}^4 \cdot a_{u,i}^4 + L_{i,p}^5 \cdot a_{u,i}^5) \tag{7.69}$$

7.4.2 队形设计性能指标模型

7.4.2.1 上层规划指标模型

1. 任务代价

任务代价由巡飞弹执行作战任务时发生的毁伤 s 以及消耗的燃料代价 f 组成。燃料消耗代价 f 为巡飞弹执行任务的关键代价,毁伤代价 s 由巡飞弹的毁伤概率和巡飞弹编队的作战防御能力构成,其分别可以描述为

$$f = \sum_{i=1}^{U} f_i \tag{7.70}$$

$$s = \sum_{i=1}^{T} (A_o^i / D_o^i) \tag{7.71}$$

数量约束和编队队形约束为规划算法中的约束,需要将其转化为代价函数从而实现模型约束指标。将巡飞弹编队的数量约束转化到代价函数指标中,则式(7.63)可以转化为

$$q_1 = \begin{cases} \sum_{i=1}^{T} | l_i^1 - l_{r,i} |, & l_i^1 > l_{r,i} \\ \sum_{i=1}^{T} | l_i^2 - l_{r,i} |, & l_i^2 < l_{r,i} \\ 0, & 其他 \end{cases} \tag{7.72}$$

将执行任务目标时巡飞弹编队队形约束转化到代价函数指标中:

$$q_2 = \sum_{i=1}^{T} \sum_{j=1}^{5} | a_{d,o_i}^j - a_{r,o_i}^j | \tag{7.73}$$

其中, a_{d,o_i}^j 为第 i 个巡飞弹编队的第 j 种能力, o_i 为执行第 i 个任务的编队队形。

2. 任务收益

任务收益指标是完成任务的贡献值,其与巡飞弹编队飞行对作战任务目标的重要程

度、任务目标的毁伤概率和防御能力相关,可以描述为

$$g = \sum_{i=1}^{T} (A_o^i / D_o^i \cdot v_t^i) \tag{7.74}$$

其中,v_t^i 为第 i 个任务的重要程度。

3. 上层性能指标

上层规划性能指标主要目的是为每个任务分配巡飞弹且求出最优队形,因此设计其性能指标包括任务代价指标、任务收益指标,可以表示为

$$\max J_1 = -\omega_1 f - \omega_2 s - \omega_3 q_1 - \omega_4 q_2 + \omega_5 g$$

$$\text{s.t.} \begin{cases} \sum_{i=1}^{T} \delta_{i,j} = 1, \ \forall j = 1, \cdots, U, \ \delta_{i,j} \in \{0, 1\} \\ f_i \leqslant f_{c,i} \end{cases} \tag{7.75}$$

其中,J_1 为上层规划的性能指标;$\omega_i (i = 1, 2, \cdots, 5)$ 表示性能指标各项的权重系数。

7.4.2.2　下层规划性能指标模型

下层规划主要是计算巡飞弹在编队队形的位置,因此设计性能指标主要包含巡飞弹的保护能力和打击能力两部分。故性能指标 J_2 可以被描述为

$$\max J_2 = -c_1 \sum_{i=1}^{T} \sum_{j=1}^{l_{r,i}} D_{u,o_i}^{S_j} + c_2 \sum_{i=1}^{T} \sum_{j=1}^{l_{r,i}} A_{u,o_i}^{S_i} \tag{7.76}$$

其中,c_1、c_2 为性能指标各项的权重系数。

7.4.3　求解策略

双层规划模型本质是在多约束下的组合优化问题,需要使用智能算法进行求解。本节首先介绍 DPSO‒SA 相关的智能算法原理,包括离散粒子群(discrete particle swarm optimization,DPSO)算法、遗传算法(genetic algorithm, GA)和模拟退火(simulated annealing,SA)算法。然后对巡飞弹弹群编队作战问题使用 DPSO 算法的编码方式进行编码,分别对上层和下层规划问题采用多维粒子进行编码描述,再采用基于 GA 思想的 DPSO 算法和改进 SA 算法进行求解和解码,从而可得出巡飞弹的任务分配情况和编队队形以及各巡飞弹在编队中的位置,至此完成对巡飞弹弹群最优编队作战方案设计问题的求解。

7.4.3.1　求解算法

1. DPSO 算法

PSO 算法是粒子群算法,是对生物群体的社会行为进行模拟,源于对鸟群觅食、鱼群和人类社会行为的研究。生物群体中的各生物通过学习群体经验来不断改变最优解的搜索方向,最终得到使生物群体满意的解。DPSO 算法为离散的 PSO 算法,每个粒子即为一个有效解,由适应度函数进行评价解的优劣。DPSO 算法一般采用速度‒位置搜索模型:

$$X_i(t+1) = a_2 \otimes F_3 \{ a_1 \otimes F_2 \{ \omega \otimes F_1 [X_i(t)], p_i(t) \}, p_g(t) \} \qquad (7.77)$$

其中，$X_i(t)$ 为粒子 i 在 t 时刻的位置信息；$p_i(t)$ 和 $p_g(t)$ 分别表示粒子 i 和粒子 g 的全局极值；ω、a_1 和 a_2 为各项权重系数。

2. GA 算法

遗传算法(GA)是根据自然界中生物的进化规律而设计提出的智能搜索算法。该算法通过数学的方式，利用计算机仿真运算，将问题的求解过程转换成类似生物进化中的染色体基因的交叉、变异等过程。相比一般的优化算法，遗传算法在求解较为复杂的组合优化问题时能快速得到所需解。

3. SA 算法

模拟退火算法(SA)算法[11]是根据固体退火原理发明的一种基于概率的搜索方法。加温固体使其材料内部原子无序化，而当让其冷却时，原子就会趋于有序状态，并且停在使内能最小的极值位置。对于复杂的规划问题，SA 算法不易受初始条件的影响，鲁棒性较强但求解速度较慢。

7.4.3.2 求解策略

1. 编码方式

在求解大规模巡飞弹编队作战方案设计这类组合优化问题之前，需要对问题进行编码描述，本书使用 DPSO 算法的编码方式进行编码。

在 DPSO 算法中，每个粒子就是一个被选解，多个粒子共享、合作寻优，寻求一个合适的表达方式，使粒子和可行解对应。巡飞弹编队的队形优化和任务分配的关键在于确定任务目标由哪几枚弹组成什么样的编队队形来执行。因此，本节采用自然数编码方式建立目标、编队队形和队形中的站位与巡飞弹之间的对应关系。

在上层规划中，采用 2 维结构体 T_p 进行编码，其由 $T_p.x$ 和 $T_p.o$ 数组组成。$T_p.x$ 的粒子长度等于巡飞弹的总数量，粒子由按巡飞弹编号顺序排列的任务目标分配编号组成，表示一种可能的分配方案。$T_p.o$ 的粒子长度为任务目标总数，粒子由按任务目标编号顺序排列的编队队形编号组成。如上层规划粒子解 $T_p.x$ 为 3-3-2-1-2-1-3-3-1-2，$T_p.o$ 为 3-7-6，表示共有 9 个巡飞弹，巡飞弹 1、2、7、8 编号执行任务 3，所形成的编队队形为编号为 6 的队形。

在下层规划中，用多维数向量 U_p 进行编码，U_p 的维数数为任务目标数量，维数排列为任务目标的编号顺序排列，U_p 每维度的粒子长度等于对应任务目标的编队队形中巡飞弹的数量，粒子的值表示巡飞弹在编队中的站位编号，如 U_p 第一维粒子编号为 9-6-4，则表示执行任务 1 的巡飞弹编队中，巡飞弹 9 号在编队队形中的 1 号位置，巡飞弹 6 号在 2 号位置，巡飞弹 4 号在 3 号位置。编码例子如图 7.15 所示。

2. 改进 DPSO-SA 算法

本节采用 DPSO 结合 SA 算法进行求解此巡飞弹弹群编队作战方案设计的组合优化问题。采用加入 GA 算法思想的 DPSO 算法[10]，引入交叉和变异算子使粒子解向个体和全局极值方向进行搜索且加快其搜索速度；在使用 SA 算法时，为提高算法的收敛速度，引入动态温度衰减因子 $r(k)$，其可以表示为

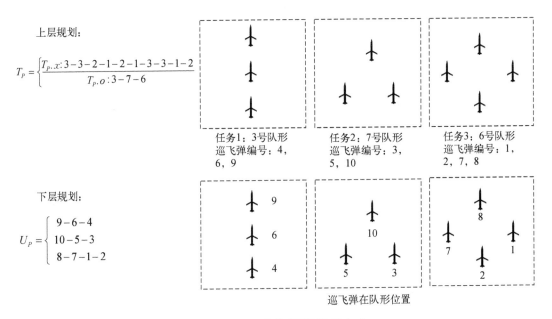

上层规划：

$$T_P = \begin{cases} T_P.x : 3-3-2-1-2-1-3-3-1-2 \\ T_P.o : 3-7-6 \end{cases}$$

任务1：3号队形 巡飞弹编号：4，6，9

任务2：7号队形 巡飞弹编号：3，5，10

任务3：6号队形 巡飞弹编号：1，2，7，8

下层规划：

$$U_P = \begin{cases} 9-6-4 \\ 10-5-3 \\ 8-7-1-2 \end{cases}$$

巡飞弹在队形位置

图7.15 巡飞弹弹群问题编码方式

$$r(k) = 0.099 \left[\frac{e^{0.005\left(-k+\frac{K}{2}\right)}}{1+e^{0.05\left(-k+\frac{K}{2}\right)}} + 9 \right] \tag{7.78}$$

其中，K 为总迭代次数，k 为迭代次数。

在 SA 算法初期迭代计算时，k 值较小，温度衰减因子 r 较大，退火时温度降低速率会较慢，致使粒子能在更大的范围内进行最优解的搜索；随着 k 值的增大，温度衰减因子 r 缓慢变小，退火时的温度降低速率加快，从而可提高粒子收敛到最优解的速度。

3. 算法详细步骤

传统规划模型的算法在求解拥有多个复杂约束的问题时容易陷入局部值且求解速度较慢，而本节采用的双层规划算法求解规划问题时在上层和下层之间迭代求解，可大大提高求解精度，减小算法运行时间。

上层规划需要根据复杂约束对巡飞弹群进行多任务分配并得出优化后的编队队形，此规划层可使用适合求解复杂约束环境下的 DPSO-SA 算法进行求解；下层规划需要得到各巡飞弹在编队中的位置情况，约束条件较少，因此使用传统的 GA 算法即可进行求解。定义 r_i 为 [0, 1] 间的随机数，p_1 为学习选择概率，k 为迭代次数，$\exp(\Delta/T_e)$ 为接受解的概率。算法详细步骤如流程图 7.16 所示。通过此算法可求得巡飞弹的编队优化队形和各巡飞弹在队形中的位置情况。

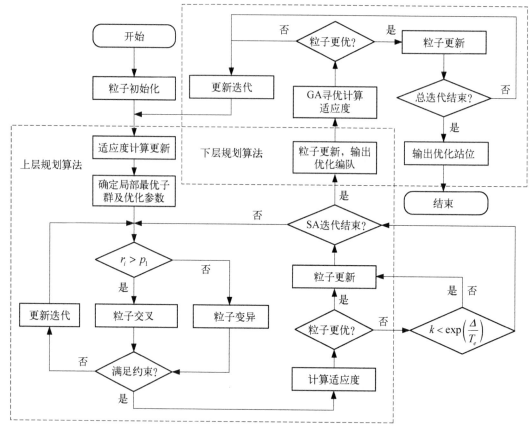

图 7.16　DPSO－SA 算法流程

7.5　本章小结

　　本章主要介绍了巡飞弹群编队控制的概念,通过典型的作战样式给出了巡飞弹群编队控制问题所涉及的模型,分别针对队形等保持与队形集结、编队的突防以及队形样式设计,介绍了基于事件驱动的一致性控制方法、基于离线轨迹规划在线动态调整的突防方法以及基于双层架构的队形优化设计方法。

7.6　课后练习

1. 思考题

　　(1) 弹群编队还可以采用哪种方式实现突防? 给出实现对方法。

　　(2) 弹群队形设计多依据是什么? 队形设计多方法有哪些? 给出实现多方法。

　　(3) 通信抑制情况下弹群队形如何重构? 给出实现对方法。

2. 程序设计题

　　对四个巡飞弹在平飞状态下的编队集结和编队保持进行仿真,巡飞弹之间的时变通信拓扑图和期望的队形结构如图 7.17 和图 7.18 所示,巡飞弹初始的位置、速度、弹道倾角和弹道偏角数据如表7.1所示。

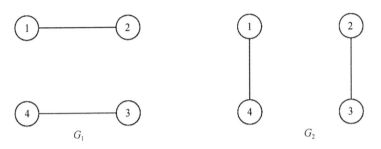

图 7.17　四个巡飞弹通信拓扑图

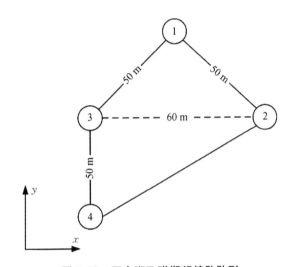

图 7.18　四个巡飞弹期望编队队形

表 7.1　四个巡飞弹初始状态信息

巡飞弹编号	x_0/m	y_0/m	z_0/m	$v_0/(m/s)$	$\psi_{r0}/(°)$	$\theta_0/(°)$
1	20	120	63	63	23	3
2	13	110	70	70	25	2
3	5	90	67	80	26	1
4	8	100	50	55	22	3

四个巡飞弹之间的通拓扑结构按照(G_1,G_2,G_1)的顺序切换,每个拓扑的停留时间为 0.3 s,2 个图的通信拓扑集合是连通的。邻接矩阵取 $a_{ij}=1(i\neq j)$, $a_{ii}=0$。 时延 $\tau=0.3$ s。 选取导弹自动驾驶仪速度控制通道、弹道偏角通道、弹道倾角通道的惯性时间常数分别为 $\tau_V=2$、$\tau_{\psi_v}=0.8$ 和 $\tau_\theta=0.8$。 编队系统的期望速度为 $v_{ref}=66$ m/s,期望导弹弹道偏角为 $\psi_{vref}=26°$,期望弹道倾角为 $\theta_{ref}=0°$。 一致性控制参数选取 $k_1=0.6$, $k_2=1.1$, $k_3=0.66$;基于采样数据的事件驱动参数选取 $h=0.1$ s, $\sigma_i=\sigma=0.25$。

要求：

（1）应用 7.2 节中一致性控制协议实现编队队形设计；

（2）应用 7.2 节中基于采样数据的事件驱动一致性控制协议实现编队队形设计，并给出事件驱动控制协议所需要的通信传输频次和控制更新频次。

参考文献

［1］王积伟. 现代控制理论与工程［M］. 北京：高等教育出版社，2003.

［2］闫晓东，唐硕. 基于反馈线性化的 H－V 返回轨道跟踪方法［J］. 宇航学报，2008（5）：1546－1550.

［3］MENG X, CHEN T. Event based agreement protocols for multi-agent networks［J］. Automatica, 2013, 49（7）：2125－2132.

［4］GARG D, PATTERSON M, HAGER W W, et al. Brief paper: a unified framework for the numerical solution of optimal control problems using pseudospectral methods［J］. Automatica, 2010, 46（11）：1843－1851.

［5］GARG D, PATTERSON M A, FRANCOLIN C, et al. Direct trajectory optimization and costate estimation of finite-horizon and infinite-horizon optimal control problems using a radau pseudospectral method［J］. Computational Optimization & Applications, 2011, 49（2）：335－358.

［6］PATTERSON M A. Exploiting sparsity in direct collocation pseudospectral methods for solving optimal control problems［J］. Journal of Spacecraft & Rockets, 2012, 49（2）：364－377.

［7］ZHANG J, MENG F, ZHOU Y, et al. Decentralized formation control of multi-UAV systems under wind disturbances［C］. Hangzhou: 34th Chinese Control Conference, 2015.

［8］GUO H, LI J, HONG G. A survey of bilevel programming model and algorithm［C］. Hangzhou: 4th International Symposium on Computational Intelligence and Design, 2011.

［9］宗群，秦新立，张博渊，等. 双层规划模型的大规模 UCAV 编队队形优化［J］. 哈尔滨工业大学学报，2019,51（3）：15－22.

［10］赵志刚，顾新一，李陶深. 求解双层规划模型的粒子群优化算法［J］. 系统工程理论与实践，2007（8）：92－98.

［11］KIRKPATRICK S, GELATT C D, VECCHI A M P. Optimization by simulated annealing［J］. Science, 1983, 220（4598）：671－680.

第8章
群智能优化算法简介

　　群智能优化算法是当前智能优化领域的一个研究热点,也是前沿交叉学科的研究方向,其应用已渗透到航空航天兵器等多个领域。本章重点介绍了几类常用的群智能优化算法的基本原理及应用场景和研究展望。8.1 节介绍了鸽群算法原理及其应用与展望;8.2 节介绍了狼群算法的模型与原理,给出了狼群算法的应用场景和研究展望;8.3 节介绍了蜂群算法的基本模型和原理,给出了蜂群算法的应用场景和研究展望;8.4 节介绍了鱼群算法的基本模型和原理,给出了鱼群算法的应用场景和研究展望;8.5 节介绍了基本的菌群算法模型及应用与展望;8.6 节给出了本章小结;8.7 节给出了课后练习。

【学习要点】
- 掌握:① 鸽群算法的基本原理以及应用场景;② 蜂群算法的基本原理以及应用场景。
- 熟悉:① 鱼群算法的基本原理及应用场景;② 狼群算法的基本原理及应用场景。
- 了解:菌群算法基本原理及应用场景。

8.1　鸽群算法及其原理

8.1.1　算法模型与原理

　　基于鸽群在归巢过程中的特殊导航行为,Duan 等[1,2]提出了一种仿生群体智能优化算法——鸽群优化算法。在这个算法中,通过模仿鸽子在寻找目标的不同阶段使用不同导航工具这一机制,提出了 2 种不同的算子模型。

　　(1) 地图和指南针算子(map and compass operator)。鸽子可以使用磁性物体感知地磁场,然后在头脑中形成地图。它们把太阳高度作为指南针来调整飞行方向,当它们接近目的地的时候,它们对太阳和磁性物体的依赖性便减小。

　　(2) 地标算子(landmark operator)。地标算子用来模拟导航工具中地标对鸽子的影响。当鸽子飞近目的地时,它们将更多依赖附近的地标。如果鸽子对地标熟悉,将直接飞向目的地。否则,它们将跟随那些对地标熟悉的鸽子飞行。

在鸽群优化模型中,使用虚拟的鸽子模拟导航过程。依据地图和指南针算子(图8.1)的原理,初始化鸽子的位置和速度,并且在多维搜索空间中,鸽子的位置和速度在每一次迭代中都会得到更新。其位置和速度分别记作:

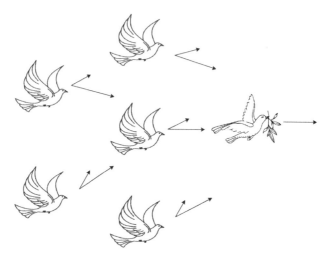

图8.1 地图和指南针算子模型

$$X_i = [x_{i1}, x_{i2}, \cdots, x_{iD}]$$
$$V_i = [v_{i1}, v_{i2}, \cdots, v_{iD}]$$
(8.1)

其中,$i = 1, 2, \cdots, n$。

$$V_i^{N_c} = V_i^{N_c-1} e^{-R \times N_c} + rand(X_{gbest} - X_i^{N_c-1})$$
$$X_i^{N_c} = X_i^{N_c-1} + V_i^{N_c}$$
(8.2)

每只鸽子依据方程(8.2)更新其位置 X_i 及速度 V_i。式中,R 是地图和指南针因数,取值范围设定成 0~1;$rand$ 是取值范围在 0~1 的随机数;N_c 是目前迭代次数;X_{gbest} 是在 $N_c - 1$ 次迭代循环后,通过比较所有鸽子的位置得到的全局最优位置。当该循环次数达到所要求的迭代次数后即停止地图和指南针算子的工作,进入地标算子中继续工作。

如图8.2所示,在地标算子中,每一次迭代后鸽子的数量都会减少一半。那些远离目的地的鸽子对地标不熟悉,它们将不再有分辨路径的能力,因而被舍去。

X_{center} 是剩余鸽子的中心位置,将被当作地标,即作为飞行的参考方向,由此依据下列方程(8.3):

$$X_{center}^{N_c-1} = \frac{\sum_{i=1}^{N_c^{N_c-1}} X_i^{N_c-1} F(X_i^{N_c-1})}{N^{N_c-1} \sum_{i=1}^{N_c^{N_c-1}} F(X_i^{N_c-1})}$$

图 8.2　地标算子模型

$$N^{N_c} = \frac{N^{N_c-1}}{2}$$

$$X_i = X_i^{N_c-1} + rand(X_{center}^{N_c-1} - X_i^{N_c-1}) \tag{8.3}$$

对鸽子的位置 X_i 进行更新。其中,

$$F(X_i^{N_c-1}) = \begin{cases} \dfrac{1}{fitness(X_i^{N_c-1}) + \varepsilon}, & \text{针对最小化问题} \\ fitness(X_i^{N_c-1}), & \text{针对最大化问题} \end{cases} \tag{8.4}$$

$$fitness(X_i^{N_c-1}) > 0$$

同样,按式(8.4)迭代循环至最大迭代次数后,地标算子也停止工作。

8.1.2　应用与展望

1. 无人机编队

Duan 等[3]提出一种基于捕食逃逸鸽群优化的无人机紧密编队协同控制方法。基于人工势场法设计了外环控制器,将无人机紧密编队转化成一种抽象的人造势场中的运动;基于鸽群优化算法设计了内环控制器,进行控制量的优化求解。在遵循鸽群优化基本思想的基础上,对其结构进行调整,并针对基本鸽群优化易陷入局部最优的问题,引入了捕食逃逸机制来改善鸽群优化总体性能,并将所提出的改进鸽群优化算法与基本鸽群优化算法、微粒群优化算法进行了系列对比实验,实验结果验证了文献[3]中所提方法的可行性、有效性和优越性。

2. 控制参数优化

随着空间技术的飞速发展,轨道航天器编队已经受到国内外学术界和产业界的高度关注。Zhang 等[4]提出了一种基于改进鸽群优化方法解决多轨道航天器的最佳编队重构问题。考虑到鸽群优化算法均匀分布的随机搜索存在不足,修改后的搜索模式采用高斯机制。在与基本鸽群优化算法和微粒群优化的比较实验中,验证了该高斯鸽群优化算法的可行性和有效性。

3. 研究展望

(1)对鸽群优化算法理论基础的进一步研究,包括鸽群优化算法收敛性的分析和证明、鸽群优化算法适用于一般问题的普适性框架的建立、鸽群优化算法参数设置的原则等。目前,对鸽群优化算法的理论研究均借鉴了经验性和直觉性的统计结果,缺少严格的数学论证,其中收敛性的证明可考虑利用马尔可夫链或信息熵进行推理。

(2)综合研究鸽群优化算法各种改进方法之间的内在联系。鸽群优化算法由 2 个相互独立的迭代循环部分组成,目前的改进方法多数局限于将这 2 部分分开研究,缺少对算法的整体改进,包括参数的相互协调、最优配置等,综合使用不同的改进方法将是以后的研究方向之一。

(3)拓宽鸽群优化算法的应用领域。目前,鸽群优化主要用于解决连续性问题,在离散域的组合问题求解上还比较欠缺,有待进一步探究。另外,鸽群优化与其他仿生智能优化算法同属智能计算范畴,在解决大多数复杂工程和科学问题时往往又需要对多目标优化问题求解,因此,利用鸽群优化对多目标复杂优化问题的求解也是一个富有挑战的研究方向。

(4)将鸽群优化算法与其他算法进行融合。鸽群优化算法结构较为简单,易与其他智能算法相结合。可尝试将鸽群优化算法与神经网络、人工免疫算法、人工鱼群算法等相融合,相互补充和促进,进而增强鸽群优化算法解决复杂问题的能力。

(5)将鸽群优化算法进一步应用在解决实际问题中。正如本书所提到的,目前鸽群优化算法已被应用于很多领域,但大多数研究成果还是局限在仿真验证阶段,或是基于简化的实际约束条件所做的研究,因此,需要充分挖掘鸽群优化算法的应用潜力,加强与实际工程问题的紧密结合,提升其实际应用价值。

(6)鸽群行为机制及应用。鸽群优化算法主要侧重对实际问题的参数进行优化,而自然界中的鸽群导航、避撞等机制有待进一步挖掘,模拟鸽群行为机制的推理、决策以及归纳演绎等智能行为的研究还处于初始阶段,特别是应用鸽群行为机制解决机器人、无人机等协同控制问题是一个非常有前景的研究领域。

8.2 狼群算法及其原理

8.2.1 算法模型与原理

算法采用基于人工狼主体的自下而上的设计方法和基于职责分工的协作式搜索路径

结构[5]。如图 8.3 所示,通过狼群个体对猎物气味、环境信息的探知、人工狼相互间信息的共享和交互以及人工狼基于自身职责的个体行为决策最终实现了狼群捕猎的全过程。

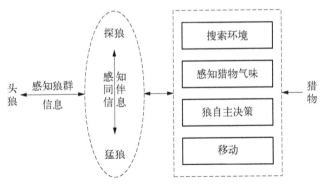

图 8.3　狼群捕猎模型

8.2.1.1　定义

设狼群的猎场空间为一个 $N \times D$ 的欧式空间,其中 N 为狼群中人工狼总数,D 为待寻优的变量数。某一人工狼 i 的状态可表示为 $X_i = [x_{i1}, x_{i2}, \cdots, x_{iD}]$,其中 x_{id} 为第 i 匹人工狼在欲寻优的第 $d(d = 1, 2, \cdots, D)$ 维变量空间中所处位置;人工狼所感知到的猎物气味浓度为 $Y = f(X)$,其中 Y 就是目标函数值;人工狼 p 和 q 之间的距离定义为其状态向量间的 Manhattan 距离 $L(p, q) = \sum_{d=1}^{D} | x_{pd} - x_{qd} |$,当然也可依据具体问题选用其他的距离度量。另外,由于实际中极大与极小值问题之间可相互转换,为论述方便以下皆以极大值问题进行讨论。

8.2.1.2　智能行为和规则的描述

头狼、探狼和猛狼间的默契配合成就了狼群近乎完美的捕猎行动,而“由强到弱”的猎物分配又促使狼群向最有可能再次捕获到猎物的方向繁衍发展。将狼群的整个捕猎活动抽象为 3 种智能行为(即游走行为、召唤行为、围攻行为)以及“胜者为王”的头狼产生规则和“强者生存”的狼群更新机制。

1. 头狼产生规则

初始解空间中,具有最优目标函数值的人工狼即为头狼;在迭代过程中,将每次迭代后最优狼的目标函数值与前一代中头狼的值进行比较,若更优则对头狼位置进行更新,若此时存在多匹的情况,则随机选一匹成为头狼。头狼不执行 3 种智能行为而直接进入下次迭代,直到它被其他更强的人工狼所替代。

2. 游走行为

将解空间中除头狼外最佳的 S_num 匹人工狼视为探狼,在解空间中搜索猎物,S_num 随机取 $[n/(\alpha + 1), n/\alpha]$ 范围的整数,α 为探狼比例因子。探狼 i 首先感知空气中的猎物气味,即计算该探狼当前位置的猎物气味浓度 Y_i。若 Y_i 大于头狼所感知的猎物气味浓度 Y_{lead},表明猎物离探狼 i 已相对较近且该探狼最有可能捕获猎物。于是 $Y_{lead} = Y_i$,探狼 i 替代头狼并发起召唤行为;若 $Y_{lead} > Y_i$,则探狼先自主决策,即探狼向 h 个方向分别前进一步(此时的步长称为游走步长 $step_a$)并记录每前进一步后所感知的猎物气味浓度后退回原位置,则向第 p ($p=1,2,\cdots,h$)个方向前进后探狼 i 在第 d 维空间中所处的位置如式(8.5)所示:

$$x_{id}^p = x_{id} + \sin(2\pi \times p/h) \times step_a^d \qquad (8.5)$$

此时,探狼所感知的猎物气味浓度为 Y_{ip} ,选择气味最浓的且大于当前位置气味浓度 Y_{i0} 的方向前进一步,更新探狼的状态 X_i ,重复以上的游走行为直到某匹探狼感知到的猎物气味浓度 $Y_{lead} < Y_i$ 或游走次数 T 达到最大游走次数 T_{max} 。

需要说明的是由于每匹探狼的猎物搜寻方式存在差异, h 的取值是不同的,实际中可依据情况取 $[h_{min},h_{max}]$ 之间的随机整数, h 越大探狼搜寻得越精细但同时速度也相对较慢。

3. 召唤行为

头狼通过嚎叫发起召唤行为,召集周围的 M_num 匹猛狼向头狼所在位置迅速靠拢,其中 $M\_num = n - S\_num - 1$;听到嚎叫的猛狼都以相对较大的奔袭步长 $step_b$ 快速逼近头狼所在的位置。则猛狼 i 第 $k+1$ 次迭代时,在第 d 维变量空间中所处的位置为

$$x_{id}^{k+1} = x_{id}^k + step_b^d \cdot (g_d^k - x_{id}^k / \mid g_d^k - x_{id}^k \mid) \qquad (8.6)$$

其中, g_d^k 为第 k 代群体头狼在第 d 维空间中的位置。式(8.6)由 2 部分组成,前者为人工狼当前位置,体现狼的围猎基础;后者表示人工狼逐渐向头狼位置聚集的趋势,体现头狼对狼群的指挥。

奔袭途中,若猛狼 i 感知到的猎物气味浓度 $Y_{lead} < Y_i$,则 $Y_{lead} = Y_i$,该猛狼转化为头狼并发起召唤行为;若 $Y_{lead} > Y_i$,则猛狼 i 继续奔袭直到其与头狼 s 之间的距离 d_{is} 小于 d_{near} 时加入对猎物的攻击行列,即转入围攻行为。设待寻优的第 d 个变量的取值范围为 $[min_d,max_d]$,则判定距离 d_{near} 可由式(8.7)估算得到:

$$d_{near} = \frac{1}{D \cdot \omega} \cdot \sum_{d=1}^{D} \mid max_d - min_d \mid \qquad (8.7)$$

其中, ω 为距离判定因子,其不同取值将影响算法的收敛速度,一般而言 ω 增大会加速算法收敛,但 ω 过大会使得人工狼很难进入围攻行为,缺乏对猎物的精细搜索。召唤行为体现了狼群的信息传递与共享机制,并融入了社会认知观点,通过狼群中其他个体对群体优秀者的"追随"与"响应",充分显示出算法的社会性和智能性。

4. 围攻行为

经过奔袭的猛狼已离猎物较近,这时猛狼要联合探狼对猎物进行紧密地围攻以期将其捕获。这里将离猎物最近的狼,即头狼的位置视为猎物的移动位置。具体地,对于第 k 代狼群,设猎物在第 d 维空间中的位置为 G_d^k ,则狼群的围攻行为可用方程(8.8)表示:

$$x_{id}^{k+1} = x_{id}^k + \lambda \cdot step_c^d \cdot \mid G_d^k - x_{id}^k \mid \qquad (8.8)$$

其中, λ 为 $[-1,1]$ 范围均匀分布的随机数; $step_c$ 为人工狼 i 执行围攻行为时的攻击步长。若实施围攻行为后人工狼感知到的猎物气味浓度大于其原位置状态所感知的猎物气味浓度,则更新此人工狼的位置,否则,人工狼位置不变。

设待寻优第 d 个变量的取值范围为 $[\min_d,\max_d]$，则 3 种智能行为中所涉及游走步长 $step_a$、奔袭步长 $step_b$、攻击步长 $step_c$ 在第 d 维空间中的步长存在如下关系：

$$step_a^d = step_b^d/2 = 2 \cdot step_c^d = |\max_d - \min_d| / S \qquad (8.9)$$

其中，S 为步长因子，表示人工狼在解空间中搜寻最优解的精细程度。

5. "强者生存"的狼群更新机制

猎物按照"由强到弱"的原则进行分配，导致弱小的狼会被饿死。即在算法中去除目标函数值最差的 R 匹人工狼，同时随机产生 R 匹人工狼。R 越大则新产生的人工狼越多，有利于维护狼群个体的多样性，但若 R 过大算法就趋近于随机搜索；若 R 过小，则不利于维护狼群的个体多样性，算法开辟新的解空间的能力减弱。由于实际捕猎中捕获猎物的大小、数量是有差别的，进而导致了不等数量的弱狼饿死。因此，这里 R 取 $[n/(2\times\beta)$，$n/\beta]$ 之间的随机整数，β 为群体更新比例因子。

8.2.1.3　算法描述

狼群算法的具体步骤如下。

步骤 1：数值初始化。初始化狼群中人工狼位置 X_i 及其数目 N，最大迭代次数 $k_{\max}$，探狼比例因子 α，最大游走次数 $T_{\max}$，距离判定因子 ω，步长因子 S，更新比例因子 β。

步骤 2：选取最优人工狼为头狼，除头狼外最佳的 S_num 匹人工狼为探狼并执行游走行为，直到某只探狼 i 侦察到的猎物气味浓度 Y_i 大于头狼所感知的猎物气味浓度 Y_{lead} 或达到最大游走次数 $T_{\max}$，则转步骤 3。

步骤 3：人工猛狼据式(8.6)向猎物奔袭，若途中猛狼感知的猎物气味浓度 $Y_{lead} < Y_i$，则 $Y_{lead}=Y_i$，替代头狼并发起召唤行为；若 $Y_{lead} > Y_i$，则人工猛狼继续奔袭直到 $d_{is}\leqslant d_{near}$，转步骤 4。

步骤 4：按式(8.8)对参与围攻行为的人工狼的位置进行更新，执行围攻行为。

步骤 5：按"胜者为王"的头狼产生规则对头狼位置进行更新；再按照"强者生存"的狼群更新机制进行群体更新。

步骤 6：判断是否达到优化精度要求或最大迭代次数 $k_{\max}$，若达到则输出头狼的位置，即所求问题的最优解，否则转步骤 2。综上，WPA 的流程图如图 8.4 所示。

8.2.2　应用与展望

狼群算法作为一种比较新的自然启发式群智能优化算法，具有较强的全局和局部搜索能力、较高的种群多样性和较强的鲁棒性等优点，因此被广泛应用于工程实践和解决生活实际问题，如图 8.5 所示。狼群算法从提出到现在不足十年时间，算法本身在不断改进和发展，其理论研究和工程应用有了很大进展，理论研究在逐渐走向成熟。

（1）后期收敛速度明显下降。由于猛狼发起的低效率围攻行为，围攻强度的大小体现了狼的局部搜索能力，如何平衡或加强狼群算法的全局搜索能力和局部搜索能力，进一步提高狼群算法的搜索效率。

（2）对参数较敏感，参数值的设置容易影响狼群算法的性能。根据不同问题，正确设置各个参数值的大小或自适应设置参数值的大小，使参数值设置不理想的情况最小化。

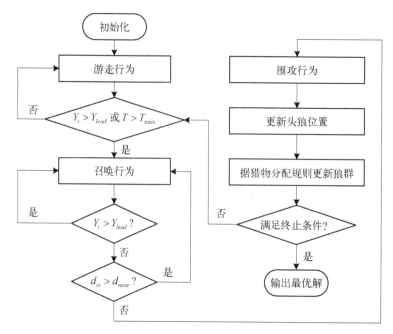

图 8.4 WPA 流程图

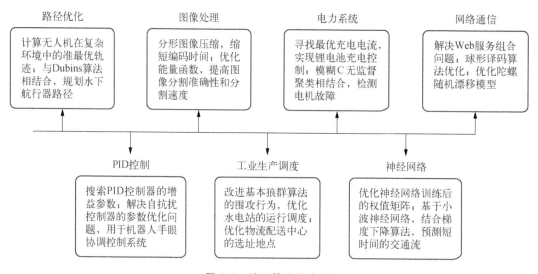

图 8.5 狼群算法的应用

（3）狼群算法作为一种仿生智能算法,具有明显的生物社会特征和相对较弱的数学支持,需要深入的理论分析和数学证明。

8.3 蜂群算法及其原理

8.3.1 算法模型与原理

人工蜂群算法自 2005 年由 Karaboga 提出以来,受到了相关领域内很高的评价与认可,与其他元启发式优化算法相比,人工蜂群算法的优势在于全局搜索能力强、不易陷入局部最优以及变量较少,现如今已广泛应用于解决连续型优化问题,并在实际应用中展现出了优秀的效果。

8.3.1.1　蜜蜂采蜜的生物学原理[6]

蜜蜂之间分工合作,在寻找食物源、采集花蜜和信息交流过程中展现出了智能行为,在蜜蜂采蜜的生物学原理中,有三个关键要素分别为:食物源、雇佣蜂和空闲蜂。图8.6 为蜂群之间采蜜卸蜜以及分享蜜源信息的过程图。

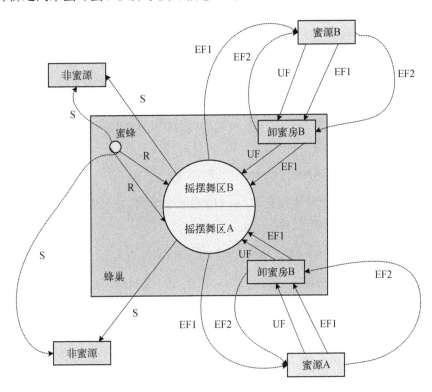

图 8.6　蜜蜂采蜜过程图像

如图 8.6 所示,假设在蜂巢周围环境中有两个蜜源分别命名为蜜源 A 和蜜源 B,在未接受任何信息之前,闲置的蜜蜂(图 8.6 中的圆形标记)对蜜源没有任何认知,此时它面临两种选择:

(1)成为雇佣蜂,到蜂巢外随机地去寻找蜜源,如图 8.6 中的 S 所示;

(2)如图 8.6 中的 R 所示,蜜蜂运动到蜂巢内的摇摆舞区域等待雇佣蜂返回,雇佣蜂将蜜源的位置及数量信息传递给闲置的蜜蜂,闲置的蜜蜂在获得蜜源信息后成为雇佣蜂。

当雇佣蜂发现新的蜜源时,雇佣蜂会对花蜜进行采集并将该区域蜜源的位置及数量信息记录并飞回卸蜜房进行卸蜜,此时雇佣蜂面临三种选择:

(1)如图 8.6 中的 UF 所示,卸蜜后的雇佣蜂不再传递记录的蜜源信息,变成闲置的蜜蜂并飞到摇摆舞区域等待雇佣蜂传递信息;

(2)如图 8.6 中的 EF1 所示,卸蜜后的雇佣蜂飞到摇摆舞区域去分享记录的蜜源信

息,随后带领部分在摇摆舞区域等待的闲置蜜蜂返回蜜源附近继续采集;

(3)如图 8.6 中的 EF2 所示,卸蜜后的雇佣蜂直接返回蜜源附近采集新的蜂蜜。

8.3.1.2 算法的基本原理

将 ABC 算法的个体分为雇佣蜂、观察蜂和侦察蜂,雇佣蜂和观察蜂各为种群的一半,每只蜜蜂与每个蜜源相等价,而侦察蜂是由雇佣蜂或观察蜂转换而成的。每种类型的蜜蜂作用如下:

(1)雇佣蜂在指定区域内搜索并记录发现的食物源位置和数量信息;

(2)观察蜂在收到所有雇佣蜂的信息后,根据轮盘赌选择食物源去采集;

(3)当雇佣蜂或观察蜂发现的食物源连续多代质量没有提升时,重新在执行区域随机搜索,并将此时的蜜蜂成为侦察蜂。

首先,人工蜂群算法在解空间内随机生成 N 个个体作为初始化种群,每个解 $X_i = (x_i^1, x_i^2, \cdots, x_i^d)$, $x_i^j \in (x_{\min}^j, x_{\max}^j)$, $i \in 1, 2, \cdots, N$。其中 $x_{\min}^j$ 和 $x_{\max}^j$ 分别代表着第 j 维搜索空间的下界和上界。每个解为一个 d 维向量, d 为优化问题的变量数。种群初始化的方程如公式(8.10)所示。

$$x_i^j = x_{\min}^j + rand(0, 1) \times (x_{\max}^j - x_{\min}^j) \tag{8.10}$$

在种群初始化后,雇佣蜂根据公式(8.11)寻找食物源,比较更新前和更新后食物源的优劣,并移动到较为优秀的位置。

$$v_i^j = x_i^j + rand(-1, 1) \times (x_i^j - x_n^j) \tag{8.11}$$

其中, v_i^j 是更新后的食物源位置,个体 n 和维度 j 是都是随机选择的,且 $n \neq i$, $rand(-1, 1)$ 是用来控制位置更新步长的参数,表示在 -1 到 1 内随机均匀取值。

观察蜂在收到所有雇佣蜂的信息后,根据轮盘赌选择食物源去采集,每个蜜源被选概率如式(8.12)所示。

$$prob(i) = fit(i) \Big/ \sum_{i=1}^{N} fit(i) \tag{8.12}$$

其中, $fit(i)$ 由目标的函数值经过处理后得到,称为蜜源 x_i 的适应度值。

$$fit(i) = \begin{cases} \dfrac{1}{1 + f_i}, & f_i \geq 0 \\ 1 + abs(f_i), & f_i < 0 \end{cases} \tag{8.13}$$

式(8.13)中, f_i 为食物源 x_i 的目标函数值, $abs(f_i)$ 表示 f_i 的绝对值。

观察蜂在选取对应的食物源后同样按照公式(8.11)进行更新。在人工蜂群算法中,如果一个个体 x_i 在 $limit$ 次寻找后,仍没找到更优秀的食物源,则放弃该食物源并转化为侦察蜂,根据公式(8.10)随机生成一个新的解来代替原先的解。在了解人工蜂群算法的过程中,由于受更早流行的蚁群、粒子群、差分进化算法(DE)等元启发式优化算法的影响,人们往往对三种蜜蜂和食物源的数量关系产生误区。本书在此强调,雇佣蜂和观察蜂在算法刚运行时数量一致且为食物源一半,随着两者出现像侦察蜂转换的情况后,三种蜜蜂的数量在算法运行时是实时变化的。在人工蜂群算法中,雇佣蜂主要负责算法的探索、观察蜂主要负责算法的开发能力,而侦察蜂则负责跳出局部最优,使算法在探索和开发两方面达到了一定的平衡。

8.3.2　应用与展望

人工蜂群算法强大的全局搜索能力使其已应用于多个领域,下面针对个别领域的应用进行简单介绍。

1. 图像处理问题

随着计算机技术的发展,越来越多的学者与专家考虑用人工蜂群算法去解决图像处理问题。文献[7]提出一种加速最坏蜜蜂策略并应用于图像分割。文献[8]首次将人工蜂群算法应用于检测在彩色细胞图像中的白细胞。文献[9]提出了一种离散 ABC 算法和遗传算法相结合的方法去解决高光谱图像的端元提取问题。文献[10]提出了一种用于遥感图像监督分类的新型人工蜂群算法,分析了算法参数对分类器性能的影响。文献[11]提出一种基于优秀个体引导的多目标 ABC 算法并应用于无监督视网膜血管分割。文献[12]利用基于人工蜂群算法的矢量量化码本构造方法实现优化图像压缩。文献[13]以火灾图像阈值为蜜源,融合了人工蜂群算法、灰度形态学和信息熵去实现矿井输送带的火灾检测。文献[14]将蜂群算法用于灰度图像的高斯噪声滤波。

2. 组合优化问题

文献[15]用离散 ABC 算法来求解分布式置换流车间调度问题。文献[16]提出了多目标 ABC 算法,并将其应用于课程调度问题。文献[17]将人工蜂群算法与遗传算法相结合解决作业车间调度问题,即如何利用有限的资源来调度工件及设备的订单和时间,以满足多种性能的各种生产约束。文献[18]把一种新的自适应蜂群算法应用到旅行商问题。在涉及多用户正交频分复用系统的自适应资源分配问题中,文献[19]用蜂群算法同时优化所有非真实流量的次要用户容量。文献[20]提出了一种二进制 ABC 算法并将其应用到广告优化问题,即公司在不超出广告预算的情况下,最大限度地增加广告的订阅量。

此外,近年来人工智能领域的迅速崛起也使很多研究人员尝试将人工蜂群算法用于神经网络中超参数的优化。传统 BP 神经网络的训练结果易受初值影响,文献[21]利用 ABC 算法优化 BP 神经网络模型,以达到更好的软件老化预测精度。文献[22]使经 ABC 算法优化后的 BP 神经网络模型可以更有效地评估红酒的质量。文献[23]介绍了一种人工蜂群结合进化算法的策略用于训练神经网络。从高维数据中寻找一组合适的特征是近年来的挑战,文献[24]将 ABC 算法用于特征选择,然后利用人工神经网络进行分类。

3. 研究展望

近年来,研究学者从蜂群算法的位置更新方程、维数更新策略以及整体搜索策略等方面对蜂群算法的性能进行了改进和提升并取得了良好的效果。但针对不同的应用需求,蜂群算法的适应性如何,如何能够使得算法更加鲁棒或者是针对特定问题如何设计更加合理的改进策略是后续蜂群算法进一步需要研究的方向。

8.4　鱼群算法及其原理

8.4.1　算法模型与原理

人工鱼群算法是李晓磊[25]于 2003 年在动物群体智能行为研究的基础上提出的一种新型优化算法,该算法采用自上而下的设计方法,首先设计单个个体的感知、行为机制,然后将一个或一群实体放在环境中,让他们在环境的相互作用中解决问题。

8.4.1.1　模型

人工鱼是真实鱼抽象化、虚拟化的一个实体,其中封装了自身数据和一系列行为,可以接受环境的刺激信息,做出相应的活动,人工鱼群算法结构示意如图 8.7 所示。其所在的环境主要由问题的解空间和其他人工鱼的状态构成,它在下一时刻的行为取决于自身的状态和环境的状态,并且它还通过自身的活动来影响环境,进而影响其他人工鱼的活动。人工鱼对外的感知是依靠视觉来实现的,人工鱼的模型中使用如式(8.14)方法实现人工鱼的虚拟视觉:

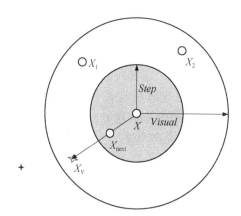

图 8.7　人工鱼群算法结构示意图

$$X_V = X + Visual \times rand()$$

$$X_{next} = X + \frac{X_V - X}{\| X_V - X \|} \times Step \times rand()$$

$$(8.14)$$

其中,$rand()$ 为随机函数,产生 0 到 1 之间的随机数;$Step$ 为步长。

人工鱼群算法变量部分和函数部分所涉及的变量如下。

(1)变量部分:人工鱼的总数 N、人工鱼个体的状态 $X = (x_1, x_2, \cdots, x_n)$〔其中 $x_i (i = 1, 2, \cdots, n)$ 为寻优的变量〕、人工鱼移动的最大步长 $Step$、人工鱼的视野 $Visual$、尝试次数 Try_{number}、拥挤度因子 δ、人工鱼个体 i、j 之间的距离 $d_{ij} = | x_i - x_j |$。

(2)函数部分:人工鱼当前所在位置食物浓度表示为 $Y = f(x)$(Y 为目标函数值)、人工鱼各种行为函数〔觅食行为 $Prey()$、聚群行为 $Swarm()$、追尾行为 $Follow()$、随机行为 $Move()$ 以及行为评价函数 $Evaluate()$〕。

8.4.1.2　算法原理

1. 觅食行为

这是鱼趋向食物的一种活动,一般认为它是通过视觉或味觉来感知水中的食物量或食物浓度来选择行动的方向。设置人工鱼当前状态,并在其感知范围内随机选择另一个状态,如果得到的状态的目标函数大于当前的状态,则向新选择得到的状态靠近一步,反之,重新选取新状态,判断是否满足条件,选择次数达到一定数量后,如果仍然不满足条件,则随机移动一步。

算法描述：人工鱼 X_i 在其视野内随机选择一个状态 X_j，如式（8.15）所示：

$$X_j = X_i + Visual \times rand(\,) \tag{8.15}$$

分别计算 X_i 与 X_j 的目标函数值 Y_i 与 Y_j，如果发现 Y_j 比 Y_i 好，则 X_i 向 X_j 的方向移动一部，如式（8.16）所示：

$$X_i^{\,t+1} = X_i^{\,t} + \frac{X_j - X_i^{\,t}}{\| X_j - X_i^{\,t} \|} \times Step \times rand(\,) \tag{8.16}$$

否则，X_i 继续在其视野内选择状态 X_j，判断是否满足前进条件，反复尝试 Try_{number} 次后，仍没有满足前进条件，则执行随机行为。

2. 聚群行为

大量或少量的鱼聚集成群，进行集体觅食和躲避敌害，这是它们在进化过程中形成的一种生存方式。人工鱼探索当前邻居内的伙伴数量，并计算伙伴的中心位置，然后把新得到的中心位置的目标函数与当前位置的目标函数相比较，如果中心位置的目标函数优于当前位置的目标函数并且不是很拥挤，则当前位置向中心位置移动一步，否则执行觅食行为。鱼聚群时会遵守两条规则：一是尽量向邻近伙伴的中心移动；二是避免过分拥挤。

算法描述：人工鱼 X_i 搜索当前视野内（$d_{ij}<Visual$）的伙伴数目 nf 和中心位置 X_c，若 $\dfrac{Y_c}{nf} > \delta Y_i$，则表明伙伴中心位置状态较优且不太拥挤，则 X_i 朝伙伴的中心位置移动一步，如式（8.17）所示：

$$X_i^{\,t+1} = X_i^{\,t} + \frac{X_c - X_i^{\,t}}{\| X_c - X_i^{\,t} \|} \times Step \times rand(\,) \tag{8.17}$$

否则进行觅食行为。

3. 追尾行为

当某一条鱼或几条鱼发现食物时，它们附近的鱼会尾随而来，导致更远处的鱼也会尾随过来。人工鱼探索周围邻居鱼的最优位置，当最优位置的目标函数值大于当前位置的目标函数值并且不是很拥挤，则当前位置向最优邻居鱼移动一步，否则执行觅食行为。

算法描述：人工鱼 X_i 搜索当前视野内（$d_{ij} < Visual$）的伙伴中函数 Y_j 最优伙伴 X_j，如果 $\dfrac{Y_j}{nf} > \delta Y_i$，表明最优伙伴的周围不太拥挤，则 X_i 朝伙伴移动一步，如式（8.18）所示：

$$X_i^{\,t+1} = X_i^{\,j} + \frac{X_j - X_i^{\,t}}{\| X_j - X_i^{\,t} \|} \times Step \times rand(\,) \tag{8.18}$$

否则执行觅食行为。

4. 随机行为

它是觅食行为的一个缺省行为，指人工鱼在视野内随机移动。当发现食物时，会向食物逐渐增多的方向快速的移动。

算法描述：人工鱼 X_i 随机移动一步，到达一个新的状态，如式（8.19）所示：

$$X_i^{t+1} = X_i^t + Visual \times rand(\ ) \tag{8.19}$$

5. 寻优原理

公告牌：是记录最优人工鱼个体状态的地方。每条人工鱼在执行完一次迭代后将自身当前状态与公告牌中记录的状态进行比较，如果优于公告牌中的状态则用自身状态更新公告牌中的状态，否则公告牌的状态不变。当整个算法的迭代结束后，公告牌的值就是最优解。

行为评价：是用来反映鱼自主行为的一种方式，在解决优化问题时选用两种方式评价：一种是选择最优行为执行；另一种是选择较优方向。对于解决极大值问题，可以使用试探法，即模拟执行群聚、追尾等行为，然后评价行动后的值选择最优的来执行，缺省的行为为觅食行为。

迭代终止条件：通常的方法是判断连续多次所得值的均方差小于允许的误差；或判断聚集于某个区域的人工鱼的数目达到某个比例；或连续多次所得的均值不超过已寻找的极值；或限制最大迭代次数。若满足终止条件，则输出公告牌的最优记录；否则继续迭代。

8.4.2 应用与展望

人工鱼群算法具有良好的寻优能力，较强的鲁棒性，算法简单且易于实现的特点。起初，鱼群算法主要用于求解连续域函数，随着研究的深入，越来越多的学者将鱼群算法应用于各行各业。文献[26]提出了一种混合鱼群优化算法，应用于求解二次分配问题，取得了较好的应用效果。文献[27]提出了一种改进的人工鱼群算法，获得了更好的全局收敛性能，并应用于旅行商问题中。文献[28]针对飞机定常下滑过程中平衡状态的基本特征以及常规求解平衡状态方法的缺点，提出了一种基于自适应变异算子鱼群算法的新型配平方法。该算法在标准人工鱼群算法的基础上，对鱼群行为加以改进，并在搜索过程中加入鱼群个体变异机制，弥补了原始算法的不足，提高了算法的收敛速度、精度和稳定度，并使算法具有较好的克服早熟能力。

（1）对人工鱼群算法的理论研究较为薄弱，对人工鱼群算法进行收敛性理论分析难度很大，这方面的研究十分稀有。目前，少量对鱼群算法的收敛性证明分析都是建立在一定的前提假设基础之上，但这些假设非常具有局限性。因此，对人工鱼群算法进行收敛性理论分析是值得深入研究的课题。

（2）人工鱼群算法的基本行为属于局部行为，但是人工鱼每次寻找视野内的最优人工鱼与平均人工鱼时，都需要进行全局遍历，然后筛选出视野内的鱼群，这是造成人工鱼群算法计算开销大的主要原因之一。如何快速锁定视野内的鱼群对加快算法速度，以及广泛使用具有十分重要的现实意义。

（3）人工鱼群算法有几个必要的控制参数：视野范围、最大移动步长、拥挤度因子等，这些控制参数的选择依赖于具体的问题，目前对参数的设置还没有统一的理论和规则可以依循。如何改进算法的参数设置，减少其对具体问题的依赖，将是本书下一步的工作。

8.5　菌群算法及其原理

8.5.1　算法模型与原理

8.5.1.1　算法模型

大肠杆菌(Escherichia coli, E. coli)是目前为止研究较为透彻的微生物之一。大肠杆菌外形为杆状,直径约 1 μm,长约 2 μm,仅重 1×10^{-12} g。它身体的 70% 由水组成,包括细胞膜、细胞壁、细胞质和细胞核。大肠杆菌自身有一个觅食行为控制系统,保证它向着食物源的方向前进并及时地避开有毒的物质。比如,它会避开碱性和酸性的环境向中性的环境移动。它通过对每一次状态的改变效果评价,控制系统,为下一次状态的改变(例如,前进的方向和前进步长的大小)提供信息。细菌觅食优化算法从初始化一组随机解开始,将细菌的位置表示为问题的潜在解,通过趋化(chemotaxis)、繁殖(reproduction)、迁徙(elimination-dispersal)和聚集(swarming)四个步骤实现最优觅食[29]。

1. 趋化

细菌向营养区域聚集的行为称为趋化。在趋化过程中,细菌运动模式包括翻转和前进。觅食过程中,细菌在原有方向寻找不到更好的食物时,将转向一个新方向,此过程定义为翻转。当细菌完成一次翻转后,若适应值得到改善,将沿同一方向继续移动若干步,直至适应值不再改善或达到预定的移动步数临界值,此过程定义为前进。

设细菌的种群大小为 S,细菌所处的位置表示问题的候选解,细菌 i 的信息用 D 维向量表示为 $\theta^i = [\theta_1^i, \theta_2^i, \cdots, \theta_D^i]$,$i = 1, 2, \cdots, S$;$P(j, k, l) = \{\theta^i(j, k, l)\}$ 表示细菌 i 在第 j 次趋化操作、第 k 次繁殖操作和第 l 次迁徙操作之后的位置,此位置的适应值用 $J(i, j, k, l)$ 表示。细菌 i 的每一步趋化操作见式(8.20):

$$\begin{cases} \theta^i(j + 1, k, l) = \theta^i(j, k, l) + C(i)\phi(j) \\ \phi(j) = \dfrac{\Delta(i)}{\sqrt{\Delta^{\mathrm{T}}(i)\Delta(i)}} \end{cases} \tag{8.20}$$

其中,$C(i)$ 表示个体 i 前进时的单位步长;$\phi(j)$ 为细菌的翻转方向;$\Delta(i)$ 是 $[-1, 1]$ 的随机向量,$\Delta(i) = [\Delta_1(i), \Delta_2(i), \cdots, \Delta_D(i)]$。

2. 繁殖

细菌的繁殖过程遵循自然界"优胜劣汰,适者生存"原则。经过一段时间的食物搜索过程后,觅食能力强、健康程度高的细菌将繁殖出子代;觅食能力弱、健康程度低的细菌被淘汰。在标准菌群算法中,个体的适应值越高,说明个体的觅食能力越弱;反之,个体的适应值越低,则说明个体的觅食能力越强。

经过 N_c 次趋化行为,在第 k 次繁殖、第 l 次迁徙下,个体 i 的觅食能力为 J_{health}^i。首先对种群中的个体适应度进行升序排序,排序在前 $S/2$ 的细菌表示它们具有较好的觅食能力,可以进行繁殖,每个细菌分裂成两个子细菌,子细菌将继承母细菌的生物特性,具有与母细菌相同的位置及步长。排序在后 $S/2$ 的细菌表示它们具有较差的觅食能力,不可以进行繁殖。为使算法经过繁殖操作后的种群大小 S 保持不变,排序在后 $S/2$ 的细菌被淘汰。

3. 迁徙

在细菌觅食过程中,个体生活的环境可能会发生变化(如温度突然升高、天气状况改变),或者个体本身情况发生改变(如食物的消耗),这些变化可能会导致细菌死亡,或驱使它们迁徙到一个新的区域。在细菌觅食优化算法中模拟这种现象称为迁徙。

在标准菌群算法中,迁徙操作会以一定概率 P_{ed} 发生。给定概率 P_{ed} 的值,如果种群中的某个细菌个体满足迁徙发生概率,则这个细菌个体灭亡,并随机地在解空间的任意位置生成一个新个体。迁徙操作随机生成的新个体与灭亡的个体可能处在不同的位置,这代表它们具有不同的觅食能力,因此可能会找到食物更加丰富的区域,这样更有利于趋向性操作跳出局部最优解并寻找全局最优解。

4. 聚集

除上述三个主要操作外,细菌觅食优化算法还有群聚性的特点。菌群觅食过程中,每个细菌个体除按照自己的方式搜索食物外,还会收到种群中其他个体发出的信号,如果是吸引力信号,则个体会游向种群中心,如果是排斥力信号,则保持个体与个体之间的安全距离。细菌个体之间通过这种相互的作用来完成样体的聚集行为。细菌间聚集作用的数学表达式如式(8.21)所示:

$$J_{cc}[\theta, P(j, k, l)] = \sum_{i=1}^{S} J_{cc}[\theta, \theta^i(j, k, l)] = \sum_{i=1}^{S} \left[-d_{attract} \exp\left(-w_{attract} \sum_{m=1}^{D} (\theta_m - \theta_m^i)^2 \right) \right]$$
$$+ \sum_{i=1}^{S} \left[-h_{repellant} \exp\left(-w_{repellant} \sum_{m=1}^{D} (\theta_m - \theta_m^i)^2 \right) \right] \tag{8.21}$$

其中, $d_{attract}$ 和 $w_{attract}$ 为引力深度和宽度; $h_{repellant}$ 和 $w_{repellant}$ 为排斥力高度和宽度。细菌执行一次趋化操作后,其新适应度函数值如式(8.22)所示:

$$J(i, j+1, k, l) = J(i, j+1, k, l) + J_{cc}[\theta^i(j+1, k, l), P(j+1, k, l)] \tag{8.22}$$

8.5.1.2 算法步骤

菌群优化算法主要实现步骤描述如下,流程如图8.8所示。

步骤1:参数初始化。设定算法中涉及的所有参数,包括:细菌种群规模 S;寻优空间维数 D;个体 i 在解空间的位置 X^i;迭代次数 T_{max};个体趋化、繁殖和迁徙操作的执行次数 N_c、N_{re} 及 N_{ed};趋化步长 $C(i)$;每次迭代个体在营养梯度上游动的最大次数 N_s;迁徙概率 P_{ed};细菌间引力深度 $d_{attract}$ 和宽度 $w_{attract}$;排斥力高度 $h_{repellant}$ 和宽度 $w_{repellant}$。

步骤2:趋化。首先对每个细菌进行一次翻转,并在这个方向执行一次趋化步长的游动。再根据前面确定的翻转方向,对每一个细菌执行前进操作,并计算个体的适应值。比较细菌的适应值与前一个适应值,如果当前值比前一个值更好且未达到同方向前进次数限制,则前进,并更新适应度函数值。

步骤3:繁殖。为加快收敛速度,将细菌群体根据适应值进行升序排序,对具有较强

繁殖能力的前 $S/2$ 的个体执行繁殖操作,对排在后面的 $S/2$ 的个体执行灭绝操作。

步骤 4:迁徙。每一个个体以一定的概率重新在搜索空间初始化。

步骤 5:如果当前的迭代次数达到了预先设定的最大次数 T_{max},或最终结果小于预定收敛精度 ξ 要求,则停止迭代,输出最优解,否则转到步骤 2。

8.5.2　应用与展望

菌群算法具有较好的分布并行的寻优能力,对初值不敏感的特点。已应用于工业控制系统的设计、决策系统的设计以及图像压缩技术中[30]。

在应用方面,在文献[31]中,菌群优化算法被应用于液位控制系统的自适应控制;文献[32]与文献[33]中,菌群算法被应用到决策系统设计中的任务类型选择和任务过程长度选择中;文献[32]中,对基本的 BFO 算法的算子进行了改进,提出了一种 BSA 算法,并将此改进算法与 PSO 以及 FEP 算法针对特定测试函数的最小值进行寻优,验证了改进算法的有效性。文献[34]与文献[35]将 BFO 算法应用于 PID 控制器参数的整定。文献[36]中,成功地将 BFO 算法应用于图像压缩技术。

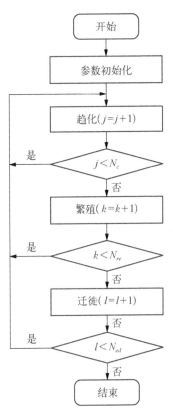

图 8.8　菌群优化算法流程图

(1)菌群算法具有相对鲜明的生物社会特性,但是它的数学基础显得相当薄弱,缺乏深刻且具有普遍意义的理论分析。需要对算法的收敛性、参数选取等关键问题进行理论性证明。

(2)菌群算法中,需要将整个菌群分布到整个寻优空间上,适当的初始分布不仅可提高寻优解的精度,而且可加快收敛速度。因此如何快速有效地初始化整个细菌群体是一个值得研究的方向。

(3)随着计算机的不断发展,并行计算越来越受到人们的重视。本书中的菌群算法都是采用异步更新的方式来更新整个群体的位置信息;考虑到菌群算法具有内在的并行性,并行计算也是在发展时应考虑研究的重要方向之一。

(4)现实的问题很多都是离散空间,将菌群算法应用到离散空间也是值得研究的一类问题。

8.6　本 章 小 结

本章主要介绍了几类典型的集群智能优化算法,给出了算法的基本原理、应用以及研究展望,便于学者结合实际问题开展应用研究。

8.7 课 后 练 习

1. 思考题

（1）鸽群算法优缺点是什么？有哪些改进的策略？

（2）狼群算法优缺点是什么？有哪些改进的策略？

（3）人工鱼群算法的特点是什么？有哪些改进的策略？

（4）试举出其他种群优化算法，说明该优化算法的原理以及应用场景。

2. 程序设计题

（1）采用狼群算法求解第 5 章所建立的多无人机协同任务分配问题。

（2）采用人工鱼群算法求解第 5 章所建立的防空火力任务分配问题。

参考文献

［1］段海滨,叶飞.鸽群优化算法研究进展[J].北京工业大学学报,2017,43(1)：1-7.

［2］DUAN H B, QIAO P X. Pigeon-inspired optimization：a new swarm intelligence optimizer for air robot path planning［J］. International Journal of Intelligent Computing and Cybernetics, 2014, 7 (1)：24-37.

［3］DUAN H B, QIU H X, FAN Y M. Optimal combat coordination control for unmanned aerial vehicle using predator-escaped pigeon［J］. Chinese Science：Technological Sciences, 2015, 45 (6)：559-572.

［4］ZHANG S J, DUAN H B. Gaussian pigeon-inspired optimization approach to orbital spacecraft formation reconfiguration[J].Chinese Journal of Aeronautics, 2015, 28(1).200-205.

［5］吴虎胜,张凤鸣,吴庐山.一种新的群体智能算法—狼群算法[J].系统工程与电子技术,2013,35(11)：2431-2438.

［6］李昊伦.改进人工蜂群算法及相关应用研究[D].南京：南京邮电大学,2020.

［7］GAO H, FU Z, PUN C M, et al. A multi-level thresholding image segmentation based on an improved artificial bee colony algorithm[J]. Computers and Electrical Engineering, 2018, 70：931-938.

［8］GAO H, SHI Y, PUN C M, et al. An improved artificial bee colony algorithm with its application ［J］. IEEE Transactions on Industrial Informatics, 2018, 15(4)：1853-1865.

［9］FU Z, LIU Y, HU H, et al. An efficient method of white blood cells detection based on artificial bee colony algorithm［C］. Chongqing：2017 29th Chinese Control And Decision Conference, 2017.

［10］FU Z, PUN C M, GAO H, et al. Endmember extraction of hyperspectral remote sensing images based on an improved discrete artificial bee colony algorithm and genetic algorithm［J］. Mobile Networks and Applications, 2020, 25(3)：1033-1041.

［11］NEAGOE V E, NEGHINA C E. An artificial bee colony approach for classification of remote sensing imagery［C］. Iasi：2018 10th International Conference on Electronics, Computers and Artificial Intelligence, 2018.

［12］KHOMRI B, CHRISTODOULIDIS A, DJEROU L, et al. Retinal blood vessel segmentation using the elite-guided multi-objective artificial bee colony algorithm［J］. IET Image Processing, 2018, 12(12)：2163-2171.

[13] HORNG M H, JIANG T W. The artificial bee colony algorithm for vector quantization in image compression[C]. Shenzhen: 2011 4th IEEE International Conference on Broadband Network and Multimedia Technology, 2011.

[14] LIU Y X, MA X M. Fire detection method of mine belt conveyor based on artificial bee colony algorithm [C]. Chongqing: 2017 29th Chinese Control and Decision Conference, 2017.

[15] KOCKANAT S, KARABOGA N. Parameter tuning of artificial bee colony algorithm for Gaussian noise elimination on digital images[C]. Albena: 2013 IEEE International Symposium on Innovations in Intelligent Systems and Applications, 2013.

[16] PAN J Q, ZOU W Q, DUAN J H. A discrete artificial bee colony for distributed permutation flowshop scheduling problem with total flow time minimization[C]. Wuhan: 2018 37th Chinese Control Conference, 2018.

[17] ŞAMDAN M, YETGİN Z. Multi-objective cost function optimization using artificial bee colony algorithm with enhanced local search for course scheduling problem[C]. Malatya: 2018 International Conference on Artificial Intelligence and Data Processing, 2018.

[18] YE L S, YUAN D Z, YU W Y. Artificial bee colony algorithm with genetic algorithm for job shop scheduling problem[C]. Xiamen: 2017 International Symposium on Intelligent Signal Processing and Communication Systems (ISPACS), 2017.

[19] REKABY A, YOUSSIF A A, ELDIN A S. Introducing adaptive artificial bee colony algorithm and using it in solving traveling salesman problem[C]. London: 2013 Science and Information Conference, 2013.

[20] SALMAN A, QURESHI I M, SALEEM S, et al. Optimization of resource allocation for heterogeneous services in OFDM based cognitive radio networks using artificial bee colony[C]. Zhuhai: 2019 International Symposium on Recent Advances in Electrical Engineering (RAEE), 2019.

[21] AYTIMUR A, BABAYIGIT B. Binary artificial bee colony algorithms for {0−1} advertisement problem [C]. Istanbul: 2019 6th International Conference on Electrical and Electronics Engineering (ICEEE), 2019.

[22] LIU J, MENG L. Integrating artificial bee colony algorithm and BP neural network for software aging prediction in IoT environment[J]. IEEE Access, 2019, 7: 32941−32948.

[23] HUANG H, XIA X L. Wine quality evaluation model based on artificial bee colony and BP neural network[C]. Shanghai: 2017 International Conference on Network and Information Systems for Computers (ICNISC), 2017.

[24] NETO M T R S, MOLLINETTI M A F, PEREIRA R L. Evolutionary artificial bee colony for neural networks training[C]. Guilin: 2017 13th International Conference on Natural Computation, Fuzzy Systems and Knowledge Discovery (ICNC−FSKD), 2017.

[25] 李晓磊.一种新型的智能优化方法——人工鱼群算法[D].杭州:浙江大学,2003.

[26] 杨艺.求解二次分配问题的鱼群算法研究[D].长沙:湘潭大学,2014.

[27] 薛亚娣.改进的人工鱼群算法及其应用研究[D].兰州:兰州大学,2014.

[28] 陶杨,韩维,宋伟健.改进鱼群算法在飞机下滑配平中的应用[J].飞行力学,2014,32(4): 360−367.

[29] 申海.集群智能及其应用[M].北京:科学出版社,2019.

[30] 樊非之.菌群算法的研究及改进[D].北京:华北电力大学,2010.

[31] PASSINO K M. Biomimicry of bacterial foraging for distributed optimization and control[J]. IEEE

Control Systems Magazine, 2002, 22(3): 52 - 67.

[32] BURTON W A, PASSINO K M, THOMAS A W. Foraging theory for decision-making system design: task-type choice[C]. Atlantis: 43rd IEEE Conference on Decision and Control, 2004.

[33] ALLDREWS B W, PASSINO K M, WRITE T A. Foraging theory for decision making system design: task processing-length choice[C]. Nassau: IEEE Conference on Decision and Control, 2004.

[34] DONG H K, JAE H C. A biologically inspired intelligent PID controller tuning for AVR systems [J]. International Journal of Control, Automation, and systems, 2006, 4(5): 624 - 636.

[35] DONG H K, JAE H C. Adaptivetuning of PID controller formultivariable system using bacterial foraging based optimization[J]. Advances in Web Intelligence, 2005: 231 - 235.

[36] 储颖,邵子博,糜华,等.细菌觅食算法在图像压缩中的应用[J].深圳大学学报理工版,2008,25 (2): 153 - 157.